U0032119

直覺行銷

運用 11 種人性直覺，
讓人不用多想就掏錢的商業巧思

THE BUSINESS of CHOICE

How Human Instinct Influences Everybody's Decisions

馬修・威爾克斯（Matthew Willcox）◎著

林怡婷◎譯

好評讚譽

「人類究竟如何做選擇？作者提出的見解引人入勝，所有行銷或銷售從業人員都應該知曉，對人生百態抱持好奇心的一般讀者，更會發現這本書是驚人的無價之寶。」

聯合利華（Unilever）執行長 喬安路（Alan Jope）

「人類如何做選擇，包括複雜的資訊輸入、演化的成功因素以及認知歷程，是個非常有趣的主題。作者集結他在廣告界的經驗與對決策科學的瞭解，造就這本慧眼獨具且極為實用的工具書。」

Levi's 全球品牌行銷長 珍妮佛・塞伊（Jennifer Sey）

獲選《富比士》「二〇一九年世界最具影響力行銷長」

「本書提出新鮮觀點，具啟發性又趣味十足，幫助我重新審視達成業務目標的方式。身為行銷人，我們越瞭解人們的決策方式及原因，就越能順應人類的天性及渴望，研擬合適的優惠並傳達廣告訊息。作者的著作充滿洞見、相當幽默且實用可行。」

臉書「實境實驗室」營運長 瑞貝卡・范戴克（Rebecca Van Dyck）

「作者連結行銷業界與學界的能力無人能敵，他在書中以清晰的條理說明行銷從業人員與學界人士如何互相學習，並提出雙方應強化交流的有力論證，成果就是這本引人入勝的精彩好書。」

紐約大學史登商學院（NYU Stern School of Business）行銷學副教授 亞當．奧特（Adam Alter）

著有《紐約時報》暢銷書《粉紅色牢房效應》（*Drunk Tank Pink*）及《欲罷不能》（*Irresistible*）

「本書讓我們認識百萬年來，驅使人類從事某些行為的深層真相，行銷策略若能結合這些知識，將大有機會為自家品牌發揮強大力量。」

荷蘭衛美消費者保健集團（Vemedia Consumer Health Group）資深副總裁

詹姆斯．哈勒特（James Hallatt）

「本書具有革命意義，書中富含心理學、神經科學知識及作者的機智，向現代行銷的理性根本提出挑戰，邀我們一睹人類的真面目——複雜、情緒化、不理性、只是凡人。」

外送公司 DoorDash 行銷副總裁

考非．阿莫—高特菲萊（Kofi Amoo-Gottfried）

「本書是一場關於人類行為的精彩導覽，遠不只關乎行銷。我身為醫生，這本書改善我和患者、同事的互動方式，尤其在我推動數位健康轉型的過程中大有助益，促成轉型所需的行為改變。」

倫敦帝國學院（Imperial College）心臟科教授
尼可拉斯・彼得斯（Nicholas Peters）

「選擇這本書的理由眾多，你繼續讀下去就知道為什麼。」

策略公司 eatbigfish 合夥人、
《美麗的限制》（*A Beautiful Constraint*）**作者** 馬克・巴登（Mark Barden）

「人類的決策過程複雜又有趣，而且沒有人能講得比作者更精彩。他的深厚知識及實務層面見解非常寶貴，不僅對行銷人大有助益，任何有意瞭解、影響決策的人都不能錯過，而這包括商業領域的每一個人。」

策略公司 Brand Federation 管理合夥人
暨威廉與瑪麗學院雷蒙・A・梅森商學院（William & Mary Raymond A. Mason School of Business）客座臨床教授 麥特・威廉斯（Matt Williams）

目錄

CONTENTS

前言 將行為科學連結行銷

我認為，本書正好處於最適合進行修訂的「金髮姑娘地帶[1]」（Goldilocks Zone），整體內容的大前提、多數觀念（以及這些觀點所根據的研究）對行銷人與相關從業人員來說仍然相當實用，與二〇一四年出版第一版時並無二致。

話雖如此，過去幾年來，情況還是有很大的變化。人們做選擇的環境不一樣了，舉例來說，二〇一四年的時候沒有 Alexa 或 Google 助理這種東西。二〇一九年艾迪生媒體研究機構[2]（Edison Research）與美國公共廣播電台（National Public Radio）合作進行的調查報告估計，約有六千萬名十八歲以上的美國人擁有至少一台智慧喇叭[3]（一年前只有五千三百萬人），而擁有智慧喇叭的家戶平均擁有二．六台這類裝置。二〇一七年十二月，艾迪生研究估計美國家戶約擁有六千七百萬台智慧喇叭，兩年之後躍升至一億五千七百萬台。本書中有一個章節專門說明人工智慧（Artificial Intelligence，簡稱ＡＩ）對人類選擇與行為的影響，行銷從業人員又能如何藉此打造個人化、有時效性的行銷計畫，繼而帶來長期的行為改變。

過去五年來發表了許多新研究，有些研究激發實際應用的新想法，有些則是以前一版所提到的研究為基礎，不過內容更加具體明確。但現有的成果未必都能當作往後研究的基礎，科學研究的另一個重要目的是檢驗先前的研究，是否仍和當初發表時一樣站得住腳。許多研究無法通過檢驗，原因包括原本的研究者沒發現結論須在特定環境中才能成立，因此無法概括推論；研究方法與分析出現錯誤或不夠嚴謹；偶爾甚至會有缺乏研究倫理或誠信的不幸狀況。我會在相關章節中進一步討論，不過讀者儘管放心，針對科學社群表示疑慮的研究皆已刪去，或會在書中加註警語，提醒讀者不可盡信。

行為科學在其它領域的應用

也許自二〇一四至二〇一九年最大的一項變化就是，行銷從業人員越來越常應用行為科學洞察，行為洞察團隊（Behavioural Insights Team，簡稱ＢＩＴ）就是一個典型例子。本書初版提到，這個稱為行為洞察團隊的小組透過應用行為洞察，大幅改變英國某項政府計畫。當時行為洞察團隊是一個實驗性組織，剛成立三年，是英國政府內閣中一個規模不大的團隊，成員包括行為科學家與政策制定者。二〇一四年二月，行為洞察團隊的其中部分轉為私人經營，至二〇一九年底，已開展七間辦公室，雇用超過兩百位員工。行為洞察團隊在規模與影響力方面的成長並非偶然，世界各地的政府與非政府組織都成立類似的單位，也都曾向它請教。

任職於世界銀行集團（World Bank Group）心理、行為與發展單位（Mind Behavior and Development

---

1 在天文生物學中，「金髮姑娘地帶」指的是恆星附近的適居帶，這裡的環境「恰好」適合生命發展。

2 Edison Research/National Public Media *Winter 2019 Smart Audio Report.*

3 譯註：喇叭內建虛擬助理，可透過語音向裝置下指令。

Unit）的齊娜・阿菲夫[4]（Zeina Afif）於二〇一九年提出一份報告，描寫十個國家將行為科學廣泛應用於公共衛生及公共政策的情況。阿菲夫引用經濟合作暨發展組織（Organization for Economic Co-operation and Development，簡稱ＯＥＣＤ）的數據指出，截至二〇一八年十一月，全世界至少有兩百零二個公部門單位在政策中應用行為洞察。

各界對行為洞察的關注

二〇一七年十月，理查・塞勒（Richard Thaler）獲頒諾貝爾經濟學獎[5]，行為經濟學（Behavioral Economics）的早期成果多半出自塞勒之手；二〇〇二年同一個獎項也是頒給同為經濟行為學家的丹尼爾・康納曼（Daniel Kahneman）。塞勒也是實驗性研究的先驅，他堅持不懈，致力於證明行為洞察與嚴謹的實證研究方法，能在整體人口層次上帶來正向而持久的改變。他對領域及整體人類貢獻卓著，持續追查、揭露不當利用行為洞察的例子，例如濫用行為相關知識促使人們做出不利於己的決定，或阻撓他們採取於自身有益的行為。

這些行動與獎項肯定使大眾越來越關注行為洞察。約莫十年前，行為科學實驗的結果只會發表在學術研討會上，相關討論也局限於此，籌辦這類研討會的組織包括判斷與決策學會（Society for Judgment and Decision Making）、消費者心理學學會（Society for Consumer Psychology）、心理學典範協會（Psychonomic Society）與歐洲決策協會（European Association for Decision Making）。在這些研討會上，我這樣的業界人員一隻手就數得出來。

行為科學與政策協會（Behavioral Science and Policy Association）於二〇一三年舉辦第一屆研討

會，銜接學界、政策制定者及從業人員之間的鴻溝。同一年，奧美顧問公司（Ogilvy Consulting）辦理第一屆 Nudgestock 活動，宗旨是提倡發掘行為科學洞察。此活動是公認相關領域中最具娛樂性的研討會，且熱門程度逐年攀升。較偏重市場研究的研討會 IIEX Behavior 則於二〇一五年初次登場。山繆・薩澤（Samuel Salzer）精彩的《每週習慣[6]》（*Habit Weekly*）電子報列出二〇二〇年世界各地與行為式設計（behavioral design，這個詞越來越常用於指稱應用行為科學）相關的四十八場研討會。

身為相關領域的從業人員，自二〇一四年來我學到很多。這幾年間，我在全世界二十多個國家參與相關專案、辦理工作坊、發表演講。某些行為洞察領域深具潛力，甚至可能改變整個局勢，不過尚未實現，至少目前還沒；同樣地，有些領域在我寫作初版時並未特別重視，但現在也有所改觀。

與當時相比越來越明顯的一點是，行為洞察並不是萬能的特效藥，無法解開所有人類行為的祕密，人類行為並不是我們一聲令下就能左右的。《影響力》（*Influence*）是一本精采絕倫又名副其實的暢銷書，作者羅伯特・席爾迪尼（Robert Cialdini）博士曾告訴我，他有一位同事花了十六年試圖找尋單一一種效果最好的說服術，也就是說服術的「黃金法則」。結果呢？黃金法則就是：沒有這種東西。**你必須從行為科學角度評估個別情境，判斷在這些特定情況中哪些因素的重要性更高。**

每種情況都不一樣，而情境對於人類的決策方式有深遠的影響。某項行為原則可能適用於某種情

4 Afif, Z., Islan, W. W., Calvo-Gonzalez, O., & Dalton, A. G. (2018). *Behavioral science around the world: Profiles of 10 countries (English)*. eMBeD brief. Washington, D.C.: World Bank Group.

5 獎項的正式名稱是「瑞典中央銀行紀念阿爾弗雷德・諾貝爾經濟學獎」（The Sveriges Riksbank Prize in Economic Sciences in Memory of Alfred Nobel）。

6 如果只能訂閱兩種應用行為科學相關的電子報，那我推薦《每週習慣》和《行為科學家》（*The Behavioral Scientist*）。

境，但換到另一種表面上，看似相同的情境時卻可能失靈，我們在第六章會看到相關例子。因此，當你試圖改變某種行為，或向某個選擇施加影響力時，**我建議你把本書內容當成值得考慮、實驗的參考原則，然後再根據特定情況加以調整，而不是直接套用。**

科學與行銷的關係

最後，我並不是科學家。在決策科學領域打滾的過程中，關於科學與行銷之間的關係，我學到兩點。

首先，與其說科學可以提供確鑿的證據，不如說科學的可貴在於提出想法。從行銷界傳奇人物克勞德·霍普金斯[7]（Claude Hopkins）以降，行銷人往往忍不住把科學當成證明某種方法效果更好的證據。不過這種觀念其實誤解科學的重點所在，與其用於驗證，科學的目的更在於啟發。關於人類選擇，我在本書中提到的發現多半要感謝科學家，他們構思並執行極具創意的實驗，挖掘人類本性的真相。科學家別具慧眼，能從不同角度審視事物，設計出能夠發掘非意識認知機制的決策實驗，多虧科學家的貢獻，我們方能深入瞭解人們做成決策的方式。所以說，科學其實極具創意，而說到創意改變局勢的力量，身處行銷及廣告界的我們應該最有體會。

第二，科學的變動程度超過我原先的認知。十幾二十年前不容置疑的觀念現在可能出現爭議。舉例來說，過去二十年來，科學家對於杏仁核（對於行銷有重要影響的大腦部位）功能的瞭解有了巨大的變化。杏仁核負責將感官知覺與認知轉化為情緒，重要功能包括辨識社交互動過程中的情緒與臉部表情。不過十年前，科學界仍認為杏仁核在辨識與感受恐懼的過程中，扮演不可或缺的角色。時至今日，杏仁核的確切功能變得比較不明確，只知道和恐懼沒有特別重要的關聯。

科學家之所以假定杏仁核對於辨識與感受恐懼有重要影響，是因為研究了一位腦部受到罕見損傷的患者，她只有杏仁核的部位受損，為保護隱私，將這位病人稱作M小姐。她對恐懼有反常的行為反應，社交互動方式也不正常。此外，多數對M小姐所做的實驗顯示，她無法辨識恐懼的臉部表情[8]。但發現M小姐無法辨識恐懼表情的同一批研究者，在當初實驗的十年後發現另一項驚人的事實：她審視臉部時，並未觀察眼睛。從表情辨別情緒時，觀察眼睛是必要的一環，當研究者明確指示M小姐觀察眼部時，結果顯示她的確能分辨恐懼的情緒，無異於杏仁核完好的一般人[9]。因此科學家修正原先對杏仁核功能的認知，我們現在知道杏仁核對視覺系統有重要影響。辨識恐懼所涉及的大腦區塊不只有杏仁核，杏仁核可能扮演的其一角色是引導我們觀察透露恐懼徵兆的部位——例如眼睛。

在此想要強調兩個重點，首先，我們都還在學習，在瞭解人類大腦方面更是如此。套用一句老話，**科學不是終點，只是旅途。行銷人閱讀研究結果時，不妨記住這句話**（第十五章會再詳述）。總會有更新的科學出來推翻獲得「最新科學發現」的研究，而且就像杏仁核的故事，科學會自我修正，所以研究結果也不會永遠是科學事實。就像克里斯提安・賈瑞特（Christian Jarrett）在《大腦迷思》（*Great

---

7 克勞德・霍普金斯是羅德湯瑪士（Lord & Thomas）廣告公司的創意總監，他最出名的事蹟是在一九〇七年開出高達一八萬五千美元的年薪（以二〇一九年的物價指數換算，相當於年薪五百萬美元）。他於一九二三年出版《科學廣告法》（*Scientific Advertising*）一書，對於廣告行銷界巨擘大衛・奧格威（David Ogilvy）有深遠影響。

8 Adolphs, R., Tranel, D., Damasio, H., & Damasio, A. (1994). Impaired recognition of emotion in facial expressions following bilateral damage to the human amygdala. *Nature,* 372, 669–672.

9 Adolphs, R., Gosselin, F., Buchanan, T. W., Tranel, D., Schyns, P., & Damasio, A. (2005). A mechanism for impaired fear recognition after amygdala damage. *Nature,* 433, 68–72.

Myths of the Brain，暫譯）中所說的一樣：

> 花時間研究大腦迷思的人都知道，今日的迷思，昨日人們都還深信不疑。

情境對研究結果的影響

以實驗心理學等學科來說，嘗試複製原本研究結果的科學家，經常在無意之中促成科學的自我修正，因為實驗結果不一定能成功複製[10]，原因眾多。最常見的原因就是簡單的統計學原理：世界上充滿統計雜訊。舉例來說，假如你取樣二十位男性及二十位女性，有時候女性樣本的身高會高於男性樣本，不過再次取樣很可能不會出現同樣的結果。實驗結果無法成功複製的另一個原因是環境（將於第十二章詳細說明）。之前也提過，有時某研究呈現的效應對於實驗設計的環境極為敏感，只會出現在該實驗設計中。這種現象的一個例子就是希娜．艾恩嘉（Sheena Iyengar）和馬克．萊普（Mark Lepper）於二〇〇〇年發表的有名研究[11]。

兩位研究者在加州門洛帕克（Menlo Park）的德雷格雜貨店（Draeger's Grocery Store），以不同方式陳列 Wilkin & Sons 牌子的果醬，供購物者試吃選購。一種陳列方式是提供六種不同果醬，另一種是提供二十四種果醬，陳列方式每小時輪替，研究者觀察各有多少人停留選購。所有駐足在任一種陳列區前的消費者都能獲得一張一美元的果醬折價券。這項研究之所以出名，是因為結果發現，比起陳列六種果醬，陳列二十四種果醬更能吸引購物者駐足（六成購物者在品項較多的陳列區前停下腳步，四成駐足於品項較少的陳列區），不過停留於大陳列區的購物者只有三%兌換折價券購買果醬；

另一方面，停留於小陳列區的購物者，有高達三成使用折價券買果醬。

雖然古典經濟學認為選擇越多越好，但我們都曾有過選擇超載的經驗，貝瑞・史瓦茲（Barry Schwartz）二〇〇四年的著作《只想買條牛仔褲》（*The Paradox of Choice*）詳細說明了這個現象。艾恩嘉和萊普的研究引發小型媒體旋風，研究結果受到廣泛報導。公司開始減少品牌及產品種類[12]，我也建議至少兩家公司減少供購物者選擇的選項。

當時，我以為此建議妥當可信，然而，事實可能並非如此。許多研究者嘗試複製艾恩嘉和萊普的實驗，但據我所知，沒有一項研究得到同樣驚人的結果。一項統合分析檢視了五十項實驗中六十三種實驗設計[13]，其中部分實驗的目標就是複製艾恩嘉和萊普的研究結果，實驗商品包括果醬、雷根糖、巧克力等，這些研究的平均效果量「幾乎等於零」，且「研究之間存在相當差異」。我個人並不認為這代表艾恩嘉和萊普的實驗有缺陷，問題在於該研究的結論只在特定的實驗設計中才會成立，不過卻被過度概括推論（不只研究者本身過度推論，研究讀者也是），這一點值得從業人員深思。

在艾恩嘉和萊普發表實驗結果之前，一般認為選項越多，選擇者就越開心。而在發表那貌似可能

10 我們無法得知到底有多少實驗無法複製出同樣的結果，主要是因為研究者不會發表零結果（null result）的研究。任何事物都可能有相關的應用程式，期刊也一樣，什麼主題都可能有專門的期刊，甚至有以零結果為主題的期刊：*The Journal of Articles in Support of the Null Hypothesis* (www.jasnh.com)。

11 Iyengar, S. S., & Lepper, M. R. (2000). When choice is demotivating: Can one desire too much of a good thing? *Journal of Personality and Social Psychology*, 79(6), 995–1006. https://doi.org/10.1037/0022-3514.79.6.995.

12 二〇一四年，寶僑執行長 A. G. 賴夫利（A. G. Laffley）終止該公司十年來提供購物者眾多選項的一貫原則，計劃出售或中止公司旗下多達一百個品牌。賴夫利向分析師表示：「我們幾項業務類別中有大量證據指出，購物者和消費者其實不想要這麼多種類與選項。」

13 Scheibehenne, B., Greifeneder, R., Todd, P. M. (2010, October). Can there ever be too many options? A meta-analytic review of choice overload. *Journal of Consumer Research*, 37(3), 409–425, https://doi.org/10.1086/651235.

又違反直覺的結論之後，專家意見轉為相信較少選項有助選擇。但統合分析的結論其實是，選擇多或少都不一定比較好。在某些情況下，選擇少比較好，另有些情況是選擇多比較好，其他因素也會影響結果，例如被選擇的物品是什麼、誰在做選擇、他們當時的目標、做選擇當下的環境等等。在增減產品種類之前，行銷人應該考慮上述因素對購物者所做的選擇各有何影響，最好還能針對不同選項數量進行實驗。行銷人不該假定某項研究的結果具有外在效度（external validity），也就是不能假設特定研究設計中，特定環境與情況下產生的效應，在購物者做其他決定或採取其他行動時同樣會出現。

如果無法複製出同樣的實驗結果，另一個較少見的原因是科學欺騙。賓州大學華頓商學院（Wharton School of the University Pennsylvania）的尤里・賽門森（Uri Simonsohn）擁有「資料糾察[14]」（data vigilante）的稱號，他致力於揪出不誠實的研究方法，因為詐欺手法可以產出好到令人難以置信的研究結果。賽門森指出，持續蒐集資料，直到數據符合預期中的結果，這並不是誠實的研究方法。科學界把這種做法稱為「p 值駭客[15]」（p-hacking，持續蒐集資料，直到達到預期中的數據或 p 值），不過這種現象不只出現在實驗室發表的論文中，其實這種「確認偏誤」（confirmation bias，或稱驗證偏誤）的行為也是人類本性，我將在第十四章進一步詳談。

行銷人應時常注意行為科學相關研究成果

本書的一大主題是，行銷人可以、也應該更常採用行為科學與神經科學的研究結果。不過另一方面，我也要提醒行銷人，如果要根據前一天才發表在大眾媒體（不論是部落格或聲望卓越的報紙）中的最新科學研究來制定策略或行銷計畫，那麼應該格外謹慎。

決策科學之所以容易變動，原因是大腦相當複雜，而很多人低估這項因素。神經科學實驗也許可以獨立出個別的大腦區塊，巧妙地找出大腦某部位反應與特定行為之間的關聯，但其實大腦各部位是共同運作的。之前提到，大約二十年以前，神經科學家還確信杏仁核專門負責處理恐懼的情緒，不過現在我們知道，杏仁核雖然仍扮演重要角色，但其實只是恐懼神經網路的其中一員。

神經科學也提出證據，推翻不少流傳相當廣泛的大腦迷思，「我們只用了一〇%的大腦[16]」就是其中之一，這也是二〇一四年電影《露西》（*Lucy*）情節的根據，不過神經成像清楚顯示事實並非如此。其他迷思還包括有人主要以「左腦」思考，有人主要以「右腦」思考。的確，特定功能可能由某一邊的大腦掌管，例如右撇子主要以左腦處理語言，但並沒有某一邊的大腦半球主要負責創造或分析工作（據說兩者互相對立），擅長某一類工作的人也不會比較依賴某一邊的大腦。

猶他大學（University of Utah）功能性磁振造影神經外科成像服務處主任傑夫・安德森（**Jeff Anderson**）博士接受科學網站 LiveScience 訪談時表示[17]：

---

14 有科學家因賽門森的調查而辭去職位，數篇論文也因此遭到撤回。克理斯多福・謝伊（Christopher Shea）於二〇一二年十二月刊登於《大西洋》（*The Atlantic*）雜誌的文章詳加描寫賽門森的工作成果。

15 二〇一九年十一月《連線》（*Wired*）雜誌刊登一篇文章，題為〈我們都在『操縱p值』：科學界不當研究方法的業內術語已成功打入流行文化，這是好事嗎?〉，這篇文章說明「p值駭客」這個詞如何出現於電視節目中，連最新一版「毀滅人性卡牌」（Cards Against Humanity，一種聚會牌卡遊戲）都出現這個術語。https://www.wired.com/story/were-all-p-hacking-now/

16 克里斯提安・賈瑞特在著作《大腦迷思》中提到這兩個迷思，他的另一本著作《心理學簡明指南》（*The Rough Guide to Psychology*，暫譯）也是相當優秀的入門書。

17 Wanjek, C. (2013, September 3). Left brain vs. right: It's a myth, research finds. Retrieved from http://www.livescience.com/39373-left-brain-right-brain-myth.html.

左腦並沒有比右腦更擅長邏輯或推理；右腦也沒有比左腦更具創意。

所以如果某位同事極具創意或善於分析，我們不能再說他是「右腦人」或「左腦人」了。

人類如何做出決定

我也想稍微說明本書提到的術語及用字。本書多取材自「判斷與決策」這個博大精深的學術領域，我知道「決策」這個詞常使人聯想到事先規劃的決定，或是人們在做決定之前謹慎考慮的步驟。的確，「做決定」聽起來相當主動、謹慎。判斷與決策領域的已故先驅海利爾．殷紅（Hillel Einhorn）專門研究人類如何在無意識之中做出決定。有意識或無意識做出決定之間細微的區別，對我來說是重大差異，這顯示非意識因素的重要性。**本書提到「做決定」或「決策」時，指的可能是謹慎思考做出決定，但更可能是不知不覺做的決定。**

關於人類如何做決定的研究顯示，做出決定之前的過程多半不屬於知覺意識範疇，人們有時稱之為「潛意識」。我們肯定佛洛伊德（Freud）與榮格（Jung）的貢獻，不過他們也使「潛意識」蒙上某種神祕、不祥的意味，彷彿是某種需要「解鎖」的黑盒子。因此心理學與神經科學已不再使用潛意識這個詞彙，改以無意識（unconscious）、非意識（nonconscious）或前意識（preconscious）來稱呼[18]。嚴格來說，這三個詞的指涉稍有不同，不過通常可以互相替換使用，而我偏好使用後兩者，因為如果形容某個人無意識，那他們不僅沒有意識到自己的認知歷程，而是根本完全沒有意識。因此談論人們如何做決定時，我認為非意識或前意識是比較準確的描述方式，這也是本書所選擇的用詞。

將「消費者」視為「人」

我也想提醒行銷業界的朋友對於用字更加謹慎，尤其是描述行銷對象的時候。二〇一三年三月，曾擔任聯合利華（Unilever）全球行銷長超過十年的基思・韋德（Keith Weed）在一場訪談中指出，行銷界的術語問題重重[19]：

> 行銷人必須把消費者當成人，而不只是消費者。我認為「消費者」這個詞不太恰當。你觀察人們的生活就會發現，他們並非只是一對會走路的胳肢窩，忙著尋找除臭劑，或是搜尋護髮產品的一頭亂髮。他們是活生生的人，在這快速變遷的世界面對各種挑戰。

韋德對於以消費角度定義人們的做法感到擔憂，因為這此時代中，政府、企業及個人都須考慮永續性的問題。這樣的觀點獲得廣泛接納。Co:Collective 策略長尼爾・帕克（Neil Parker）在二〇一五年一篇精彩的文章中提到不再使用「消費者」這個詞的五大理由，說明自家廣告公司現已改用「參與者[20]」（participant）。我對於消費者這個詞的不滿之處在於，行銷人為選擇自家產品的人貼上標籤的方式。

18 向我提出建議的學者表示，心理學家與神經科學家目前偏好以「反射」（reflexive）來描述無意識的反應，正好和描述意識思考的反思（reflective）形成巧妙的對比。

19 Unilever logic. Keith Weed wants Unilever to be the trust mark of sustainable living. *Hub Magazine*, March/April 2013.

20 Five Reasons to kill the word 'consumer' right now, Forbes, December 2015. https://www.forbes.com/sites/onmarketing/2015/12/08/five-reasons-to-kill-the-word-consumer-right-now/#58d7e54a41f5。參與心理學實驗的人現在也稱作「參與者」；約莫十年前，普遍使用的詞彙是較缺乏人性的「受試者」（subject）。，

比方說，會把他們稱為「目標」客群。然而在行銷以外的領域，「目標」或「標靶」的下場多半不太樂觀。

另一個例子是，我常聽到行銷人說某項策略「應該要能驅使消費者前往零售賣場」。這裡的意思是，行銷手段應該驅趕成群的消費者購買產品，彷彿趕牲口上屠宰場。這種說法不僅可笑地誇大了任何行銷手段的效果，也不尊重決定購買產品的消費者，我們的薪水及生活資金都間接來自他們的消費。

在本書中會盡量少用「目標客群」這個字，但其實我還沒找到滿意的替代用詞，歡迎各位提出任何建議。

至於「消費者」，雖然也喜歡帕克建議的「參與者」，但我選用另一個詞。希娜・艾恩嘉的優秀著作《誰在操縱你的選擇》（*The Art of Choosing*）以「選擇者」來指稱這些正在選擇或已經做出決定的人。我喜歡這個詞有兩個原因，首先，這個詞反映並肯定「消費者」的重要性，採購／購買／消費都是他們做出的選擇。其次，「選擇者」符合我深信的原則，而這正是本書主旨之一：**行銷的宗旨應該在於讓人們不假思索選擇你的品牌、產品、服務或理念**。從一開始，購買某項產品就是一個選擇、使用這項產品也是選擇、再次購買並持續使用更是選擇。如果我們夠幸運的話，他們還會向旁人推薦這項產品，這也是選擇。行銷的核心是選擇，而不是消費。

雖然本書偶爾還是會使用「消費者」，但只要情況允許，我會盡量使用「選擇者」或「潛在選擇者」。當然，拋開這些行話術語，直接用「人們」也很合適。最後，我要感謝大家選擇閱讀本書！

第一部

打造攻克大腦的商機

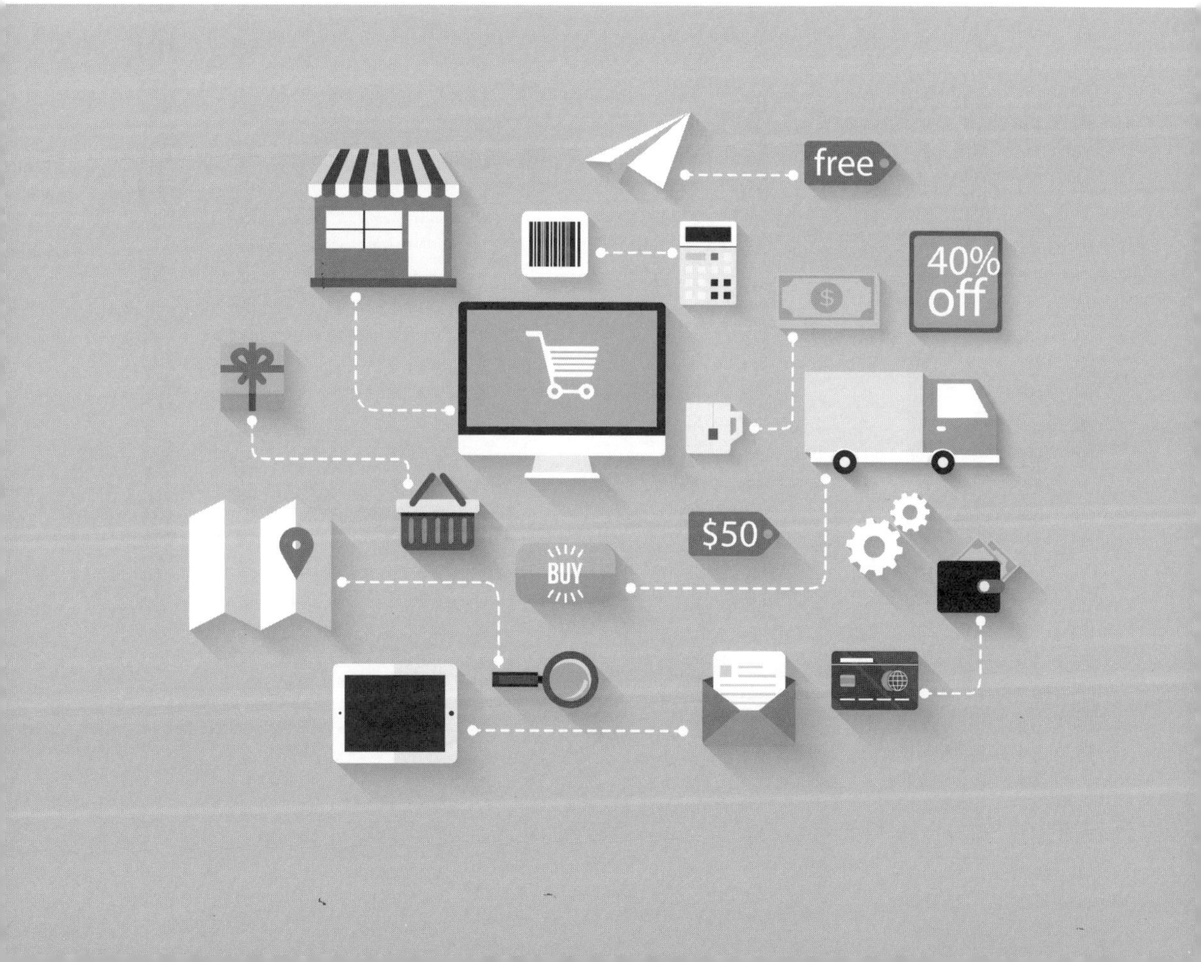

第一章 瞭解非意識層面的影響力：讓人出於直覺做決定

成功的品牌或企業必須獲得人們青睞，因此我們務必瞭解人們如何選擇。

我們一生都須面對各種令人痛苦的選擇、道德選擇。有些影響深遠，不過多半無關緊要。可是！我們的意義來自我們所做的選擇，我們可說是自己所做選擇的總和。

——路易・李維（Louis Levy）教授

在你搜尋「路易・李維教授作品集」之前，我應該先說明，他是伍迪・艾倫（Woody Allen）電影《愛與罪》（*Crime and Misdemeanors*）中一個虛構的角色，這段引言來自角色在電影末尾的獨白，內容是關於人類的命運、愛與選擇。

李維說：「我們都是自己所做選擇的總和。」這還用說嗎？我們的人生由一個個選擇堆砌而成。如果將近三十年前，我沒有選擇接下廣告公司的工作，二十年後，我就不會在舊金山為客戶準備新的商業提案。如果沒有準備那份提案，就不會訪問斯沃斯莫爾學院（Swarthmore College）社會理論與社會行動教授史瓦茲（同時也是《只想買條牛仔褲》的作者），他也就不會建議我去參加判斷與決策學會所辦的研討會，我也就不會有前言提到的那些經驗，更不會寫出這本書。每天，我們做出選擇，而就像一九九八年的電影《雙面情人》（*Sliding Doors*）一樣，這些選擇帶我們走上某一條人生道路。不過，如果真如虛構的李維教授所言，我們的意義來自自己的選擇，如果這些選擇真的能決定我們是否快樂、退休生活是否優渥，甚至能決定我們有多富有，那麼雖然耗費大量時間琢磨這些選擇可能的後果，卻沒有多花時間思考，我們到底是如何做出決定？（別因此自責，我們之所以不多加思索選擇的方式，這背後有充分的理由，將在第四章進一步探討。）

選擇不單為個人生活帶來深遠影響，更攸關組織成敗。我主持工作坊或發表主題演講時，開頭的投影片一定會講到行銷的定義，同樣的定義已經用了十幾年了。我對行銷的定義如下：

> 為了達成目標，你需要人們做出特定選擇，而行銷正是擬定能夠影響選擇的計畫，並加以管理與評估。

這裡的重點是，組織若要成功，就得確保人們所做的選擇要能協助組織達成目標，這些選擇包括，芝加哥的採購單位苦思要花費數千萬美元向亞馬遜（Amazon）還是微軟（Microsoft）購買雲端服務；米蘭一間超商中的購物者選擇義大利品牌咖啡Lavazza、義利（Illy）或超商自有品牌的咖啡；東非坦尚尼亞（Tanzania）三蘭港（Dar es Salaam）的一位年輕女子選擇是否置入子宮內避孕器，以便多讀一兩年書；或是墨西哥市的一位通勤族選擇是否改開電動車上下班。這些選擇，以及每天數千億個其它選擇所造成的結果，都會決定組織離目標邁進一步或後退一步，或是決定公司下一季的展望是看漲或看跌。人們的決定關乎組織的存續，而組織透過行銷來影響這些決定，進而達成自身的目標。你身為行銷人，可能負責研擬、執行行銷計畫，不過命運最終還是繫於他人的選擇。我認為行銷的任務就是要讓這些選擇變得簡單、自然、令人滿足。

瞭解決策中心論

自家產品或服務被人們選擇，是企業成功的先決條件，而行銷要打通其中最困難的關鍵。行銷人花費大量時間、精力與金錢學習可能影響選擇的因素，包括瞭解成交路徑（purchase path）與決策旅程（decision journey）、品牌的文化定位、品牌觀感以及購買意願。我們需要人們做出能幫助組織達成目標的選擇，而我認為多數行銷人應以更科學化的方法，找出所有可能促使（或妨礙）人們做出這些選擇的重要因素，我把這種思考方式稱為「決策中心論」。

我稍微解釋一下決策中心論的內涵。行銷人常說到消費者中心論，甚至是消費者至上論。但我認為，以消費者為中心的手段必須深切關注人類因素、文化因素及系統因素，這種種因素都會影響你希望人們所做的決定。**而決策中心觀點的第一步，是思考如何讓這些選擇變得輕鬆簡單、自然而然，而哪些因素可能使人們迴避這些選擇，這應該是行銷計畫的出發點。**消費者中心論的行銷計畫可能分析消費者的生活、文化價值觀、興趣、愛好，瞭解他們願意分享什麼事物，什麼曲調會讓他們開口唱和，不過如果沒有把重點放在你希望人們採取的行為及做成的決定，這種行銷計畫可能對你需要的選擇沒有絲毫影響。

二〇一三年六月，我參加坎城國際創意節（Cannes Lions International Festival of Creativity），與亞當・奧特（Adam Alter）共同發表演講。奧特是紐約大學史登商學院（NYU Stern School of

Business）的副教授，為人親切又絕頂聰明，當時他的第一本著作《粉紅色牢房效應》（*Drunk Tank Pink*）剛出版。我們座談會上的演講主題是環境對決定及行為的影響，老實說，演說九成的功勞屬於奧特，我只貢獻一成。他的表現非常好，事後我聽說那是座談會上評價相當高的一場演說。

不過坎城國際創意節真正的明星不是講者，而是各類獎項的得主，表揚由廣告行銷專家評選出的最佳創意成果（贏得坎城國際創意獎在業界是莫大的光榮[1]，受邀擔任評審的經歷更可以寫進履歷中）。二〇一三年的明星其實只有一個，即澳洲墨爾本都會列車（Metro Trains Melbourne）所製作的公益廣告活動，目的是提醒墨爾本市民在列車服務範圍周遭注意安全。這項廣告活動是一首旋律輕快又琅琅上口的歌，曲名為《笨笨的死法》（*Dumb Ways to Die*），由一群動畫角色唱出自己離奇又搞笑的死法（歌詞包括「用私處當食人魚的誘餌」和「在打獵季扮成麋鹿」），獲得「創造流行文化熱潮」的佳評。《笨笨的死法》成為坎城國際創意節約莫六十年歷史以來獲得最多獎項的廣告活動，共贏得五項大獎、十八座金獎、三座銀獎、兩座銅獎。廣告業界權威媒體《Campaign Brief》報導：「廣告界傳奇人物李・克勞（Lee Clow）說：『真希望《笨笨的死法》是我做的廣告』，另一位廣告傳奇丹・威登（Dan Wieden）也說：『大家都希望那是自己策劃的廣告活動。』」

至二〇一九年十二月為止，《笨笨的死法》已在 YouTube 累積一億八千四百萬次觀看，我相信這部可愛短片無疑讓人臉上揚起笑容，不過說到「提醒墨爾本市民在列車服務範圍周遭注意安全」的

1　二〇一七年七月，《華爾街日報》（*Wall Street Journal*）刊登一篇文章題為〈廣告獎項不只提振信心〉（Advertising Awards Can Boost More Than Egos），指出以資深創意總監來說，贏得坎城國際創意獎這類獎項，其年薪加薪幅度可能高達兩成五。

目的，影片是否發揮應有的效果？除了創意獎項外，坎城國際創意節也設有「創意效果獎」。參賽作品為前幾年的創意獎項得主，爭取效果獎時，必須證明自己達成（或超越）目標。《笨笨的死法》雖然橫掃二〇一三年的創意獎項，也進入二〇一四年效果獎的決選名單，但並非當年度創意效果獎的七位得主之一[2]。這項廣告的社群媒體影響力無遠弗屆且不容置疑，不過有數篇文章指出，廣告並沒有帶來明顯的行為改變[3]。《史丹佛社會創新評論》（*Stanford Social Innovation Review*）二〇一七年春季刊更進一步指出，《笨笨的死法》「將死亡、自殺、暴力正常化為某種常見、有趣，甚至迷人的事物，最重要的是，在廣告中，死亡看似並非永久無法回復的傷害[4]」，因此甚至可能導致自殺企圖增加。文章作者也提到非常實用的一般性建議，也就是從業人員應以學術研究為依據，制定行銷計畫：

> 不幸的是，從業人員在行銷計畫初期少有回顧學術文獻的慣例，學界與業界普遍存在巨大的鴻溝，學術界的研究成果，其實可以幫助從業人員避免傷害、降低風險、提升行銷效果。

非意識層面的影響效果

三年後，二〇一六年十月，我在另一場研討會上發表演說，那是舊金山的行為行銷高峰會（Behavioral Marketing Summit）。蘭姆．普薩德（Ram Prasad）也是同場研討會的講者，他是孟買行為洞察暨行銷顧問公司FinalMile的共同創辦人。當時，人們穿越鐵軌時遭火車撞擊死亡，是孟買最常見的非自然死亡原因，平均每天有十人因此而死[5]。每隔幾分鐘就有一班滿載通勤旅客的火車飛快穿越人口密集的市區，加上人行天橋數量稀少、相隔甚遠，上千名民眾會直接步行或跑步跨越鐵軌。

FinalMile 與隸屬印度鐵路公司的中央鐵路區合作，該區域的營運範圍包括孟買，FinalMile 設計並測試數項介入措施，普薩德在會上報告這些介入方法。孟買民眾冒險穿越鐵軌，往往不幸遭火車撞擊死亡，FinalMile 首先設法瞭解他們的行為與決策。為了瞭解這些人的思考模式，檢視錄下「驚險畫面」的錄影片段，逃過死劫的民眾臉上表情驚恐，這一點令 FinalMile 團隊感到驚訝，彷彿這些人沒有看到火車駛來。

發現這一點後，FinalMile 團隊開始研讀視覺知覺先驅赫許菲德・萊博維茲（Hershfield Leibowitz）的研究，尤其是物體體積、距離與動作對視覺的影響。他們發現關鍵在於，人類面對距離遙遠且快速移動的巨大物體時，大腦容易誤判其速度，也因此跨越鐵軌的人逃過一劫時，表情才會那麼驚訝。普薩德在部落格中寫道：

> 大腦容易誤判速度是有科學依據的。大腦會低估大型物體的速度，火車就是其中之一。即使已經看到火車，我們還是會嘗試跨越鐵軌，因為火車速度看起來比實際緩慢。

---

2 不過《笨笨的死法》製作公司墨爾本麥肯（McCann Melbourne）並非空手而回，該公司為澳洲地區火車主要營運商 V/Line 製作的《贖罪之旅》（*Guilt Trip*）廣告，贏得二〇一四年的創意效果獎。

3 *Dumb Ways to Die – novel – but useless*, https://safedesign.wordpress.com/2013/06/18/dumb-ways-to-die-novel-but-useless/, and *Dumb Ways to Die and social media bullshit*, Mumbrella, February 11, 2013, https://mumbrella.com.au/dumb-ways-to-die-and-social-media-bullshit-138887.

4 *Stop raising awareness already*, Ann Christiano and Annie Neimand; Stanford *Social innovation Review* Spring 2017, https://ssir.org/articles/entry/stop_raising_awareness_already.

5 *Train! How psychological tricks can keep people from being killed on the tracks* by Samanth Subramanian, The Boston Globe, May 8, 2011.

FinalMile的目標並不是教育孟買民眾火車的危險性，也不是要宣導火車行進速度比大家想像的還快；問題也不在於民眾知識不足，或是計算風險的方式有瑕疵。問題是，人類天生不擅長評估快速移動的大型物體實際速度（也許是因為，火車及卡車這類時速三十英里以上的大型物體，出現在人類歷史中的時間還很短，因此我們還沒演化出這種能力），而在我們開始有意識地思考之前，非意識就已經完成評估。

FinalMile瞭解，民眾根據自己對於速度不精準的非意識評估，來決定是否跨越軌道。普薩德繼續寫道：

> 如果問題根本在於非意識層次，那麼解決方法也應該從非意識層面著手，才能收成明確、快速的效果。解決方法要能「自動」幫助大腦校準火車速度，讓大腦不需額外花費力氣思考。

其中一個解決方法是將部分枕木[6]（用於支撐鐵軌的木板或混凝土板）漆成亮黃色。普薩德指出：

> 當黃色的枕木消失在火車之下，大腦就能立刻正確判斷火車速度，進而決定不要跨越軌道。這項介入措施的巧妙之處在於，它在非意識層次上發揮作用，效果立即可見而且成本低廉。最重要的是，解決方案在民眾即將採取行動的那一刻發揮效果。

FinalMile 和中央鐵路區也實踐了實證做法的核心原則，不過行銷人通常沒有耐心做這件事。FinalMile 在孟買海港線的瓦達拉路車站（Wadala Road Station）針對黃色枕木及另兩項策略[7]進行測試。《波士頓環球報》（*The Boston Globe*）一篇文章報導[8]：

> 中央鐵路區孟買部經理喬漢（M. C. Chauhan）表示，測試於二〇〇九年十二月展開，在這之前的半年，瓦達拉路車站記錄到二十三次穿越鐵軌的意外死亡事件。二〇一〇年一月至六月間，死亡人數下降到九人，接著至二〇一一年二月為止的八個月期間，只記錄到一次死亡事件。

「消費者中心」與「決策中心」的手段差異

我想要強調的一點是，我並不是直接拿墨爾本都會列車的《笨笨的死法》與孟買中央鐵路區的介入措施相比，墨爾本與孟買兩地文化與環境對於鐵路周遭危險行為的認知差異極大，而即便只是微小的環境差別也會導致不同的行為問題，需要不同的行為解決方案。

我想要突顯的是手段方面的差異。我認為《笨笨的死法》製作團隊採取以觀眾或消費者為中心的

6 許多英語系國家將枕木稱為「sleeper」。

7 另兩項策略同樣以行為科學洞察為依據，FinalMile 指示車組人員鳴笛示警時，以兩次短鳴取代一次長鳴，研究顯示兩次短鳴更能引起注意。此外，團隊拍攝演員模擬即將被火車撞上的驚恐表情，並將特寫照片架設在軌道旁。如果不是在做決定的當下看到恐懼的圖片，那麼圖片通常無法影響所要改正的行為。團隊將照片架設在民眾經常穿越軌道之處附近，應該是效果很好的地點。

8 *Train! How psychological tricks can keep people from being killed on the tracks* by Samanth Subramanian, *The Boston Globe*, May 8, 2011.

手段。廣告公司顯然知道如何引發觀眾共鳴，深知如何互動，也明瞭觀眾樂於參與什麼樣的活動（其衍生仿作及梗圖多達上千種）。製作團隊的成果是上億次的觀看次數及好幾大箱的獎盃，他們肯定花了一大筆錢才把超重的行李扛回墨爾本。製作團隊引發流行文化熱潮，不過缺乏顯著提升鐵路安全行為的有力證據。

另一方面，普薩德和 FinalMile 採取我所謂的決策中心手段。他們檢視監視器畫面，試圖釐清人類大腦是如何做出穿越鐵軌的決定，設計出符合決策當下特定環境的解決方案並加以實行。他們的方案也許不會引起坎城國際創意節評審的注意，不過確確實實地拯救生命。如同普薩德的結論，**有效的介入措施不能只是讓人們意識到問題的存在，「而是要協助人們在關鍵時刻快速、直覺地做出正確的決定」，這可說是決策中心手段非常妥切的定義。**

以行銷觀點來說，採取決策中心手段還有另一個理由。選擇已經成了我們生活中重大且耗費時間的一部分，《經濟學人》（*The Economist*）二〇一〇年一篇題為〈你來選〉（You Choose）的文章量化計算出選擇所耗費的時間：

> 根據食品行銷協會（Food Marketing Institute）的統計，目前美國超市平均提供四萬八千七百五十種商品，數量是一九七五年的五倍之多。英國的特易購（Tesco）超市備有九十一種洗髮精、九十三種牙膏與一一五種家用清潔劑。

在這種情況下，花些時間瞭解人們如何做選擇，而不是像韋德所說的，把消費者當作「一對會走路的路肢窩，忙著尋找除臭劑，或是搜尋護髮產品的「一頭亂髮」。認真看待這些每天做出上千個選擇的人，這會是行銷人極有效益的一項投資。

不能光靠「品牌光環」來行銷

除了選項數量龐大，行銷人越來越難令自家品牌獲選還有另一個原因，除了幾個令人欽羨的例外，品牌的重要性已大為降低。約翰．葛傑瑪（John Gerzema）在其二〇〇八年出版的著作《品牌泡沫》（*The Brand Bubble*，暫譯）中分析BAV顧問公司的品牌價值評估指標，這個指標資料庫相當可靠，涵蓋上百個品牌。分析顯示，自一九九六至二〇〇八年的十二年間，人們對於品牌的信任、喜愛、尊敬程度普遍大幅降低，品牌重要性也不如以往。當然我不會潑行銷人冷水，直接勸他們不必提升品牌實力，但應該認清，問題不在於品牌實力不足，而是選擇者決策時，越來越少把「品牌」當作快速、輕鬆做出決定的指標。過去多年來，只要確保品牌傳遞情感與實用價值，並設法維持一定水準，就能保證相當程度的成功。盲目的品牌信念可能令行銷人自滿，過度依賴品牌吸引人們趨附的力量。

不過現在光靠品牌已經不夠了，我認為，要補救葛傑瑪所述品牌光環褪色的問題，不能光靠傳統的方法來提升品牌實力，而是要換個角度思考。

「大腦導向」的行銷手法

關於人們做決定的方式，我所觀察到的一切指出，「品牌」具有強大的威力。最優秀的品牌巧妙吻合人類決策的思維模式。品牌契合我們儲存記憶的方式，可以觸發製造回憶的開關，讓我們留下生動又悠長的回憶，並在適當的時間地點喚起記憶及觸動心底的感受與情緒；品牌也符合大腦過濾資訊的方式，是最完美的人造決策捷徑，讓我們快速、高效地做出決定，而且感覺一切都恰到好處，這是品牌真正的力量。**如要善加利用品牌與大腦決策系統之間的關係，品牌策略應該要「以大腦為中心」**。馬里蘭州公共電視台製作的電視節目《思錢想財》（*Thinking Money*）中，主持人詢問史丹佛著名神經經濟學家巴巴・希夫（Baba Shiv），省錢明明合乎理性邏輯，但為什麼那麼難？他的回答是：

> 理性大腦只是合理化感性大腦已經決定的事情，唯一的長遠解決方法是，讓大腦覺得省錢這件事很性感。

思考如何讓大腦覺得品牌及行銷手段很「性感」，這是一個很有趣的切入點。我們都知道：「賣弄性感能提升銷量」，此話不假，不過要讓大腦認為某個品牌或行銷手法很性感，得把這個概念提升到全新境界。

這會需要不同的思考模式。行銷時，我們常思考某一產品類別使用者或選擇者的需求、思考品牌權益的賣點，綜合各種遊說技巧並瞄準目標，我稱之為「品牌導向」手段。若要「勾引大腦」，你就得瞭解大腦想要什麼？無法忽略什麼？如何利用大腦引導人們做出選擇？行銷人提供的刺激因子要如何配合大腦的速度與效率？與其說從品牌出發，這種策略是從大腦出發，我稱之為「大腦導向」。

我讀過不少研究，與許多聰明才智者說過話，累積不少實務經驗，在這過程中遇過無數複雜難題。複雜的事物無所不在，人類本身就錯綜複雜，而大腦支配我們的行為，腦袋之中神秘未解的科學難題不比外太空宇宙少。儘管如此，我發現一個簡單的事實。從認知及行為的角度來看，行銷可透過四個面向發揮作用：

- **透過情感聯想，創造品牌的長久記憶**。這類記憶很隱微含蓄，只在非意識層次與品牌產生關聯。品牌真正的威力在於讓多少人建立強烈、正向而隱微的記憶。
- **行銷是喚起這些記憶的開關**。不論是來自自身經驗，或透過行銷及廣告的暗示，從我們對品牌產生某種感受，進而建立相關記憶。如果沒有這些記憶，那蘋果（Apple）商標或耐吉（Nike）的勾勾標誌也都毫無價值。情感連結建立之後，就一直存在於腦海深處，碰上涉及該品牌的決定時，就可能發揮影響。
- **提供資訊，以利選擇者評估產品或服務的效用，是否符合自身需求與目標，並可與其他選項進行比較**（可能是決定前的評估或決定後的合理化過程）。如同本章稍早的說明，這能強化選擇者做出正確決定的感受，可在事後向自己及他人合理化自身決定，同時也能向他人宣揚這個選擇。
- **讓選擇者出於直覺、本能做出決定，完全「不費腦筋」**。

上述項目的前兩點與記憶相關，是來自選擇者自身的經驗及體會，而第三點的影響力來源不同，此來源深植於大腦的運作方式，這是我們繼承的認知遺產，或是人類天性操縱選擇的那隻手。

本書會談及以上四個行銷手法的潛在影響力，但重點會放在第四點。過去十年來，我們在這一項策略的相關領域累積大量知識，這也是讓行銷貼合人類直覺選擇方式的關鍵所在。做到這一點，就很有機會讓自家品牌成為眾人自然而然的選擇。

本章重點：

- 不要只把「消費者」當做選擇某個產品類別的人，不要把他們當作「一對會走路的胳肢窩，忙著尋找除臭劑，或是搜尋護髮產品的一頭亂髮」。想想看他們如何透過同一個決策系統做出各種決定，例如選擇買哪一台車、哪一條牛仔褲、哪一罐洗髮精。
- 不要只依賴品牌吸引力，要發掘如何讓大腦覺得你的品牌很「性感」。採取「大腦導向」，而非「品牌導向」的策略，閱讀本書後續時請記得這一點。
- 考慮將一定比例的行為洞察及研究預算，用於發掘人類與生俱來的行為模式，思考如何加以利用，使自家品牌更容易獲得青睞。

讀者回饋：

- 「行銷人不要總想著自家品牌的目標，而是要思考大腦想要什麼，這是一項有力的新策略，有利觸及現代疲於選擇的消費者。」
- 「顯然，行銷洞察局限於表層行為，我們不能只看這項資料，而是要瞭解大腦深處驅動選擇的認知洞察，真正的優勢來自於此。」

第二章 用決策科學洞悉人性：創造對雙方都有利的選擇

行為科學的進展讓我們越來越瞭解人類如何做決定。

我們越來越瞭解人們如何做選擇，而且相關領域知識累積的速度比以往都快。我很幸運寫作此書時，正好是決策科學的黃金時代。

關於人類行為，儘管我們現在已擁有豐富知識，決策科學也深具潛力，未來很有可能可以揭開更多人類決策的真相，不過大家也要知道，就像地球上的萬物一樣，科學變動不停，持續演進。

幾十年前，研究腦部的學科就只有「神經科學」，而現在「決策神經科學」、「認知神經科學」、「社會神經科學」等各種專門領域不斷出現。由於科學的自然演進（根據先前的結果修正問題，再次實驗），加上科技的進展（研究人員現在可以透過非侵入性技術，在人們做決定的當下研究腦部活動），因此今日的決策科學比幾十年前更加精準。有關人類行為與決策，我們已經得到許多答案，但仍有更多問題未獲解答，知識仍然殘缺不全，這是因為我們的大腦無比複雜。神經科學引導我們瞭解大腦內部，就像哈伯望遠鏡與繼任新儀器帶領我們探索外太空一樣，我們累積的知識不斷超越過去，同時也發現，我們還有更多未知。如果有人宣稱已經搞懂大腦的運作方式，或是精準定出「購買按鈕」

的位置，那你可要提高戒心[1]。

引發決策科學成長的三大趨勢

第一項：直覺相關的知識革命

三大趨勢揭開決策科學黃金時代的序幕，引發行為科學及社會科學領域知識的爆炸成長。第一項趨勢是直覺相關的知識革命，使人們開始接受這個觀點——**驅動人類選擇的常是直覺，而非理性思考**。強調直覺的決策科學理論，大約在二十年前開始獲得廣泛接納，開啟全新的研究領域，例如行為經濟學和更晚近的神經經濟學。

行為經濟學領域引人入勝，而且我不誇大，這可能引發行銷史上極大的思維變革。不過以從業人員的角度來看，我覺得這個學科的命名不夠妥當。行為經濟學這個名稱透露領域的來源，也就是研究行為的實驗心理學家與開明的經濟學家合作，開始探討經濟相關的決定，因此稱為「行為經濟學」[2]。但我認為這個名稱聽起來比較偏向經濟學與財政政策，而非人類行為。

我這個外行人對行為經濟學的定義如下：

> 行為經濟學是心理學分支，研究理性、符合經濟效益的情況下，人類應有的行為與實際行為之間的落差，藉此探討人類的行事與選擇方式。在此過程中發現許多驅動人類決策的非意識歷程，使我們瞭解人性對選擇的影響。

在本書中會用「行為經濟學」這個詞，但也會使用相關的詞彙，例如「判斷與決策」，或單純稱之為「行為科學」。

雖然對名稱不甚滿意，但絕對無忽視其重要性之意。行銷人應該把這個領域當作改變局勢的思維模式。行為經濟學對行銷的貢獻不在於經濟方面，而是深入洞察人類行為，藉此證明意識、理性或謹慎思考並非人類決策的關鍵。

第二項：資源及生產力大增

第二項趨勢是關於資源及生產力，類似人類腦力的摩爾定律（Moore's Law）。高登・摩爾（Gordon Moore）預測積體電路可容納的電晶體數量，每兩年會以倍數成長，因此電腦的運算能力可以隨之躍進。類似於摩爾定律，研究人類行為與決策的人才大幅增加，因此投入相關工作的腦力可

1 儘管如此，有幾份研究利用功能性磁振造影掃描產生神經成像（稍後會進一步說明這項技術），顯示大腦中與欲望相關的腹側紋狀體（ventral striatum）如果表現活躍，在某些情況下可當作熱門程度或銷售業績的預測指標，第十五章將進一步詳細說明。若你等不及，可以先讀讀這些研究：Berns, G. S., & Moore, S. E. (2012). A neural predictor of cultural popularity. *Journal of Consumer Psychology*, 22, 154–160 and Venkatraman, V., Dimoka, A., Pavlou, P. A., Vo, K., Hampton, W., Bollinger, B., ⋯, Winer, R. S. (2015). Predicting advertising success beyond traditional measures: New insights from neurophysiological methods and market response modeling. *Journal of Marketing Research*, 52(4), 436–452.

2 熟悉廣告公司體制架構的讀者大概會發現，業務企畫（account planning）名稱的來源也和行為經濟學有幾分相仿。業務企畫是關於創意策略的領域，結合業務管理及媒體企畫的技巧，因此而得名，名稱雖然反映領域的由來，但無法讓人顧名思義，立即瞭解領域內涵，我對行為經濟學這個稱呼也有同樣的想法。

說是急遽提升。行為及社會科學成為世界各大頂尖學術機構的熱門研究領域，而根據這些機構與學會的規模，我們估計現今有超過一萬名教授與研究生[3]正從事行為與決策相關實驗的設計、執行與分析工作。行為與社會科學研究蓬勃發展，形成大型且交流頻繁的社群，促進討論與合作，成果包括經同儕評審的論文（我估計過去兩年來，人類決策相關的五大期刊[4]與研討會至少有一千五百篇論文對於實務有所貢獻）和類似本書的書籍，試圖在機場書架的非小說區搶下一席之地。相關主題的部落格更是多不勝數，丹·艾瑞利（Dan Ariely）及塞勒等科學家的推特（Twitter）帳號跟隨人數簡直堪比搖滾明星[5]。

第三項：科技大躍進

第三項趨勢更接近真正的摩爾定律，因為這是科技帶來的躍進。科技技術日漸普及並使成本降低，行為與社會科學家可加以利用進行實驗，這是今日的決策科學巨擘當初為領域做出卓著貢獻時，並未享有的優勢。這些學者包括康納曼、阿莫斯·特沃斯基（Amos Tversky）、喬治·洛溫斯坦（George Lowenstein）、保羅·斯洛維奇（Paul Slovic）、塞勒、保羅·格里姆徹（Paul Glimcher）、威廉·紐瑟（William Newsome），茲舉數例。比方說，神經經濟學領域就非常依賴功能性磁振造影（functional magnetic resonance imaging，簡稱ｆＭＲＩ）掃描儀，而醫學院以外的單位是在二〇〇〇年以後才開始應用這種儀器。現今，多數頂尖商學院地下室都設有磁振造影掃描儀（本書第二、三部將說明這些機器目前的發現及未來潛力）。此外，我們也看到行為科學實驗應用群眾外包（crowdsourcing）的例子，像是亞馬遜土耳其行棋傀儡[6]（Amazon Mechanical Turk）網站將人類智慧工作（Human

Intelligence Tasks，簡稱HITs）發包給線上工作者，成為廉價而快速的實地考察實驗；或是使用日常科技（例如智慧型手機及網路攝影機）記錄自然情境中的行為及選擇；又或是網路及行動裝置網頁的資料線索，可透露使用者的真實行為，而非自陳的偏好或意圖。

第三項趨勢也為行為科學領域及行銷業界帶來蒐集大量資料的機會。麻省理工學院的數位實驗研討會（Conference On Digital Experimentation，簡稱CODE）是社會科學與電腦科學兩個領域交流的園地，在首屆活動上，籌辦者說到：「我們認為，現今以群眾規模快速部署微級隨機試驗的能力，是現代社會科學界的一大創新。」由於現行技術能夠在現實數位環境中追蹤真實行為，因此可以進行大規模的隨機對照試驗[7]（Randomized Controlled Trials，簡稱RCT），這對前幾代的研究者來說，會是斥資天價而難以實行的規模。現今執行大量隨機對照試驗的速度也比以往更快，對行銷人來說也

3 估計數量得自統計相關學會成員與研究所新生人數。根據 College Factual 網站的估計，光是美國二〇一八年就頒發約四千五百個行為科學學位。

4 包括《自然》（*Nature*）、《消費者心理學期刊》（*Journal of Consumer Psychology*）、《消費者研究期刊》（*Journal of Consumer Research*）、《認知》（*Cognition*）、《判斷與決策期刊》（*Journal of Judgment and Decision Making*）以及《廣告研究期刊》（*Journal of Advertising Research*），而且遠遠不只如此，SJR 指標（SCImago Journal Rank，用於衡量學術期刊的科學影響力），估計廣義社會科學領域中，至少有五千種活躍期刊。

5 堪比搖滾明星也許言過其實了，不過這幾位科學家在推特上的受歡迎程度，確實可媲美知名啤酒品牌。截至二〇一九年十二月，艾瑞利的推特帳號 @danariely 擁有十八萬名跟隨者，僅稍遜於百威啤酒（@budweiserusa，跟隨者十八．八萬）。塞勒（@R_Thaler）擁有十五．九萬名跟隨者，超越海尼根（@heineken）的十五．七萬。不過兩人離席琳娜．戈梅茲（@selenagomez，跟隨者五千九百三十萬）都還有不小的差距。二〇一五年戈梅茲和塞勒於奧斯卡得獎電影《大賣空》（*The Big Short*）中客串演出，解釋債務擔保證券（Collateralized Debt Obligation，簡稱合成CDO）與熱手謬誤（hot-hand fallacy）。

6 亞馬遜土耳其行棋傀儡一開始是亞馬遜內部使用的服務，目的是找出網頁中不小心複製而導致重複的資訊。

7 第十五章將進一步說明隨機對照試驗。

較為實用，不像多數依照學術標準進行的研究可能曠日廢時。

研究方法仍有無可避免的缺陷

這種研究方法，也許可以協助我們以宏觀的角度瞭解人類天性，而且避免過去困擾各類研究（包括學術及商業）的瑕疵。不論研究參與者是躺在ｆＭＲＩ掃描儀中；接受行為試驗，換取馬克杯、原子筆、課程學分；還是參加焦點團體，討論包裝設計會不會影響他們在超市中選購的優格品牌，基本上，所有研究都有方法學上無可避免的缺陷，也就是把研究參與者抽離出真實世界，因此無法百分之百可靠地預測他們的真實行為。行為研究者將這種現象稱為生態效度（ecological validity）。

一如數位實驗研討會的倡議，在真實世界中執行的隨機對照試驗擁有極大潛力，不過行銷人必須戒慎使用，因為參與這類研究的品牌可能招引道德批評、聲譽受損。

在二〇一二年的一項研究，於兩年後爆發龐大的批評聲浪。當時資料科學家操縱數十萬名臉書（Facebook）使用者所接收的動態消息，使其偏向正面或負面，實驗持續一週，接著研究人員分析目標使用者的整體貼文，目的是檢視動態消息的情緒傾向，是否影響使用者後續的貼文。

由於受試者是在不知情的狀況下參與實驗，而且半數受試者接收到的資訊可能使愉快程度降低，因此這項研究引發數篇批評文章，網路雜誌《*Slate*[8]》也刊出批評文章，標題為〈臉書違背倫理的實驗：在使用者不知情的情況下刻意操縱其情緒〉。

如果隨機對照試驗的設計與執行，可以避免隱私或不知情參與的倫理疑慮，就能用於洞悉人類天性。第六章將會提到，有一項上萬名參與者的隨機對照試驗，是提升器官捐贈同意率的大力助手。

對於站在知識前線、不斷探索人們如何做選擇的學者來說，現在正是黃金時代。同樣地，對行銷人及在實務中應用決策知識的先驅來說，現在也是大好時機。

行銷人需接納的思維

幾年前，我接受一個部落格訪問（由判斷及決策領域研究者和從業人員經營的部落格[9]），在訪談中提到，決策科學革命對行銷人的重要性不亞於網際網路的出現，前者改變行銷及品牌策略的思維，後者改變行銷的產量。不過除了少數幾個例外，行銷人多半尚未真心接納這個新觀點，以全新角度審視人類（而非消費者）的本質，思考選擇的內容、原因及方式。

本書的中心思想是，行銷人應接納科學對於人類選擇方式的發現。這不是一本科學書，我也不認為行銷人應該成為科學家。本書舉出幾個前景看好的實際例子，也會談到刻意使用決策科學等領域的例子。在這些案例中，行銷人及廣告公司直覺敏銳地採取某些做法，展現他們對人類直覺的深刻認知。本書也舉出一些研究例證，可能讓你對如何改變人們的行為有了不同的看法，我也樂於知道這些研究是否激發任何想法，實際改變人類行為。

---

8 Waldman, K. (2014, June 28). Retrieved from http://www.slate.com/articles/health_and_science/science/2014/06/facebook_unethical_experiment_it_made_news_feeds_happier_or_sadder_to_manipulate.html.

9 Indecision Blog. (2013, March). Retrieved from http://indecisionblog.com/ 2013/03/04/in-the-wild-matthew-willcox-draftfcb/。Indecision 部落格後續一場訪談中，奧美集團的羅里．薩特蘭（Rory Sutherland，將行為科學引進行銷實務的先驅之一）更進一步指出：「我確實相信『下一波革命』不會在於技術層面。已開發世界下一個世紀的多數發展，不論是經濟、社會或娛樂，很可能都將來自社會科學的進展，其影響力甚至可能大過網路的出現。」

此外，我的首要目標是讓決策科學變得清晰易懂。希望行銷人都能發現這個美妙、有趣的領域，其中藏有眾多實際可行又符合倫理的行銷手法。**運用決策科學知識，不僅有助於自家品牌獲選，也能協助選擇這些品牌的人，藉此創造正面的品牌權益。**

前面討論過，我們越來越瞭解非意識因素在選擇過程中的重要性，因此對於人類做決定的方式有了全盤的重新認知。大衛．布魯克斯（David Brooks）在其著作《社會性動物》（*The Social Animal*）中寫到，約翰．巴夫（John Bargh）任教於耶魯大學（Yale University），擁有「詹姆斯．羅蘭．安傑爾」心理學教授（James Rowland Angell Professor）的頭銜，他認為我們越加瞭解非意識因素對行為具有相當影響，這個發現的重要性，不亞於人類歷史中其他重大典範破滅的時刻。

> 巴夫主張，就如同伽利略「將地球從宇宙中心的特權地位移開」，這場知識革命將意識從人類行為中心的特權地位移開。

不論歷史是否同意意識的去中心化（我們仍處於這場革命之中，因此很難判定其影響有多深遠），無疑的是，科學目前的發現已足以讓行銷人停下來思考，他們想要影響的人們到底是怎麼做決定。

非意識因素在判斷與選擇過程中扮演重要角色，這個觀念經諾貝爾經濟學獎得主丹尼爾．康納曼著作《快思慢想》（*Thinking, Fast and Slow*）大力推廣，使一般大眾也易於瞭解。《快思慢想》以康納曼與研究夥伴特沃斯基及其他著名實驗心理學家的開創性研究貫穿全書，說明人們如何做選擇。康納曼、特沃斯基與其他多位心理學家、經濟學家（本書之後會陸續提及這些學者的研究成果）都是行為經濟學領域的開創者。康納曼在其著作中，以「系統一」及「系統二」來比喻「意識」及「無意識」思考在引導決定過程中各自的角色、權力及局限。《快思慢想》是本書重要的參考資料。

不過令人意外的是，儘管科學已知無意識因素扮演重要角色，不過這項發現對行銷實務的影響並不明顯（如果你是接納這種觀點的早期實踐者，請容我稱讚你擁有非凡遠見）。雖然許多行銷面向的確有所改變，不過原因主要是數位科技，而非科學對於人類決策方式的新認知。

想到巴夫的論點對科學應用以外的影響，行銷實務接納這些觀點之遲緩就格外令人驚訝。過去幾十年來，巴夫和一群備受信賴的專家已經證明，在絕大多數情況下，人類的選擇及行為主要是由非意識歷程驅動，而意識的影響較小。**關於行銷，我所能想出最簡單明瞭又貼切的定義就是：「為了達成目標，你需要人們做出特定的選擇，而行銷正是擬定能夠影響選擇的計畫，並加以管理與評估」，行銷人應該看重非意識大腦在選擇過程中扮演的角色，最根本原因就在行銷的定義之中。**也許這顯而易見，但我還是要再說一次，行銷人應盡可能多加瞭解人類如何做選擇，才能進而影響他們的決定。

決策科學對行銷實務的影響

我認為決策科學之所以對行銷實務尚未產生顯著影響，有好幾個合理原因，其中部分和人類天性息息相關。別忘了，我們行銷人也是人類，而第八章將談到的認知機制「現狀偏誤」（status quo bias）可能正是主要原因。

第一個原因是，科學龐雜、模糊，且經常互相矛盾，也沒有一個架構可以將基礎科學發現直接轉換為行銷應用，費解的術語也對知識普及沒有幫助。決策科學似乎將消費者決策的關鍵藏在大腦「潛意識」的神祕黑盒子中，其中黑暗、可怕，令行銷從業人員摸不著頭緒。這大概要怪佛洛伊德，多數不熟悉現代心理學的行銷人思考或談論到神祕的非意識時，很可能還會引用佛洛伊德（還有榮格）的觀點及相關語彙。佛洛伊德認為「潛意識」是情緒及非理性的根源，彷彿在意識及理性之外存在另一個獨立的人格。今日的心理學家相信意識及非意識並存，康納曼甚至進一步指出「非意識系統是許多決定的祕密作者」。

第二個原因是，將決策科學融入行銷實務需要時間。改掉行銷原有的觀點及習慣並非一蹴可幾，新做法須先經過實驗，而這牽涉到風險及時間成本。行銷長及行銷團隊的平均任期縮短[10]，加上公司要求短期成果，這意味著行銷計畫成功與否，通常是以替代指標來衡量，不一定代表實際行為改變。在多數企業中，修正長期問題或研擬全新做法對於保住工作或賺取績效獎金沒有任何幫助。不過現今精通數位行銷的企業，都是在網路出現初期，就開始投入少額數位預算進行實驗（在行動裝置剛興起時也採取類似的做法），同樣的，**積極的行銷人也應該透過小型專案嘗試有行為科學根據的做法，引進新的科學觀點**。

某些行銷人固執地堅持理性經濟學家的論點，堅信人們會根據預期效用來做決定。身為行銷人，從理性角度釐清人們選擇的方式正是我們的工作，因此某種程度上，「理性選擇」是我們難以抗拒的想法。如同鄧肯·華茲（Duncan Watts）在《為什麼常識不可靠？》（*Everything Is Obvious*）中所說的：

我們思考自己（人類）的思考模式時，會反射性地套用理性行為架構。

此外，如果研究詢問人們想要什麼、什麼訊息能夠說服他們購物，這可能引導受訪者根據理性資訊作答，但實際行為可能並非如此。這樣的研究進一步使行銷人誤以為潛在選擇者的確可以「說之以理」（第十五章將探討研究使人產生錯誤觀念的幾個具體原因）。現今具體、精準的資料數據承諾，為行銷決策提供無與倫比的精確性，相形之下，社會及行為科學的思維及用語顯得不可靠，不過這忽略了一點，這些領域的實驗在發表前，絕大多數也都經過同儕評審，擁有可靠資料。

在光譜的另一端，部分行銷人（尤其是更偏重創意、情感或直覺的部門）可能擔心應用決策科學知識彷彿套用無人性的公式，或是「光靠數據行銷」，導致創意程度降低。我相信這可以避免，而且整體來說，科學其實建議我們加重行銷中的創意思考比例。如果想知道根據數據來發揮創意會是什麼模樣，你可以翻翻這本書《根據數據來作畫[11]》（*Painting by Numbers*，暫譯）。作者是兩位俄國藝術家，他們調查全世界上千位民眾的意見，詢問他們喜歡及不喜歡的畫作主題，接著利用量化研究資料來創作一系列繪畫，表現「民眾的選擇」。為表達諷刺而刻意為之的糟糕藝術品以圖像呈現其研究成果（又或者，諷刺意味反而使之成為優秀的藝術？）。

10 二〇一九年龍頭顧問公司史賓沙（Spencer Stuart）的行銷長任期研究指出，美國主要消費者品牌行銷長的平均任期由四十四個月縮短至四十三個月。

11 摘自《圖書館學刊》（*Library Journal*）：「俄國流亡藝術家科馬與梅拉米德展開一項數據市場調查，目標是查明美國『最想要』及『最不想要』的畫作。此後，其他國家也進行這項有趣的實驗。美國、烏克蘭、法國、冰島、土耳其、丹麥、芬蘭、肯亞、中國的民調顯示民眾最想要家人的肖像畫以及『藍色風景畫』。研究結束後，兩位藝術家分別根據最想要（風景）及最不想要（抽象）的主題創作繪畫。」

行銷應考量倫理

倫理也是憂慮之一。一九五〇年代，廣告業因潛意識廣告（subliminal advertising）實驗觸怒消費者倡議團體及主管機關（雖然後來發現實驗結果皆為偽造[12]）。由於這種做法引發消費者反彈，且關於下意識的迷信歷久不衰，廣告及行銷從業人員皆不願被當作「隱形說客」或無意識的操縱者。

倫理應是行銷的首要考量，飽受詬病的廣告業更應格外注意[13]，從業人員必須謹慎思考，自己的行為是遊說還是欺騙、行銷手段是引導或誤導選擇者的認知機制？以產品聲明與責任行銷來說，使用這些手法的個人或公司（包括行銷公司或廣告公司），其誠信會是成敗的關鍵。許多行為科學家近來開始提醒大眾，有些根據行為洞察所做的介入措施，可能引導選擇者做出不利於己的決定。《推出你的影響力》（*Nudge*）兩位作者凱斯．桑思坦（Cass Sunstein）和塞勒都大力斥責不正當的推力。桑思坦的論文〈推力倫理[14]〉（The Ethics of Nudging）為正當與不正當的推力畫出明確界線：

> 世界各地的政府都將推力當作監管工具，但這種做法符合倫理嗎？答案取決於該項推力對於福利、自主及尊嚴是促進還是損害。值得支持的推力，能夠促進上述的部分或所有理念不會造成任何損害。

塞勒和桑思坦使「推力」（Nudge）這個詞變得普及，他們也為「sludge[15]」賦予新意，指的是並未引導人們做出有益選擇的介入措施。塞勒在二〇一八年發表的〈我要推力，不要暗推[16]〉（Nudge,

Not Sludge，暫譯）中說明助長暗推和阻卻暗推的差異。

> 暗推有兩種形式，一種會阻撓對個人有利的行為，例如領回抵免稅額。另一種是鼓勵個人有害的行為，例如投資好到令人難以置信的項目。

我認為監管機關和行銷及廣告協會發布的自律準則，會使部分國家開始研擬相關行為準則，專門規範根據行為科學洞察擬定的行銷手段。[17]

另一種類似觀點是，若人們的決策大幅受到非意識歷程左右，這會貶低人類的自主精神，違反自由意志與自決。

從各方面來說，上述種種擔憂都成立，但我認為，這些觀點很大程度上誤解了決策科學及相關領

---

12 如果想知道詹姆斯．維克利（James Vicary）於一九五〇年代偽造的實驗，可參考道格拉斯．范．普拉特（Douglas Van Praet）的著作《無意識品牌》（*Unconscious Branding*，暫譯）。

13 廣告業常被視作不值得信任的行業，充滿毫無誠信的詐騙行家。有一個杜撰故事主角是一位英國廣告人，有人問他：「你對廣告倫理有何看法？」廣告人回答：「倫理？那不是倫敦東部一個郡的地名嗎？」。

14 Sunstein, C. R. (2014, November 20). The Ethics of Nudging. Retrieved from SSRN: https://ssrn.com/abstract=2526341.

15 譯註：sludge 原意為汙泥，在此情境下中文常譯為「暗推」。

16 Thaler, R. H. (August 3, 2018). Nudge, not sludge, *Science*, 361(6401), 431. doi:10.1126/science.aau9241.

17 某種程度上這種現象已經成真。下一章我將提到家樂氏（Kellogg）一九〇六年的廣告，該廣告運用了稀少性原則（principle of scarcity），不過其實是人造稀缺（artificial shortage，譯註：在生產技術可供應足量產品的情況下，企業刻意壓低產量以拉高利潤的手法），目前數個國家認定這屬於非法手段。此外，各方對於推力的運用方式及合法與否也有不同看法，公共政策應否採用推力及相關資訊揭露也都引起熱烈辯論。參見 Alemanno, A., & Spina, A. (2014). Nudging legally: On the checks and balances of behavioral regulation. International Journal of Constitutional Law, 12(2), 429–456.

域的發現。非意識歷程並不會任意觸發非理性行為，也不會使我們陷入錯誤決定，非意識歷程經過長期演進，反而能幫助我們更直覺、快速、有效地做出選擇，而且在絕大多數情況下都是有利的決定。行銷人應運用這份知識幫助人們做出有利決定，而非錯誤的選擇。

行銷手法若能運用科學對人性的洞悉，引導人們做出對行銷人和選擇者自身都有利的選擇，或能更快、更直覺地決定瑣碎事務，節省時間、免去壓力，這種行銷手段不僅符合倫理，更是我們所樂見的。

本章重點：

- 現今多數專家都同意，人類絕大多數的選擇都是由非意識或直覺所驅動。理性思考主要是用來在事後合理化自己的決定。行銷人應把重點放在人們的感受，而非想法。
- 想辦法進行實驗。從行銷預算中撥出一小筆金額，用以嘗試行為科學手法。

讀者回饋：

- 「我認為行銷人過於重視可見、容易量測的策略及技巧，我們現在才開始逐漸明白，不可見的前意識歷程及隱微的人類行為特徵，其實對我們的每一個決定都有舉足輕重的影響力。」
- 「將科學應用於行銷之中，這其實比較像是藝術，而非一板一眼的科學。我們無法單以公式判斷哪一種方法有效或是發揮效果的最佳方式及時機（例如哪一種訊息可以誘發某種意識機制），其中需要天分及創意。」

第三章 從大腦演變看懂行銷演變：順應人性提升品牌青睞度

人類今日做出的選擇是由演化史或天性所決定。

好幾次擔任科技研討會的講者時，我都用以下這段話當作開場白，雖然從來沒有達到我預期的效果，但出於某些原因，還是繼續用下去，有點像是親戚中的那個叔叔，雖然從來沒人覺得好笑，還是每次都講同樣的笑話。我的開場白是：

> 這場研討會上大部分講者的主題，都是有關未來六個月的發展，但我的主題是過去六百萬年的演變。

雖然可能要換句話說，觀眾才會比較有反應，但這段話絲毫不假。唯有真正瞭解人性在過去六百萬年演變的成果，我們才能據此猜測未來六個月的發展。

從人腦演化過程，理解人如何面對決策

多位專家認為，約五至六百萬年前，原始人演化出大腦，可視為今日人類大腦的直系祖先。我們

今日的決策系統就奠基於原始人的大腦中。挑選牙膏、選擇漢堡搭配薯條、決定要把意外之財存起來、或是把「必買」科技新品帶回家，我們用來決定種種事務的決策系統，就是在五至六百萬年前開始發展。

那麼古代決策系統的雛型與今日大腦有多相像？幾年前，我為了倫敦Ad:tech（關於互動行銷及科技的研討會）演說蒐集資料時，我和迪恩・福克（Dean Falk）教授談到人腦的演化過程。福克是一位生物人類學家，專精古人類學，她最為人所知的事蹟是證明二〇〇三年在印尼佛洛勒斯島（Flores）所發現的小型人類化石（大眾媒體稱之為「哈比人」，科學界的正式名稱是「佛洛勒斯人」），其實並非畸形現代智人的化石，而是屬於全新的物種[1]。

我詢問福克教授的其中一個問題是，我們現在的大腦及決策系統和一萬或五萬年前的人腦有什麼不一樣？或是和古埃及時代、甚至是文明初始時有什麼差別？她的回答是：「以人腦的演化來說，那時和現在沒有兩樣。」

卡爾・薩根（Carl Sagan）的著作《伊甸之龍》（*The Dragons of Eden*，暫譯）將保羅・麥克林（Paul Maclean）的三腦一體論（triune brain theory）發揚光大。三腦一體論的理論內涵是人腦有三個獨立結構，分別在三個不同的演化階段發展出來。其中所謂的爬蟲類腦最為古老，流行文化常稱之為「蜥蜴腦」。現在三腦一體論的內容[2]多半已遭到推翻，但其中仍有可取之處——大腦中最古老的部分可上溯至現代智人出現以前，的確經過長達五百萬年的演化。

五至六百萬年前的時間點，與本書的討論內容息息相關。人腦中最原始的部位負責自主功能，例如心律、呼吸、體溫。而掌管人類選擇方式的部位，也正是行銷人試圖施加影響力的部分，則稍晚才隨著原始人類演化出現。

我們可以把過去五、六百萬年放在一天二十四小時的維度中思考，這有助於理解現代決策方式的演進。在這一天的時間範圍中，我們的物種「智人」大概是在晚上十一點才出現；而古埃及文明只出現一分鐘，約在午夜前三十秒消失；哥倫布在午夜前七秒出發尋找新世界；二戰在二十三時五十九分五十九秒之前幾毫秒結束；iPhone 問世時離一天之終只剩不到〇．二秒；二〇一五年 Apple Watch 上市至今只佔了〇．〇七秒[3]。

大腦具有可塑性

這不代表我們的大腦和石器時代祖先一模一樣。**你我的大腦具有可塑性（plasticity），深具變化潛力**。大腦可塑性也稱作大腦分區圖重組（cortical remapping），這是學習與儲存記憶背後的生物機制。大腦年輕時可塑性最好，不過過了這個發展時期仍保有可塑性。有時候，成年人如果發生創傷性腦損傷，認知功能仍會恢復。受傷之後，大腦有時可以重新配置，其他部位可能取代受損區域，執行該部位原先的功能。

1 福克任教於弗羅里達州立大學人類學系，擁有「海爾．G．史密斯」教授（Hale G. Smith Professor）的頭銜，著作包括《化石大事紀：兩大矛盾的發現改變我們對人類演化的認知》（*The Fossil Chronicles: How Two Controversial Discoveries Changed Our View of Human Evolution*，暫譯），講述佛洛勒斯人化石及塔翁兒童化石（Taung Child fossils，一九二〇年發現）的發現過程及相關爭論。以下是一篇有趣的論文，說明福克教授的研究方法及幾項假說：Falk, D. (2014, 1 May). Interpreting sulci on hominin endocasts: Old hypotheses and new findings. *Frontiers in Human Neuroscience*, 8, 134. doi:10.3389/fnhum.2014.00134.

2 MacLean, P. D. (1990). The triune brain in evolution: Role in paleocerebral functions. Springer.

3 智人出現至今約經過二十至二十五萬年，如果以這個時間維度來看，古埃及文明於二十三時三十分出現，二十三時四十分消失；二戰結束時離一天之終剩下大約二十五秒；iPhone 和 Apple watch 出現至今分別佔了四秒及兩秒。

可塑性的研究通常以動物為對象，不過二〇〇〇年，倫敦大學學院（University College London）以倫敦街頭開著招牌「小黑[4]」的計程車司機為研究對象，證明成年人的大腦同樣具有可塑性[5]。艾琳諾・馬奎爾（Eleanor Maguire）主導的研究團隊觀察計程車司機的海馬迴大小變化。海馬迴是大腦中一個蝸牛狀的小型結構，在記憶（尤其是空間記憶）形成過程中扮演關鍵角色。馬奎爾及合作研究者之所以選擇倫敦計程車司機為研究對象，是因為他們的訓練過程非常艱難，必須研讀一本稱作《知識大全》（*The Knowledge*）的地圖書，熟記倫敦市區及周遭共三百二十種路線、兩萬五千條街道及兩萬個地標。在Uber與機器學習盛行的年代，你可能以為人類記誦早已過時，不過二〇一八年C-Net科技媒體網站一篇文章〈Uber靠邊站：倫敦計程車司機對一切路線瞭然於胸[6]〉（Move aside Uber, London cabbies have it all mapped out in driver battles）顯示實情並非如此。

在計程車實驗中，倫敦大學學院研究者利用MRI掃描儀測量司機海馬迴的大小。研究人員將司機分成兩組：一組擁有豐富的倫敦街頭開車經驗，而對照組的資歷較淺。研究發現，海馬迴大小與司機的經驗呈線性關係，經驗越多，海馬迴就越大。

你可能以為倫敦的計程車司機擁有超能力，但其實不只有他們的大腦為儲存大量空間記憶而發生改變。遷徙性鳥類以及會藏匿食物的鳥類等動物，例如北美山雀及歐亞藍山雀，牠們的海馬迴也比沒有這類習慣的動物大[7]。

馬奎爾在研究發表後不久接受BBC訪問時表示：

> 計程車司機的駕駛經驗與腦部變化似乎存在明確的關係。海馬迴結構改變是為了容納大量導

航相關記憶。

計程車司機研究顯示，大腦可以根據生活經驗重新配置，特定結構的大小也可能隨之增減。

日常生活也可能改變大腦

大腦可塑性也不一定要經過腦部損傷或在倫敦開計程車才會表現出來，日常生活（即便只是打電動）也可能使大腦發生改變。

羅徹斯特大學（University of Rochester）與多倫多大學（University of Toronto）各自進行為期五年的研究，結果顯示電玩遊戲能提升視覺靈敏度與注意力。研究人員請參與者遊玩第一人稱射擊遊戲，這是一種對眼力要求很高的電玩遊戲，玩家必須搶先在被對手發現之前找到對方並開槍。參與者也會遊玩俄羅斯方塊等益智遊戲[8,9]。研究發現，比起俄羅斯方塊，遊玩第一人稱射擊遊戲的參與者，

---

4 譯註：倫敦計程車通常為黑色，故暱稱為「小黑」。

5 Maguire, E. A., Gadian, D. G., Johnsrude, I. S., Good, C. D., Ashburner, J., Frackowiak, R. S. J., & Frith, C. D. (2000, April). Navigation-related structural change in the hippocampi of taxi drivers. *Proceedings of the National Academy of Sciences of the United States of America*, 97, 4398–4403.

6 German, K. (2018, February 8). *Move aside Uber, London cabbies have it all mapped out in driver battles.* C-Net. Retrieved from https://www.cnet.com/news/london-taxi-drivers-with-the-knowledge-arent-fazed-by-uber/.

7 Pravosudov, V. V., Kitaysky, A. S., & Omanska, A. (2006). The relationship between migratory behaviour, memory and the hippocampus: an intraspecific comparison. *Proceedings of the Royal Society B: Biological Sciences*, 273(1601), 2641–2649.

8 Green, C.S., Bavelier, D. (2007) “Action-video-game experience alters the spatial resolution of vision.” *Psychol Sci* 18:88–94.

9 Wu, S., Cheng, C.K., Feng, J., D’Angelo, L., Alain, C., Spence, I. (2012) “Playing a first-person shooter video game induces neuroplastic change.” / *Cogn Neurosci* 24: 1286–93.

執行視覺工作的進步幅度較大。此外，研究人員測量腦電活動發現，遊玩第一人稱射擊遊戲會改變腦部的神經計算方式，影響視覺注意力的配置，改變目光焦點與觀看時機。

近來有研究使用fMRI掃描儀（透過比對血氧濃度變化量測腦部活動，本書稍後會進一步說明這種研究方法）探查電玩遊戲對大腦可塑性的影響。二〇一九年一篇研究以《英雄聯盟》（*League of Legends*）的中國玩家為研究對象[10]，檢視限制其遊玩時數後，高手玩家與一般玩家低頻振幅（Amplitude of Low-Frequency Fluctuations，顯示大腦在休息狀態下的訊號強度）的差異。研究人員要求參與者，將遊玩時數限制在一週三小時以下，研究為期一年[11]。

《英雄聯盟》是競爭非常激烈的多玩家線上遊戲，遊戲設置種子制度，用來替玩家配對等級相近的對手。所謂高手玩家在種子系統中的等級較高[12]，他們必須花費大量時間才能達到這種等級。研究團隊在實驗開始之前蒐集參與者的fMRI掃描儀成像，接著限制他們的遊玩時數（一週遊玩三小時以下）長達一年，之後研究人員再次請高手玩家及一般玩家接受fMRI掃描儀檢查。第一次成像顯示高手玩家的低頻振幅顯著高於一般玩家，這也許是長期電玩經驗對腦部及認知發展造成的影響。每週遊玩時數限制在三小時之下，維持「電玩節食」一年之後，掃瞄顯示高手玩家的低頻振幅降低，降至與一般玩家相差無幾的程度；而一般玩家的低頻振幅則在實驗前後都維持差不多的水準。

大腦可塑性帶來的正、負面影響

大腦可塑性不完全是正面的，大腦部位可能變得發達，也可能萎縮。

另一項研究[13]顯示，由於玩法不同，電動遊戲可能帶來可塑性的正面效益，也可能導致負面後果。

在這份二〇一七年的研究中，研究者請參與者遊玩電動遊戲，並評估自己的玩法屬於「反應學習」還是「空間學習」。反應學習法是基於對遊戲獎勵的預期，大腦中酬賞系統（reward system）的反應較明顯，尤其是其中的尾狀核（caudate nucleus）結構。而空間學習法，類似馬奎爾研究中倫敦計程車司機的學習方法，牽涉到的腦部結構是海馬迴。蒙特婁大學（Université de Montréal）的研究者分析參與者使用的學習方法後，請他們遊玩不同類型的電玩遊戲九十小時。有些遊戲屬於第一人稱射擊遊戲，這類遊戲需要一定程度的空間技巧與策略，不過勝敗的關鍵通常還是反應速度及之前提到的視覺靈敏度；其他遊戲包括3D平台遊戲，這類遊戲需要空間及物體記憶[14]。遊玩這些遊戲九十小時後，腦部掃瞄顯示反應學習者的海馬迴灰質（由神經元細胞體組成）稍微萎縮；而只遊玩3D平台遊戲九十小時後，所有參與者的海馬迴灰質都有所增加。

可想而知，幾家公司在大腦可塑性中看見商機，研發號稱能夠提升認知能力的電玩遊戲。雖然這種商業提案聽起來十分動人（電玩公司的行銷手法也很有說服力），吸引許多創業投資者投入資金，但成果不如預期。科學對於這類電玩遊戲的效果尚無定論，有些研究發現正面效應，不過也

10 Diankun, G., Yutong, Y., Xianyang, G., Yurui, P., Weiyi, M., & Dezhong, Y. (2019). A reduction in video gaming time produced a decrease in brain activity. *Frontiers in Human Neuroscience*, 13, 134.
11 如果家長覺得子女花太多時間打電動，也許可以聯絡研究者，詢問他們是如何確保研究參與者遵守遊玩時數限制。
12 如果你熟悉《英雄聯盟》的排名機制，研究中的高手玩家等級皆在黃金I以上，其中段位最高的參與者甚至達到鑽石I。
13 West, G. L., Konishi, K. Diarra, M. Benady-Chorney, J. Drisdelle, B. L., Dahmani, L., ..., Bohbot, V. D. (2017). Impact of video games on plasticity of the hippocampus. *Molecular Psychiatry*, 23, 1566–1574.
14 研究中的第一人稱射擊遊戲包括《決勝時刻》（*Call of Duty*）、《殺戮地帶》（*Killzone*）和《邊緣禁地2》（*Borderlands 2*）；3D平台遊戲則為《超級瑪利歐》（*Super Mario*）系列遊戲。

有研究認為沒有影響[15]。但是法律已做出裁決，二〇一六年一月，聯邦貿易委員會（Federal Trade Commission）宣布，由於 Lumosity 公司「不當利用消費者的恐懼」，遭處兩百萬美元罰款（此公司是所謂「大腦遊戲」規模最大的開發商暨行銷公司[16]）。此外，聯邦貿易委員會以傷害消費者為由，另處以五千萬美元罰款，不過由於該公司無力支付，這項懲罰後來暫停執行。Lumosity 之所以遭到懲處，是因為該公司以老年人為行銷目標，大肆利用他們對於認知能力衰退及老年失智的恐懼。

科技對於大腦和決策的影響

常有人問我，人類大腦及決策方式，是否因電玩與智慧型手機等科技產品而發生變化。在此要強調一個重要區別。個人大腦後天的變化和人類群體決策系統先天的演化重組並不一樣。大腦因為特定經歷而發生變化，就好比我們可以透過舉重練出肌肉。運動員可以透過減少體脂肪、增加肌肉量，改變身體的質量分布，使身體經歷非凡的變化；或是藉由磨練反射能力，增進運動表現。儘管運動員身體可能出現諸多變化，不過關鍵的維生功能（例如循環、呼吸、消化）就如福克所說，和古埃及人根本「沒有兩樣」，甚至和數萬年前的人類也大抵相同。驅動決策的認知系統也是如此。

這些決策系統就像身體的維生功能。人類演化出對生拇指，使我們能成功執行某些任務，例如製作並使用工具，這些活動正好就是個體生存及物種延續的關鍵；而今日拇指仍影響我們抓握物品及使用器具的方式。同樣的，認知系統的演化協助我們決策，這些決定對於生存也同樣重要。認知功能的「心理工具箱」（mental toolbox）影響我們今日的決策方式。我要對人類的認知功能比出大拇指，他們功不可沒。

既然談到拇指和可塑性，那就順帶一提，目前有證據指出，經常使用智慧型手機觸控螢幕，能在個體層次上強化大腦對指尖碰觸物品的反應。二〇一四年一篇研究[17]測量觸控螢幕智慧型手機使用者與非使用者（使用無觸控螢幕的手機），大腦皮質接收觸覺受體刺激之電位或腦電活動差異。研究人員發現，比起翻蓋式手機等老式手機的使用者，經常使用觸控螢幕智慧型手機的研究參與者，由於拇指、食指及中指習慣性接觸螢幕，其皮質電位活動較活躍。

這裡有幾個重點。本章提到的觸控螢幕、電玩遊戲及計程車司機研究顯示，個人大腦遭遇不同任務及活動時，會據以調整適應，但沒有證據顯示，疏於練習後，大腦原先的改變還能長期持續。大家都知道，頻繁的重量訓練可培養肌肉量及力量，不過如果一連幾週因忙碌而沒上健身房，重新開始訓練時，可能做到第三組動作就開始肌肉痠痛，之前定期練習時不曾出現這種狀況。另一個重點是，個人大腦所發生的變化絕對不等於大腦演化。海馬迴變大的計程車司機、視覺靈敏度上升的電動玩家、指尖觸覺能引發明顯皮質活動的智慧型手機使用者，這些生理變化都無法遺傳給子女。長頸鹿之所以脖子長，並不是因為其祖先伸長脖子吃樹上的葉子，進而把這項特徵遺傳給子代[18]，而是因為長頸鹿

15 Simons, D. J., Boot, W. R., Charness, N., Gathercole, S. E., Chabris, C. F., Hambrick, D. Z., & Stine-Morrow,E. A. L. Do 'brain-training' programs work? (2016, October). *Psychological Science in the Public Interest*, 17(3), 103–186. doi:10.1177/1529100616661983.

16 Lumosity fined millions for making false claims about brain health benefits. The Guardian, January 6, 2016.

17 Gindrat, A.-D., Chytiris, M., Balerna, M., Rouiller, E. M., & Ghosh, A. (2014). Use-dependent cortical processing from fingertips in touchscreen phone users. *Current Biology*, 25(1), 109–116.

18 早期演化理論家拉馬克（Jean Baptiste Lamarck）的《後天性質遺傳說》（*Theory of Inheritance of Acquired Characteristics*）就是如此解釋長頸鹿擁有長脖子的原因。

群體中，有些個體的脖子天生就比較長，牠們可以吃到更高樹梢上的葉子，具有生存優勢，比起脖子較短的個體能繁衍更多後代。

長頸鹿的脖子影響牠的日常生活，我們承繼自數代先祖的決策系統也左右每日的生活方式。雖然瞭解大腦及行為因科技或文化而發生的改變對行銷很有幫助，卻忽略了「房間裡的大象[19]」，個人的行為及大腦之所以能夠調適改變，其背後機制重要性更高。**要先瞭解人性，才有辦法影響或引導人們的選擇。**

人類致勝的原因

「恭喜成為勝利團隊的一員！」

新人訓練手冊總大肆讚揚你加入的公司有多麼美好，如果人類也有一本新人手冊，裡面一定會提到，你身為人類，正是地球有史以來最厲害的動物物種。而且人類的成功不只是曇花一現，人類稱霸地球至今已歷六萬年，即便放在縮時版自然史中，也是很長一段時間。我們持續領先地球上數萬種其他脊椎動物，這還只是目前共存於地球上的物種數量，有些物種可能因為人類稱霸而滅絕，或是禁不起惡劣環境的考驗而絕種。連體型比我們更大、速度更快、體格更強壯的野獸都敗下陣來，而我們成功走到今天。有些生物遷徙可以飛行數千英里，一次可以繁衍數百萬個後代，可以在數百、甚至上千碼以外的地方，在察覺對方之前就看到、聞到或聽到我們，但人類仍然主宰地球。

如果將物種生存比擬為體育競賽，人類可說是贏得世界盃足球賽、美國職棒世界大賽、美式足球超級盃，並橫掃夏季及冬季奧運每一面金牌。如果我們有場邊管理團隊，那在互相擊掌、祝賀、思索如何運用獎金後，應該會開始思考自己是如何取得如此佳績，以便釐清如何延續勝利並面對未來不可避免的挑戰。我有時候會想，在人類走到今天所經歷的漫長旅程中，致勝原因是什麼？很多人會提到對生拇指、龐大的大腦以及人類好奇的天性，但我認為最重要的，是驅動選擇的直覺或本能。

瞭解哪些根深蒂固的習慣幫助人類生存、茁壯，不僅是個人及物種群體的重要課題，對企業、尤其是品牌也有重要啟發。順應人性及人類與生俱來行為模式的品牌最有機會成功。所有成功的品牌，都能從中看到人類勝利的相同因素，品牌越成功、持續時間越長，這些特質就越明顯。

有些品牌是在不自覺的情況下碰巧運用成功因素，有些是刻意為之。本書稍後將討論到，蘋果不僅提供了直覺的使用者經驗（User Experience，簡稱ＵＸ），也讓自家產品和品牌成為直覺的選擇。我也會提到可口可樂公司一項非常成功的行銷計畫，就是利用人類與生俱來的行為模式，使可樂成為廣受全球喜愛的飲料，而它在另一次的行銷，讓每瓶可樂都令顧客感到量身訂製的體貼。

那麼人類致勝的原因到底是什麼？一切都歸結於一個簡單明瞭的概念。

人類物種演進的漫長過程中，我們祖先所做的好決定多過壞決定。這個概念也適用於多數人，在一般情況下，每個人一生對的選擇多過錯的選擇。多虧祖先明智的選擇，我現在能寫下這本書，你也要感謝祖先，你現在才能讀這本書。

19 譯註：elephant in the room 為英文慣用語，意指大家都知道卻刻意視而不見的明顯問題。

人類直覺的運作機制

我所說的「漫長過程」確實非常漫長，之前提過，我們大腦中最古老部位的演化根源可以上溯到遠古時代。

生存與成功的關鍵就在於直覺做出正確決定。道格拉斯．肯瑞克（Douglas Kenrick）和弗拉達斯．格里斯克維西斯（Vladas Griskevicius）所著《誰說人類不理性？》（*The Rational Animal*）認為**驅動選擇的非意識動機都來自人類的七大演化目標，瞭解這些動機是品牌成功的關鍵。**

根據肯瑞克和格里斯克維西斯等演化心理學家，天擇是一種漸進過程，在此過程中，有利物種存續的生物特徵（例如長頸鹿的長脖子）會在群體中越來越常見。而人類繁衍、興旺最重要的因素就是選擇背後的認知機制。

對人類來說，這些機制通常是捷徑，因為決策會為認知能力帶來沉重的計算負擔，因此大腦發展出能在短時間內有效做出選擇的方法。這些認知捷徑就是人類直覺（你我本能反應）的基礎，也包含捷思（heuristics）等特殊規則，下一章將會詳談這一點。這些基礎協助我們做出選擇，讓我們在遠古非洲大草原上獲得生存優勢。不過在現今可量化、尋求立即滿足、物理距離重要性降低的數位世界中，同樣的直覺不一定具有優勢。

人類大腦擅於過濾資訊，只處理感官接收到的部分資訊，容易「視若無睹」，本書第二部詳談這一點。選擇背後的認知機制也和感覺歷程一樣，大腦篩選資訊，只利用看、聽、觸、嗅覺所得到的部分資訊就做出決定。有些認知機制在現代世界中，常導致看似不理性的決定，因而被稱作認知偏誤

（cognitive biases）。雖然我們常認為這些認知偏誤是人類的弱點，所謂「系統漏洞」或設計瑕疵，但肯瑞克和格里斯克維西斯以正面的角度看待這些「設計特點」。在人類自然史長河中，這些設計特點助我們良多，幫助我們直覺過濾掉無用資訊，就如德國心理學家暨捷思擁護者捷爾德．蓋格瑞澤（Gerd Gigerenzer）所說的，人類忽視大部分資訊，是為了專注於與生存密切相關的訊息。

這些捷徑能快速做出決定，我們很難（甚至不可能）推翻直覺的決策，此外，演化還有另一種施加影響力的方式。如果我們對某項決定感覺不對勁，則痛苦、焦慮、不適感隨之而來；而自覺作出正確選擇時，則會感到愉快、期待、平靜。行銷計畫若能讓人們輕鬆做出決定並感到愉快自在，就能帶來業務上的競爭優勢。**順應人類，透過天擇承繼而來的認知歷程，人們就更可能自然而然地選擇你的產品，提升品牌獲得青睞的機率。**

潛藏巧思的行銷

廣告公司的許多行銷人、創意人員、策劃者，似乎能天生瞭解非意識直覺歷程對於決策的影響力。廣告業的歷史檔案中不乏使用行為洞察的例子，這些從業人員直覺掌握人性，簡直超越科學認知。

一九〇六年，家樂氏為促銷桑尼塔斯（Sanitas）玉米片，在《女士之家雜誌》（*Ladies Home Journal*）刊登一支早期廣告，廣告內容告訴讀者桑尼塔斯玉米片產量不足，請大家盡快洽詢附近的雜貨店，確保家中玉米片不致短缺。這則廣告運用稀少性原則，席爾迪尼認為這項原則是訴諸直覺的說服手段。

英國航空（British Airway）在一九八九年風靡一時的廣告《臉》（*Faces*），由上奇廣告公司（Saatchi

& Saatchi）製作，休．哈德森（Hugh Hudson）執導，巧妙運用浪潮效應（bandwagon effect，或稱從眾效應），廣告傳達的訊息是，選擇搭乘英國航空的上萬名旅客，使之成為全世界最受喜愛的航空公司，強化其廣告標語的力道。《Mac vs. PC》系列廣告中由新潮時髦的賈斯汀．隆（Justin Long）扮演Mac，對照古怪笨拙的約翰．哈奇曼（John Hodgman）扮演PC（個人電腦），因為人類天生就會運用參照點做決定，這一系列廣告透過文化流行資訊建立兩相對立的參考點，並引導我們做出選擇。

仔細檢視任何優秀的廣告或行銷計畫，我們大概都能發現其中潛藏來自決策科學的行為原則。傑出的創意總監腦中其實都有行為科學家的思維（雖然他們可能不願承認）。

本章重點：

- 今日引導我們決策的大腦源自五、六百萬年前的原始人大腦。人性的歷史源遠流長，而且短期內不會有大幅變化。
- 我們的決策系統做出正確決定，使人類成為存續至今的物種。思考如何讓自家品牌獲選時，讓品牌貼合人性與人類演化至今的選擇方式。
- 傑出的行銷及廣告作品都有訴諸人性的巧思。看到欣賞的廣告時，要想到這一點，找找看廣告運用了哪一項行為原則。你自己的行銷計畫又如何運用對人性的理解？

讀者回饋：

- 「身為行銷人，我們經常只看到日常爭逐忙亂的瑣事，鮮少靜下心思考驅使人類從事某些行為的深層真相，而且這些機制的存在超過數年、數代，更長達數百萬年。品牌若能掌握這一點，就很有機會發揮強大的力量。」
- 「不管其他人怎麼想，我現在可以大聲說：我是一連串正確決定所得到的成果。」

第二部

善用直覺，左右他人的消費選擇

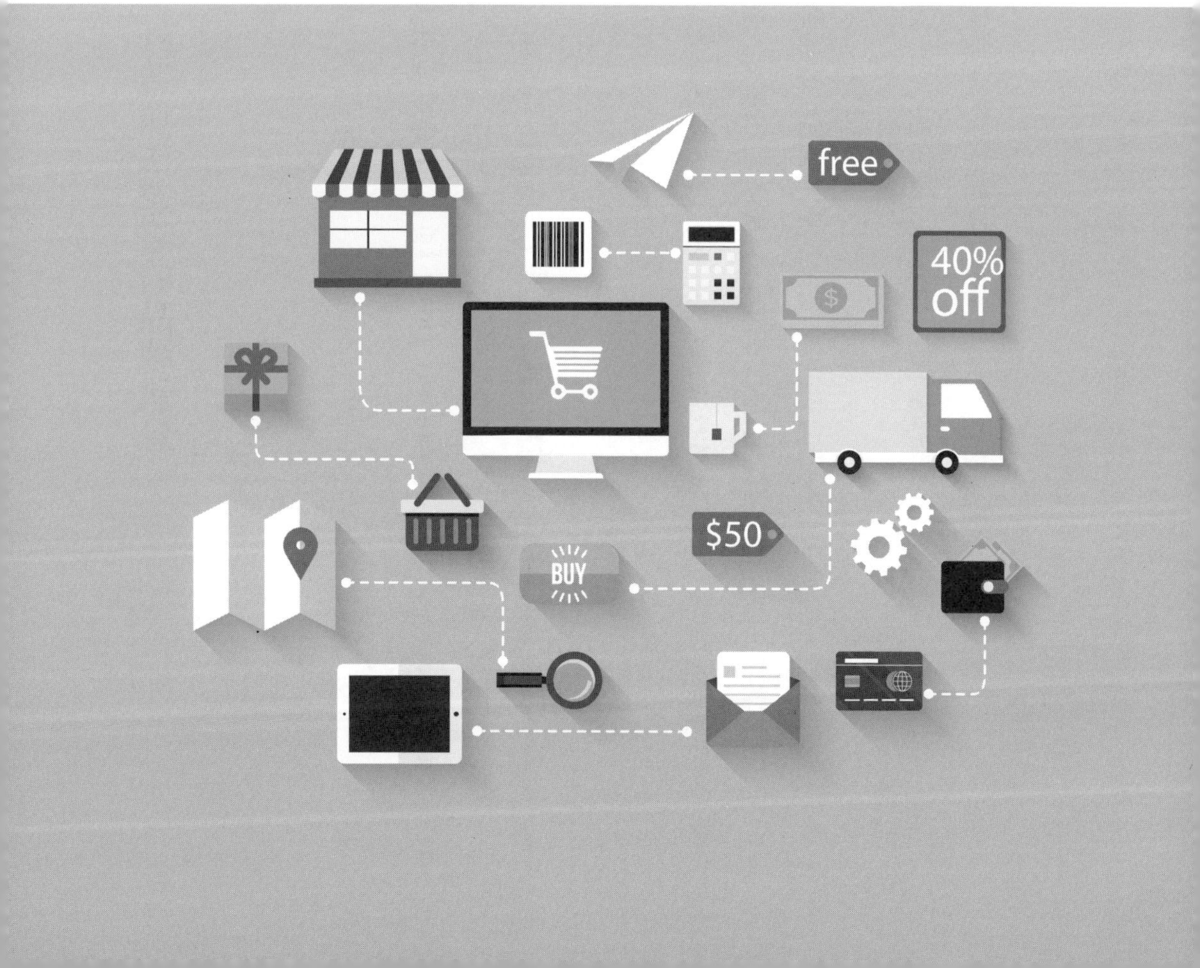

第四章 掌握認知捷徑：打造無法忽略的品牌訊息

蓋格瑞澤是柏林馬克斯・卜蘭克人類發展研究所（Max Planck Institute for Human Development）的主任，他在著作《直覺思維》（*Gut Feeling*）中寫到，**不論有意或無意，忽略資訊是人類高效、快速決策的一項策略**。人類大腦注意的多，忽略掉的也不少，大腦的機制比較偏向釐清哪些資訊不可忽略，而不是決定要將注意力放在哪裡。

我從親身經驗中舉一個例子，說明大腦忽略資訊的益處。我高爾夫球打得很差，大概是因為每五年只打一次[1]，但不常打球可能也不是技術爛的唯一的原因。我通常是和另外三人一起打，他們比我更常練球，技術也比我好得多。打完前幾洞之後（經歷過在發球區打出右曲球、在球道上揮桿打出的球彷彿有懼高症，飛不起來、推桿落點離球洞的距離，比前幾桿加起來都還遠），其他人開始滔滔不絕提供建議。

許多高爾夫球場都貼著一張圖，完美呈現這個情境。圖中有一位高爾夫球手，在發球區準備發球。他準備揮桿的同時，上百個建議團團包圍他。我想這些建議全都聽過，其中幾則實用建議包括：

- 輕輕握桿，彷彿捧著雛鳥。

- 球桿拉到最高點時數到三。
- 左腳腳跟著地加強控制。
- 膝蓋微彎。
- 重心從右腳移到左腳。
- 一體式上桿。
- 屈腕揮桿。
- 揮桿時吐氣。
- 動作結束時胸部朝向目標。

微帶諷刺的是，最後一則建議是「玩得開心！」而真正的重點標註在圖畫下方，說明大腦規劃動作至身體實際揮桿之間只有一．五秒，因此高爾夫球手必須在「一．五秒的思考時間」內考量所有建議。

這一大堆建議只是害我打出斜飛球、右曲球、左彎球，或是完全揮空。專注準備揮桿（這是非常複雜的動作[2]），同時還要思考改進技術的新資訊，這完全違背人類日常處事方式。不過若我能只專注一件事情（對我來說最有用的訣竅是，揮桿時盯著地上球的位置看，不要望向球可能的落點），忽

1　過去幾年來，我的技巧一點也沒長進，從二〇一四年以來，我就再沒打過高爾夫球了。
2　這對人類來說是相當複雜的動作，至少用到六個肌群，我的笨拙動作在生物力學上又更加繁複。

略所有其他聲音，那就能打得稍微像樣些。

大腦喜歡抄捷徑

雖然我們喜歡把大腦想成超級電腦[3]，能夠高速計算、驗算角度的三角函數或速度微積分，但人腦並非這樣運作。小學老師可能對此感到失望，但我們的大腦不喜歡長除法，它喜歡走捷徑，鎖定一項資訊後，其他全部視而不見。

雷・赫伯特（Wray Herbert）在著作《小心，別讓思考抄捷徑！》（*On Second Thought*）中關於大腦捷徑的描述是：

> 我們的人生由上百萬個選擇構成——有些選擇渺小瑣碎，有些決定可能改變一生。幸運的是，我們的大腦已演化出數種心理捷徑、偏誤與訣竅，方便我們快速解決無盡的決定。我們可不想理性思考每一個選擇，還好有這些認知法則，幫忙省下麻煩。

行為心理學家將這些捷徑稱為捷思（heuristics）。從事網頁等數位設計工作的人可能覺得困惑，因為 heuristics 這字在該領域意指介面設計應遵從的廣義法則[4]。

人類如何接住飛越空中的物體（例如棒球高飛球）就是捷思法的一個經典例子，蓋格瑞澤也常舉這個例子來說明捷思法。過去以為大腦可以計算所有變數（轉速、空氣阻力、風向、速度等），快速的解出複雜算式彷彿超級電腦。

蓋格瑞澤在《直覺思維》中寫到，人類接球的方式，跟複雜計算完全無關。有研究追蹤運動員準備接住飛球時的目光焦點，發現接球的過程其實很單純[5]，蓋格瑞澤稱之為「凝視捷思」（gaze heuristic）：

> 球在空中飛行時，球員盯著球，開始奔跑。他們透過捷思調整跑速，使目光凝視的角度保持一致，也就是眼睛到球與地面之間的夾角。選手可以忽略計算軌跡所需的一切資訊，比方說球的初速、距離、角度，只要專注於一項資訊——凝視角度就好。只要緊盯這一項變數，選手無須計算出確切的落點，也能在球的落點站定位。

凝視捷思的例子清楚顯示，人們的行為[6]與決定並不是理性分析事實的結果。這是因為在人類歷史的多數情況中，等到理性分析做出決定時，良機已經消失，或因來不及躲避危險而喪命。大腦使用

---

3 賈瑞特的《大腦迷思》討論到這個常見類比的正反論點。人腦與電腦的確有部分相似處（兩者都會接收、處理資訊並產出回應；兩者都會儲存資訊，人腦有短期及長期記憶，電腦有快速提取與慢速提取記憶），但基本上，人腦與電腦的運作方式大相逕庭。

4 雅各布．尼爾森（Jakob Nielsen）和羅爾夫．莫里奇（Rolf Molich）於一九九〇年代發布「使用者介面設計十大可用性經驗法則」。尼爾森有「網頁可用性大師」之稱，他對可用性經驗法則的說明如下：「互動設計十大通用原則之所以稱做『經驗法則』，是因為這些原則，比較偏向實用性質，而非具體的可用性規範。」
譯註：用於使用者經驗設計時，heuristics 通常譯為「啟發式法則」或「經驗法則」，不過在心理學領域一般稱作「捷思法」。

5 McBeath, M. K., Shaffer, D. M., & Kaiser, M. K. (1995, April). How baseball out-fielders determine where to run to catch fly balls. *Science*, 268(5210), 569–573.

6 根據 McBeath and Shaffer (1995)，隼等猛禽也會利用凝視捷思瞄準獵物，狗則利用凝視捷思接住飛盤。

的捷徑不只快速，還可有效減輕認知負擔。效率很重要，雖然我們的大腦僅佔身體質量的二%，卻消耗掉二〇%的靜態能量（黑猩猩大腦的靜態能量消耗約為九%，老鼠約為五%）。如果大腦要以同樣速度透過詳細分析（效率較差）做出決定，這會提高身體對氧氣與熱量的需求，大腦也需要更大空間。擴大腦容量尤其難以達成，因為頭顱更大的胎兒將難以通過雙足哺乳類母親的狹窄骨盆，導致難產。人類頭腦體積大且能直立行走，這在演化上的取捨[7]是，人類嬰兒屬於晚熟動物，也就是剛出生時相對無助。

人類的預設模式就是避免謹慎思考，因為這會消耗大量資源，康納曼對此的描述相當貼切：

人類會思考，就像貓會游泳，我們有能力，但不喜歡去做。

透過快速決策，人類順利生存、演化，這代表整體來說，快速決策的利大於弊。我們的祖先有效率地做出正確決定，順利成長至能夠繁衍的年紀，而我們繼承了這種決策能力。

為了快速做出決定，我們發展出凝視捷思等高效認知歷程，速度快如神經元放電。就像我們被嚇到時可能不自覺倒退三步，神經在我們有意識地思考行動前就做出反應。這些認知歷程並不是「潛意識」的結果，而是「前意識」，其職責是替代消耗較多能量的意識思考，更快做出決定。

我們很少發覺這些認知歷程正在運作，被問及某個選擇的原因時，也只是在事後合理化自己的決定。若你感到猶豫不決，大概是因為捷徑被阻斷。

如果你覺得做出正確決定，那是因為捷徑也認同你的選擇，此時做決定就和調校良好、定期潤滑的腳踏車換檔一樣流暢，讓我們能快速做出符合直覺的決定，事後也會感覺舒坦自在。

「捷思」與「認知偏誤」的差異

除了捷思以外，過去五十年來[8]，行為科學家發現約一百種認知歷程及捷徑，我們稱之為認知偏誤，本書最後一章將會討論這個主題。捷思及認知偏誤之間的差異很隱微，**捷思是我們直覺遵從的原則。運用捷思時，我們得忽略其他眾多因素，只根據一項關鍵資訊做決定；認知偏誤則指專注於單一資訊並做出看似不理性決定的情況。**

我個人不科學的看法是，認知偏誤就是從現代理性觀點來看，似乎未能使人做出最佳決定的捷思。

我常用以下實際例子來說明捷思與認知偏誤。我們都看過人類走捷徑的證據，地球上每座公園中總有人會捨棄鋪好的步道，走斜對角穿越草坪而踏出一條小徑。這些走捷徑的人，就算不會背畢氏定理（Pythagorean theorem）也知道，斜邊長度小於另兩邊之和，因此走捷徑可以省下時間（多數情況只省下幾秒）和體力（假如捷徑能少走十碼，那大概省下〇．一顆M&M巧克力的熱量[9]）。走認知

7 另一項取捨是「囟門」及「顱縫」，人類演化出這兩項構造，以便嬰兒的頭顱通過狹窄的產道，而後可以擴張，容納快速成長的大腦。這些構造的缺點是使嬰兒較為脆弱，現代及原始人類都有這項特徵，不過近親人猿卻沒有。可擴張的脆弱顱骨有利人類演化，但對人猿來說，閉合的堅固頭顱較為有利。

8 學者仍持續發現新的認知偏誤。二〇一九年，約書亞．路易斯（Joshua Lewis）榮獲判斷與決策學會的海利爾．殷紅年輕調查員最佳論文獎，他的研究描述一種過去未曾有人發現的潛在結果偏誤（Prospective Outcome Bias）。（Lewis, J., & Simmons, J. P. (2019, December 30). Prospective outcome bias: Incurring (unnecessary) costs to achieve outcomes that are already likely. *Journal of Experimental Psychology: General.* Advance online publication. http://dx.doi.org/10.1037/xge0000686）

9 根據愛達荷州立大學（Idaho State University）衛生科學院助理院長琳達．藍金（Linda Rankin）的研究，步行一百碼約消耗一顆M&M巧克力的熱量。

捷徑就和實體捷徑一樣，都是人類天性，我們直覺知道斜邊較短，而不是心算發現能少走幾步後，才選擇走捷徑。

幾年前，紐約州馬麻羅內克（Mamaroneck, New York）一輛卡車撞上鐵路高架橋的照片傳遍網路，這種情況並不罕見。二〇〇八年至二〇一九年間有一百五十二位卡車駕駛沒有注意限高，為了節省一點時間走捷徑，行經北卡羅來納州德罕（Durham, North Carolina）附近惡名昭彰的「開罐器橋」，而使車頂鐵皮被削開[10]。這張照片之所以紅遍網路，全因為卡車公司雪弗貨運（Shaffer Trucking）印在車上的標語。卡車尾端印著一行字「公司最寶貴的資產，就是前方六三呎駕駛座上的司機」，而這份寶貴資產，剛使公司蒙受上千美元的損失，光是這個諷刺之處就值得發文讓大家會心一笑，不過讓網友一再轉傳的笑點，則是印在車身上三呎高的大字：「成功之路沒有捷徑。」

我認為促使人們走捷徑的想法類似捷思，公園中被踏出的小徑顯示很多人都有這樣的習慣。卡車駕駛原本也可省下一些時間和汽油，只是不巧有一座橋擋在那裡。為了以下的討論，先假設這座橋是新建的。這項環境的改變，導致往常慣用的捷思不再適用。同樣的，我們自石器時代演化而來的認知工具，有時也跟不上環境變化的速度，使這些捷徑變成可能帶來負面後果的認知偏誤。

某些「認知偏誤」至今仍重要

有些認知偏誤彷彿是喝醉酒的人命名的，德州神槍手謬誤（Texas sharpshooter fallacy）就是一例。這種偏誤指的是，人類經常只看見一大堆資料中的一小部分，從中歸納並不存在於整體的模式。德州神槍手謬誤的背景故事是，德州有一位槍手，朝著穀倉開了數槍，然後把多數槍孔的位置圈起來，宣稱這就是他當初瞄準的目標。

哈佛大學（Harvard University）講師暨教學研究員喬蒂・貝格斯（Jodi Beggs）是幽默經濟學領域的重要成員，她成立的公司名叫「經濟學家愛上模型」（Economists Do It with Models）。在《荷馬經濟人》（*Homer Economicus*，暫譯）的其中一章中，貝格斯詳述《辛普森家庭》（*The Simpsons*）中角色所做的錯誤決定都可以歸因於認知偏誤[11]。可想而知，荷馬辛普森是錯誤決定的專家，不過美枝、霸子、花枝、蘇呆子，甚至連郭董[12]都曾因直覺吃了苦頭。

有些認知偏誤的命名相當現代，比方說宜家效應[13]（IKEA effect），指的是我們對自己花力氣製作的物品，容易高估其價值。但不論如何，這些大腦機制都是長期演化而來，就和其他演化特徵一樣，有些偏誤至今仍然重要，而有些已和現代生活沒有太大關係。

如果要為二十一世紀以後的生活設計「人類二・〇」，也許我們可以捨棄已無實際用途的身體構造（例如腳指甲、智齒、男性乳頭），同時也可以清點各項認知機制，進行一番大掃除。

不論是廢物還是寶貴古物，這些大腦機制是做出大大小小選擇的推手。

---

10 除了單純粗心及分心外，意外的原因還包括幾個真實存在的認知錯誤。其中特別有意思的是垂直水平錯覺（vertical-horizontal illusion）。人們常會高估垂直線的長度，低估相同長度的水平線。也就是說，一座高三百呎的塔和長三百呎的圍籬，我們通常會誤以為塔比較長。有些演化心理學家推論，這項錯覺的目的在於警告人類高度的危險，因為雖然距離一樣，攀登要比平地行走更費力氣。

11 Beggs, J. N. (2014). Homer Economicus or Homer Sapiens? Behavioral economics in *The Simpsons*. In J. Hall (Ed.), *Homer Economicus: The Simpsons and Economics* (Chapter 15). Stanford, CA: Stanford University Press.

12 譯註：皆為《辛普森家庭》中的角色。

13 Norton, M. I., Mochon, D., & Ariely, D. (2012). The IKEA effect: When labor leads to love. *Journal of Consumer Psychology*, 22(3), 453–460.

行銷人不必把捷思或認知偏誤想成某種深奧的哲學或複雜難解的心理學，這些其實都只是瞭解人性的洞察，是人類直覺下決定的依據。

在這一百多種捷思及偏誤中，有些與行銷高度相關，有些關聯比較薄弱。有些內涵相互重疊，定義模糊；有些是只出現於專門領域的特定情況。本書第二部討論幾個我認為與商機息息相關的捷思及偏誤。我說明的方式比較少牽涉科學描述，較著重行銷的實際應用，也就是人們如何透過捷思與認知偏誤做出選擇。

本章重點：

- 重點不是獲得注意，而是不要被忽略。從直覺的角度來看，你要如何傳達令人難以忽略的訊息？
- 捷思、認知偏誤都是認知捷徑，是人類決策的依據。越瞭解這些認知捷徑，就越能掌握人們做決定的方式。
- 大腦發展出這些認知捷徑，是為了輕鬆快速做出決定。人類最喜歡「不費腦筋」的事，假如你能讓自家品牌變成「不費腦筋」的選擇，就握有優勢。

讀者回饋：

- 「在民生消費用品的戰場上，我們經常花費數年構思最具吸引力、最符合邏輯的購買理由，例如我們的產品更美味、更健康、比架上其他三種品牌更優秀，這是因為假設消費者購物車中的商品，都是精心挑選而來。本章提醒我們真正的任務，其實是讓選擇自家產品，變得簡單、直覺。」

- 「讀完本章後，重新意識到在行銷界（也許人類生活的大多數情況也是如此），『感覺對了』比『實際對錯』更重要。」

熟悉生滿意[1]。

第五章 揮之不去的熟悉感：成功的廣告都是添加巧思的陳腔濫調

行銷人應該都認同，品牌為人熟知是一件好事。沒錯，雖然這不是品牌獲選的唯一條件，不過為人熟知、受到肯定、首先被想起來或廣受矚目，都是成功的助力。

多年的追蹤研究顯示，**品牌能否第一個被想起來，和市占率有直接關聯**。一般來說，最為人熟知的品牌，在其所屬類別的各個重要面向都擁有相當高的評價：最受信任、感覺可靠、效果更好、價值更高。

雖然公認親近、熟悉是一件好事，我們不妨問問為什麼。羅伯．扎榮茲（Robert Zajonc）是社會心理學巨擘，他從人類演化的角度來解釋這種現象：「如果某事物讓你感到熟悉，就代表你沒被它吃掉……至少現在還沒。」

史前先祖在危機四伏的大草原討生活時，如果遭遇某種動物一次以上，那代表那些動物沒那麼危險（第一次遇上這種動物時倖存下來，才有可能第二次碰到牠）。從定義上來說，越常遇到的動物，就越不容易對你造成傷害。熟悉是安全的代名詞，這種連結一直留存至今，成為我們的直覺。

扎榮茲的研究顯示，熟悉能傳達安全感等正面感受。他最為人所知的研究成果是進行一系列實驗，發現所謂的「單純曝光效應」（mere-exposure effect）。在這項知名研究中，扎榮茲讓不懂中文的參與者觀看中文字[2]，這些字分別顯示五、十、二十五次。研究人員告訴參與者，這些中文字都是形容詞，並請參與者猜測某個字是正面或負面意義。雖然參與者完全看不懂，不過一致認為看到最多次的字具有正面意涵。

扎榮茲在一九六八年這項指標性研究（以及後來數百篇顯示同樣效應的類似研究）最重要的發現是，人們越常看到某件事物，產生的聯想就越正面。

熟悉能夠帶來好感

最近史丹佛大學（Leland Stanford Junior University）及亞利桑那州立大學（Arizona State University）的神經成像研究透露，這個現象背後的可能原因[3]。這份研究顯示，大腦的酬賞系統與單純曝光效應之間的關聯。在為期十天的研究中，研究人員請二十七位參與者品嚐一種「新奇液體」（其實是紅蘿蔔或芹菜類蔬果汁）。在研究第一天及第十天，研究人員請參與者評估自己對該飲料的喜好程度並接受腦部掃描。隨著時間過去，參與者對那種飲料的好感度越來越高。腹側蓋膜區（ventral

1 「親近生侮慢」（Familiarity breeds contempt）這句諺語來自喬叟《梅利比的故事》（*Tale of Melibee*，約作於一三八六年），警告我們與人熟識後，容易變得自滿與無禮。這句古老諺語的衍生版本「熟悉生滿意」（Familiarity breeds content）也不是我首創，這是一九六〇至七〇年代（甚至更早以前）愛爾蘭香菸品牌 Sweet Afton 的標語。我從小時候就一直記得這句話，寫作這章時又再次浮現在腦海中。

2 Zajonc, R. B. (1968). Attitudinal effects of mere exposure. *Journal of Personality and Social Psychology*, 9, 1–27.

3 Ballard, I. C., Hennigan, K., & McClure, S. M. (2017). Mere exposure: Preference change for novel drinks reflected in human ventral tegmental area. *Journal of Cognitive Neuroscience*, 29(5), 793–804.

tegmental area）是腦幹中一小塊區域，也是多巴胺神經元的所在位置，該部位的活化顯示研究參與者對飲料的喜好程度。腹側蓋膜區與許多其他腦部區域互有聯繫，而連結強弱可用於預測個別參與者，在十天期間對飲料的好感程度變化。這項研究的另一個重點在於，這份研究也顯示腦部區域活性可以用來追蹤個人的偏好變化。

扎榮茲一九六八年研究的幾十年後，他的另一項實驗揭示單純曝光效應另一個更耐人尋味的層面[4]。此實驗將參與者分為兩組，一組觀看二十五個中文字，每個字各看一次；另一組觀看五個中文字，每個字各看五次。觀看次數較多的組別表示心情較好。這項結果和「新奇液體」研究的結論相似，酬賞系統頻繁的活化不只讓我們對經驗本身有正面感受，也能提振整體心情。

熟悉感與心情的關聯值得品牌及行銷人細思。熟悉感不只讓人對該事物產生正面感受，還能讓我們對自己感覺良好。這也許能解釋品牌具有強大威力的原因，因為**品牌給人熟悉感，而熟悉感帶來好心情。我們花很多時間思考品牌觀感，但品牌真正的力量也許在於它傳達什麼樣的感受。**

此外，熟悉與肯定不只帶來正面觀感與溫暖、窩心的感受，更是兩大常用捷思背後的原理，能對我們的選擇造成深遠影響（捷思是上一章有提到的認知捷徑）。

「可得性捷思」與「名稱辨識捷思」的差異

這兩種捷思就是可得性捷思[5]（availability heuristic）和名稱辨識捷思[6]（recognition heuristic），而發現這兩種捷思的心理學家（康納曼發現前者，蓋格瑞澤發現後者）也正好是兩種流派的代表人物，兩方對於捷思在大腦中的運作方式有不同見解。身為從業人員，我享有優勢，不必在這場如火如荼的學術爭論中選邊站[7]，只需要點出捷思與人性的關係，說明捷思對行銷人的實用之處。

可得性捷思是由最先出現的想法所驅動，一般認為這是無意識歷程，無法由意識控制。名稱辨識捷思是可以刻意應用的規則：主動選擇能夠識別、認得、熟悉的事物。只要將認知能力專注於可識別的事物，忽略其他資訊，前意識就可以在大腦開始謹慎思考前，對相當複雜的選擇做出意外精準的判斷。快速、輕鬆出現於腦海中的想法，能在決策過程中發揮重大影響。你也可以把名稱辨識捷思想成一條大腦捷徑，大腦只專注於記憶中最可得的資訊，過濾掉其他一切。大腦省事地只想到原本就已熟悉的事物，也因此難以扳倒品牌龍頭。名稱辨識捷思的威力強大，多數情況下都能促使我們忽略其他選項，選定最熟悉的事物。名稱辨識捷思能幫助我們快速做出直覺決定，而且通常和經過縝密理性分析的選擇一樣準確。

在許多情況下，名稱辨識捷思是快速找出「最佳」選擇的好方法，用來預測體育競賽的優勝者也相當靈驗。在《直覺思維》中，作者蓋格瑞澤提到一項德國研究，研究人員召集業餘網球選手

4 Monahan, J. L., Murphy, S. T., & Zajonc, R. B. (2000). Subliminal mere exposure: Specific, general, and diffuse effects. *Psychological Science*, 11, 462–466.

5 Tversky, A., & Kahneman, D. (1974). Judgment under uncertainty: Heuristics and biases. Science, 185, 1124–1131.

6 Goldstein, D. G., & Gigerenzer, G. (2002). Models of ecological rationality: The recognition heuristic. *Psychological Review*, 109, 75–90.

7 爭論的由來要回溯到一九九〇年代，蓋格瑞澤與康納曼及特沃斯基雙方陣營火藥味濃厚的隔空叫囂。關於雙方爭執鉅細靡遺且立場公正的評論，可參考傑森・柯林斯（Jason Collins）精彩的部落格（jasoncollins.blog）於二〇一九年四月一日所發表的文章〈蓋格瑞澤vs. 康納曼及特沃斯基：一九九六年大翻臉〉（Gigerenzer versus Kahneman and Tversky: The 1996 face-off）。不過麥可・路易士（Michael Lewis）在二〇一六年關於康納曼及特沃斯基合作關係的著作《橡皮擦計畫》（*The Undoing Project*）則是一面倒的偏袒這兩位心理學家。

（會在地方俱樂部打球）及非專家（對網球的興趣和一般大眾一樣），詢問他們在二〇〇三年溫布頓男子單打錦標賽第一輪的一百一十二位選手中，認得哪些名字[8]。而用這份名單來預測比賽優勝者竟也相當準確——七二%的比賽是由業餘選手認得的名字勝出；非專家認得的選手，贏得比賽的機率則是六六%。在預測比賽優勝者的準確度方面，兩組研究參與者的識別分數和男子職業網球協會（Association of Tennis Professionals，簡稱ATP）使用的個人排名公式差不多。ATP參賽排名（Entry Ranking）及冠軍排名（Champions Race）預測勝者的準確度分別是六六%和六八%。

挑選奢侈品時，識別的效果也很有意思。演化心理學家傑佛瑞．米勒（Geoffrey Miller）在暢銷著作《花光光》（*Spent*，暫譯）中寫道：

> 事實上，所有廣告都有兩種觀眾：「產品潛在購買者」和「產品潛在觀賞者」，後者會在前者身上投射各種令人欽羨的特質。產品越昂貴、越稀少，觀賞者的人數就會比購買者多更多。

米勒獨到的見解指出，**人們之所以購買奢侈品，主要原因是其他人也瞭解、肯定產品的價值，而不是為了產品本身。**

包括米勒在內的多位演化心理學家指出，奢侈品等於性擇（sexual selection）。我們珍視這些美麗而稀少的物品，攜帶或佩戴這些物品時向他人傳達的訊息是，對方也應該重視自己，不過前提是對方要能認得這些「標記」。

因此，奢侈品牌廣告的投放對象不只有潛在購買者，更包括廣大大眾，目的是讓旁人能輕易辨識出品牌愛好者和擁護者的地位。勞力士（Rolex）透過名人廣告、贊助高爾夫球及網球錦標賽（例如美國公開賽和溫布頓公開賽）獲得家喻戶曉的知名地位，曝光範圍遠超過其使用族群。汽車品牌奧斯頓・馬丁（Aston Martin）長期與〇〇七系列電影合作，目的就在讓無法購買這款車的群眾也認得這個品牌，確保買家開著這輛車能讓人留下深刻印象。

凡事總有例外

人類行為充滿各種看似矛盾、弔詭的情況。行為經濟學家經常指出整體人類、甚至個人行為中反覆無常的情形。不僅外在會說一套，做一套，就連認知機制似乎都互相牴觸。我常想起小時候很喜歡的一部連環漫畫《小傻蛋[9]》（*The Numskulls*，暫譯），劇中人物是一群：

> 有著大頭、竹竿四肢的小人，住在主角的腦袋裡，小傻蛋們把主角稱作「我們的人」。主角的眼、耳、口、鼻、腦各「部位」都是由一個小傻蛋負責操控、維護，這些不同「部門」透過對講機相互聯繫[10]。

8 Serwe, S., & Frings, C. (2006). Who will win Wimbledon? The recognition heuristic in predicting sports events. *Journal of Behavioral Decision Making*, 19, 321–332.

9 寫書的好處之一是，過程中有很多新發現。我完全忘了《小傻蛋》這部漫畫，後來驚喜地發現，它仍持續連載於《比諾》（*The Beano*）雜誌上。二〇一五年的皮克斯電影《腦筋急轉彎》（*Inside Out*）採用相似的架構，將兒童的樂、憂、怒、驚、厭情緒擬人化，配音演員分別是艾米・波勒（Amy Poehler）、菲莉絲・史密斯（Phyllis Smith）、路易斯・布萊克（Lewis Black）、比爾・哈德（Bill Hader）、明蒂・卡靈（Mindy Kaling）。

10 已故約翰・喬治・拜恩（John George Byrne）〈論自由意志及意見箱〉（Of Free Will and Suggestion Boxes）。

「腦」是小傻蛋的頭頭，負責管理下屬分歧的目標與個性，確保「我們的人」可以應付日常生活的挑戰。這份工作不容易。我們的認知機制及先天行為模式有點像這群小傻蛋，他們的目的都是幫助我們高效做出令人滿意的有效決定，不過有時方法互相衝突。初始效應（primacy effect）和新近效應（recency effect）就是很好的例子，前者指人類傾向對最先看到的事物留下印象，後者則指人類傾向記得最近（最晚）看到的事物。

對我來說，這些看似矛盾的現象，只是一再印證我先前提到的一點：**將決策科學應用於行銷及業務時，沒有所謂的黃金法則，適用與否必須依情境而定**。既然我們無法全盤瞭解到底什麼情境會引發何種認知機制，那麼在行銷中應用行為原則的關鍵就是，承認這些矛盾現象存在。

我有時會這樣解釋矛盾現象，假設你在黑暗的車庫中找一件小東西，例如螺絲釘，你可能會拿一把手電筒東張西望，睜大眼鏡努力尋找。突然車庫門打開了，陽光湧入車庫之中，你伸手遮陽，瞇起眼睛繼續尋找。你原本試圖放大光源的效果，後來轉為降低光源的影響。這些相反「策略」的目標是一致的：找到螺絲釘，不過在不同情境下會有不同做法。認知機制的運作也類似。

後續討論人類直覺行為時，還會遇到其他矛盾情況。比方說，**雖然我們直覺受熟悉事物吸引，但也天生熱愛驚喜與新奇**。

創意是行銷的關鍵元素

也因此，**創意一直以來、未來也將持續是行銷的關鍵元素**。如果行銷成功的唯一要件是讓品牌為人熟知，那我們只需遵行一項策略：在主要媒體載具上投入大把金錢，剩下的就交給熟悉感就好，但事實顯然不是如此。

幾年前，我的團隊和 Levi Strauss & Co. 全球行銷長珍妮佛・塞伊（Jennifer Sey）一同檢視 Levi's 三十年來的成功電視廣告。廣告整體水準很高，都是由世界上獲獎無數的廣告公司，在其創意巔峰時期所製作。因為作品太優秀，我們停下來休息一會（觀看一連串 Levi's 的精彩廣告大概是廣告狂熱者最接近司湯達症候群[11]（Stendhal syndrome）的體驗），塞伊說：「你知道嗎？很有趣的是，真正成功的廣告，故事幾乎都是陳腔濫調，幾乎……但不完全是！」

賽伊的話很有道理。**成功的廣告利用熟悉感吸引觀眾，不過卻總能以全新視角切入**。強納森・哈里斯（Jonathan Harries）擔任博達華商廣告公司全球創意長長達數年，他把這項原則稱作「添加巧思的熟悉感」，他認為這是業界優秀作品的共通特徵。

史都華・夏皮羅（Stewart Shapiro）和亞斯柏・尼爾森（Jesper Nielsen）在二〇一三年刊登於《消費者研究期刊》的論文詳述一項研究[12]，支持哈里斯「添加巧思的熟悉感」論點。論文開頭是簡短一句話：「消費者通常懶得細細品嘗廣告。」這句話所闡述的現象是我職業生涯一直努力對抗的現實情況。說完這句話，兩人提出一套有趣思路，但與一般的行銷手法相悖。一般來說，行銷人與廣告公司會盡可能讓廣告保持一致，除非原來的廣告已經達到一定的「耗損」（文案測試公司所想出的說法），

11 「司湯達症候群，或稱高文化症（hyperkulturemia）、佛羅倫斯症候群（Florence syndrome），是一種身心症，人們觀看藝術作品，尤其是極為美觀宏偉的作品，或在同一地點接觸大量作品時，出現心跳加快、暈眩、昏厥、意識混亂，甚至幻覺等症狀。」（摘自維基百科）十九世紀中造訪佛羅倫斯的遊客經常表示自己出現這種症狀，不過現今有些人對這種症候群是否確實存在抱持保留態度。

12 Shapiro, S. A., & Nielsen, J. H. (2013). What the blind eye sees: Incidental change detection as a source of perceptual fluency. *Journal of Consumer Research*, 39, 1202–1218.

或者有其他想要傳達的訊息，否則不會重新製作廣告。從這一章的內容可知，這個觀點很有道理。觀眾越常看到某種東西就越喜歡，不是嗎？如果是這樣，那麼每次都看到完全相同的內容，豈非更好？不過兩人的實驗顯示正好相反。

研究人員請參與者觀看一系列廣告，每個廣告之間都有小幅更動。這些變動都是無關緊要的簡單位置調整，例如將平面廣告上的標誌或產品說明，從一個角落移到另一個角落。研究人員也讓參與者觀看另一系列廣告，重複觀看的過程中沒有任何廣告元素改變位置。其中一項實驗移動廣告標誌的位置，研究人員發現，參與者認為位置移動的標誌比較容易理解，並表示比起維持相同位置，變動位置的標誌比較顯眼、具有吸引力。另一項實驗中，標誌及其他廣告元素皆變動位置，參與者對廣告產品的喜好程度進一步提升（比起維持原位）。在兩項實驗中，參與者都沒有意識到標誌或說明有移動位置。

傳統廣告思維喜歡變動。你很可能以為獨特、陌生的元素可以帶來有利的變動或吸引觀眾目光。不過如自己的名字一般熟悉無比的元素，其實和意外事物一樣能吸引注意力。

用熟悉吸引注意力，用變化維持注意力

「雞尾酒派對效應」（cocktail party effect）是認知神經科學的一個著名現象，顯示熟悉且與當事人切身相關的事物，絕對可以吸引對方的注意。擁擠、吵雜的派對上，眾多對話同時進行，這類環境中有多個聲音來源，不過我們還是能輕易聽出對話內容。這是因為我們能選擇專注於當前對話的單一音源（在此指口說內容），彷彿忽略所有其他聲音資訊。雖然沒有認真傾聽其他聲音資訊，我們也沒

有完全忽略。測試雞尾酒派對效應（專業的術語是「雙耳分聽」）的實驗獲得驚人的發現。被忽略的音源中，可能有同一字詞一再重複出現，甚至高達五十次！我們有時能分辨是男聲或女聲，但還是不會注意到那個字；即使我們的名字只出現一次，還是能馬上發覺。就像在雞尾酒派對上聊天時，房間另一端有人叫我們名字，我們會馬上停下對話，搜尋說話的人。

「利用變化吸引注意力，接著用熟悉、相關的內容維持專注」，行銷人可能對這個做法躍躍欲試，不過真正有效的其實是相反的做法：**用熟悉感吸引注意力，接著以意料之外的變化維持注意力**。想像雞尾酒派對實驗的其中一個情境是先聽到「你的褲子著火了！」，接著聽到「馬修．威爾克斯」；另一個情境是先聽到「馬修．威爾克斯」，接著是「你的褲子著火了！」第二個情境能更快讓我注意到自己褲子著火。

過去十五年來，我曾和幾家電玩遊戲公司合作，包括在DreamCast主機全盛期與SEGA合作；蘿拉．卡芙特（Lara Croft）的《古墓奇兵》（*Tomb Raider*）系列作；美商藝電（Electronic Arts）；近期合作對象還有手機遊戲公司Nordeus，《最強十一人：來經營冠軍球隊吧》（*Top Eleven Football Manager*）正是他們的作品。先用熟悉感吸引玩家，再提供具挑戰性的驚喜元素鼓勵他們繼續玩下去，電玩遊戲設計師非常瞭解這個概念，他們常說，**成功的電玩遊戲要「容易上手，難以精通。」**

驚喜感是意外寶貴的資訊

有證據顯示，除了抓住專注力外，驚喜還有其他功用。在機場或飯店報到時，若發現機位或房型意外升等了，大家都會感到驚喜，不過這種開心感不只來自特別或尊榮的感受。

其實，**大腦會把驚喜當作寶貴的資訊，認為意外資訊有助自己做出正確的選擇**。人類現今能存活於地球上，要歸功於我們的祖先經常做出相當正確的決定，至於攸關生死的關鍵抉擇，人類遠祖更是表現優異。不過什麼叫做「正確」決定呢？定義可能有很多種。經濟學家認為，理性決定就是正確決定，而神經科學家及心理學家會說，正確決定能最大化酬賞（包含各種形式）。大腦將新奇、驚喜的資訊視為一種特殊的酬賞[13]。新事物吸引我們一探究竟，我們總禁不住探索新環境的衝動。不論是啤酒、除臭劑，甚至是水果品種，我們心中都有「每次必選」的品牌，不過我們偶爾還是會掙脫習慣的束縛，嘗試新牌子。大腦演化的過程中，探索新奇事物有助於避免負面結果，有時還能帶來更好的結局，因此這種行為持續至今。

我們熱愛熟悉感與可預期的酬賞，所以會充分利用已知資訊；但我們也天生無法抗拒探索其他可能帶來酬賞的選項。科學家觀察鴿子與齧齒類動物分配「利用」與「探索」的行為，後來據此發展出匹配律[14]（matching law）。

假設動物走迷宮時，右轉有八成機率獲得酬賞，左轉的機率為兩成，你可能以為動物每次都會選擇八成機率的那一邊。畢竟右轉獲得報酬的機率是左轉的四倍，那為什麼不每次都右轉？在實驗發現，動物實際上右轉的機率約為八〇％，而左轉約為二〇％。牠們選擇左右的比例正好和獲得酬賞的機率一樣。科學家在許多動物（包括人類）的身上都觀察到符合匹配律的行為[15]。

匹配律在演化方面的解釋是，儘管當下沒有立即的必要，生物還是會尋找替代來源，因為依賴單一來源並不是理想的生存策略。對行銷人來說，這個解釋也符合拜倫・夏普（Byron Sharp）在著作《品牌如何成長[16]》（*How Brands Grow*，暫譯）中提到的觀點，也就是說，品牌忠誠度是行銷人的夢想，不過消費者實際上不會永遠忠誠。夏普引用英國的數據指出，七二%的可口可樂飲用者偶爾也會購買百事可樂，並指出忠誠度與市占率有一定關聯。品牌忠誠可能只是癡心妄想。著名職業曲棍球選手，現為蒙特婁加拿大人隊總經理的馬克・貝格文（Marc Bergevin）被問及隊上某位選手二〇一八年球季是否會對球隊保持忠誠，他回答：「想要忠誠的話，買隻狗吧。」

對某項資源完全忠誠等於依賴。本章前半提到，熟悉感有著莫大的吸引力，但為了避免依賴，我們和祖先仍持續探索陌生事物。依賴單一來源是一種捷徑，不過可能導致滅絕，因此我們也繼承了祖先的另一種心理捷徑，偶爾嘗試變化。

人類也喜歡追求多樣性與新體驗

多樣性是人類眾多選擇背後的原因，在食物的選擇上尤其明顯。蓋德・薩德[17]（Gad Saad）的著作《消費直覺》（*The Consuming Instinct*，暫譯）以演化心理學的觀點分析消費行為，作者提到

13 Kakade, S., & Dayan, P. (2002). Dopamine: Generalization and bonuses. *Neural Networks*, 15, 549–559.
14 Herrnstein, R. J. (1974). Formal properties of the matching law. *Journal of the Experimental Analysis of Behavior*, 21, 159–164.
15 籃球選手的出手選擇（shot selection）也符合匹配律。Vollmer, T. R., & Bourret, J. (2000). An application of the matching law to evaluate the allocation of two- and three-point shots by college basketball players. *Journal of Applied Behavior Analysis*, 33(2), 137–150.
16 拜倫・夏普教授任教於南澳大學艾倫伯格—巴斯行銷科學研究所（Ehrenberg-Bass Institute for Marketing Science），他二〇一〇年出版的著作《品牌如何成長》成為近年來業界最常談論起的行銷書籍。夏普在書中駁斥許多傳統的行銷思維。比方說，他不認同品牌的力量與成長來自最忠誠的客戶，他指出，如果品牌目標是成長，就必須專注於吸引新顧客。
17 薩德是康科第亞大學（Concordia University）演化行為科學與達爾文消費（Evolutionary Behavioral Sciences and Darwinian Consumption）研究主席。

多篇研究顯示，食物選項的多樣性越高，我們的攝取量就越多（其中一篇研究顯示，即便多樣性與食物的口味或營養價值無關也沒關係，同是M&M巧克力，只要顏色不一樣，也有增加攝取量的效果）。

在食物選擇方面，人類為什麼偏好多樣性？薩德補充另兩項可能原因：

覓食尋求多樣性的演化歷程與兩種機制相關：

（1）提高獲得各種足量養分的機率

（2）降低攝食單一食物來源過量毒素的機率。

追求令人安心的熟悉感是人類直覺，追求多樣性與新體驗也是。

成功「在熟悉感中添加巧思」的品牌能夠與大眾建立深度聯繫。Google Doodle[18]在瀏覽器頁面上方拼寫Google標誌的有限空間中發揮創意，熟悉的名字、一樣的位置，不過題材總是新鮮、出人意料之外，因此總能帶來驚喜[19]。

二〇一二年，為慶祝奧利奧（Oreo）餅乾一百週年，奧利奧發起「奧利奧每日一變」（Oreo Daily Twist）廣告活動，在熟悉的事物中持續加入變化巧思。奧利奧是美國最家喻戶曉的品牌之一，不過他們捨棄常見的懷舊路線，這次的廣告策略是對當天新聞加上一句詼諧評論。

連續一百天，廣告將著名的奧利奧餅乾當作發揮創意的畫布，並與當天新聞或相關事件建立連結。幾個例子包括：奧利奧餅乾夾著彩虹色奶油餡，慶祝同志驕傲遊行；奧利奧餅乾鋪著紅色奶油餡，上方有一條輪胎痕跡，慶祝火星探測車登陸火星；鋸齒狀咬痕的奧利奧餅乾宣布探索頻道鯊魚週登場。

甜食點心界的另一個例子：二〇一四年節慶期間，Dunkin’ Donuts 推出全新飲品，包括肉桂餅乾和糖霜餅乾拿鐵。當時該公司的全球行銷創新總裁約翰．科斯特羅（John Costello）這麼形容他們的顧客及這項行銷手法：

> 我們的客人熱愛傳統與新奇。這次的節慶策略可說是在熟悉感中添加巧思。

保持傳統，又加入新奇元素。打出安全牌，同時也是冒險策略。添加巧思的熟悉感不只是行銷花招，這項原則數萬年來給予人類安全感，同時鼓勵他們開拓新資源、新體驗、新想法。

---

18 譯註：Google 首頁上慶祝節日或名人誕辰的塗鴉作品。

19 第一幅 Google Doodle 誕生於一九九八年，當時賴利．佩吉（Larry Page）和謝爾蓋．布林（Sergey Brin）在 Google 標誌的其中一個「o」後面畫上一個火柴人，告訴大家他們將參加燃燒人節慶（Burning Man）。截至二〇一九年十二月，世界各地的 Google 首頁已發布超過四千幅 Doodle 作品。

本章重點：

- 熟悉的事物可以帶來正面感受。因此維持品牌曝光不僅能打響知名度，也能提升好感。
- 熟悉感也能驅動選擇：人們認得或能快速想起的品牌也更容易獲選。
- 人類也有探索新事物、尋找驚喜的直覺。驚喜是一種特殊的酬賞，大腦認為驚喜資訊有助於未來做出正確選擇。拿捏熟悉與驚喜的平衡是優秀行銷的訣竅。保持相關，卻又出人意料，或在熟悉中添加巧思。

讀者回饋：

- 「我不禁這麼想……巧思突顯了熟悉感的重要性。」
- 「行銷人通常只把行為經濟學當作策略工具，不過本章告訴我們，掌握行為經濟學，才能洞悉優秀品牌廣告活動背後的成功原因。」

第六章

他人經驗是指標：標註熱門餐點的點餐率提升二〇%

他人發出的信號常是我們行為的指引。

他人發出的信號對我們的選擇有深遠影響，我們自己通常不會察覺，而就算意識到，也不太願意承認。**參考別人的經驗來做決定是很好的決策捷徑，一直以來幫助人類良多。**不只人類大腦演化出這種行為策略，整個動物界都有這種習慣。這條捷徑不只是人性，而是自然界的法則。

如果你曾經慢慢靠近一大群水鳥，那大概會有類似的經驗：朝鳥兒踏出第一、二步的時候，有幾隻比較緊張的會先飛走，其他鳥仍留在原地不動。你更接近些，又有幾隻飛走。幾秒後，整群鳥都振翅離去。你（威脅）並不是鳥群飛離的直接原因，牠們是看到其他鳥兒飛走，把這種行為當作危險的信號，因此做出同樣反應。幾乎所有動物（包括人類）都會把其他個體的行為當作參考指標，藉此判斷眼前出現的是威脅還是機會。與威脅完全相反的例子，我相信你曾經在公園長椅上吃三明治時，無意間引來一大群鴿子或海鷗。一開始只有一兩隻，幾分鐘之內你就被團團包圍。最先到來的幾隻鳥是直接受食物吸引而來，而牠們的身影被其他鳥兒視作機會的信號。由此可知，追隨市場是人類天生的衝動。

臉部表情足以讓捐款成果翻倍

就和其他動物一樣，我們人類也會關注其他人的行為。在各種線索中，其他人類的行為，是我們行事最有利的指引。不過這些信號及線索，通常比鳥類起飛等明顯的肢體動作更隱微。臉部肌肉轉瞬即逝的細微動作透露對方的感受，也是我們做出何種反應的依據。

一九八七年BBC電視台播出米高．肯恩（Michael Caine）講授的表演大師班，肯恩談及影劇表演中臉部表情的重要性。舞台表演偏重以肢體動作及聲音變化來傳達角色感受，不過電影可以錄下非常細微的臉部動作，並將這份資訊傳遞給觀眾。細微的揚眉、短暫的撇嘴，都能表現出對白難以表達的情緒。在電影中，奇異、甚至不可能的事看起來都像真的，像是怪獸肆虐曼哈頓、小行星撞上地球。不過比起這些令人瞠目結舌的情節，我常在想，電影歷久不衰的吸引力或許在於，電影能夠忠實記錄並傳達臉部肌肉細微而簡單的動作，使觀眾立即領會這些飽含情緒及意義的臉部表情。

廣告及行銷常忘了非語言線索的力量。非語言溝通專家艾伯特．麥拉賓（Albert Mehrabian）的實驗指出[1]，我們是否喜歡某人，五五％是由對方的臉部及肢體語言決定，語調佔了影響因素的三八％，他們實際所用的文字只有七％的影響力。雖然「九三％非文字」的結論常被斷章取義誤用，不過在許多情況下，除了實際說出口的文字，其他動作及表情也對訊息的接收，有重要影響。行銷及廣告界經常把重點放在文字上，將臉部表情交給片場導演，不過對觀眾來說，**表情能傳達的訊息比文字更豐富深遠**。影片廣告的非文字層面可為客戶創下銷售佳績，也能幫廣告公司贏得坎城國際創意節金獎。

《原力》（*The Force*）或《小小達斯維達》（*Mini Darth*）是過去十年來深受愛戴的一部美國廣告，由福斯汽車（Volkswagen）委託製作。廣告中的小男孩穿著達斯維達的服裝，試圖對家中物品施展「原力」。不過一次次失敗後，小男孩越來越沮喪。爸爸回家時，把福斯 Passat 停在車道上，小男孩再次對車子施展原力，這時汽車突然啟動，他又驚又喜。同時鏡頭切回室內，男孩的爸媽並肩站在廚房，爸爸按下車子遙控鑰匙，發動汽車。這部廣告中沒有對話，只在不到一秒的鏡頭內，我們看到爸爸抬了抬眉毛，用眼神示意太太，於是我們完全可以瞭解劇情。應用神經科學公司 Sands Research 分析觀眾對二〇〇八年至二〇一三年美式足球超級盃每則廣告的神經生理反應。福斯汽車的《原力》廣告於二〇一一年比賽期間播出，在此公司的神經互動分數（Neuro Engagement Score，簡稱 NES）中，獲得數一數二的高分。范．普拉特在著作《無意識品牌宣傳[2]》中提出許多言之成理的原因，說明這部廣告何以吸引目光、令人會心一笑，但個人認為，雖然揚眉的動作細微、轉瞬即逝，但時機抓得非常完美，這個表情的效果絕對不容低估。

另一則研究檢視慈善廣告的臉部情緒表情[3]，讓我們對廣告表情的影響有更深入認識。除了傳達無言的訊息外，表情也能傳遞感受，這就是所謂的情緒傳染（emotional contagion）。傷心的臉龐會使參與者難過，也能使他們捐更多錢。看到廣告中傷心的表情時，參與者平均捐出二．四九美元，看

1 「七%—三八%—五五%」法則的根據是一九六七年兩篇論文：〈破解表裡不一的溝通〉（Decoding of Inconsistent Communications）及〈推論兩種非語言溝通渠道的態度〉（Inference of Attitudes from Nonverbal Communication in Two Channels）。

2 范．普拉特對於這則廣告幕前幕後的資訊瞭若指掌，當時他是 Deutsch LA 廣告公司負責福斯汽車的首席策略規劃師。

3 Small, D.A., Verrochi, N.M. (2009) “The Face of Need: Facial Emotion Expression on Charity Advertisements.” Journal of Marketing Research December.

到快樂的臉平均捐出一．三七美元，若廣告人物面無表情，參與者平均捐贈一．三八美元。

判斷與對方的距離時，他人臉上的表情也會影響我們的判斷。南韓一項研究發現[4]，近距離（二公尺以內）時，我們會低估對方的臉與自己的距離。而如果對方表現出安全或威脅的表情，比起面無表情，我們會更加覺得彼此的距離比實際還近。所以若你覺得對方近在眼前，也許實際上並沒有那麼接近。

運用表情是與生俱來的能力

過去三十年來，臉部表情相關的研究相當豐富，研究顯示，人類大腦堪稱臉部偵測器，而處理臉部資訊與情緒生成相關。神經科學研究發現腦部的梭狀臉孔腦區（fusiform face area，簡稱ＦＦＡ）只會對臉部產生反應[5]，且人類大腦辨識臉部的速度極快，可在兩百毫秒之內辨認臉部[6]。達特茅斯學院（Dartmouth College）透過ｆＭＲＩ掃描儀發現，人類觀看不同臉部表情，會出現相對應的腦部活動，且在不同參與者身上，皆出現一致的結果。情緒反應牽涉到杏仁核這個區域，研究者也發現杏仁核活動會根據臉部表情的不同而有所差異（前言有提到，要觀察眼部才能辨識各種表情）。健全的杏仁核接收恐懼及生氣的表情時，反應尤其明顯。即便只觀看眼白的部分，杏仁核也能分辨生氣及恐懼表情的差異。

有力證據顯示，做出臉部表情是天生的能力，而非後天學習而來。神經科學家大衛．松本（David Matsumoto）教授是兩個大相逕庭領域的專家：他是舊金山州立大學教授，研究臉部表情、非語言行為及微表情等主題，同時他也是柔道七段黑帶選手，於加州瑟利托（El Cerrito, California）開設東灣柔道學院（East Bay Judo Institute）並擔任院長。

松本在一篇精彩萬分的研究中結合他的兩項興趣[7]，比較二〇〇四年雅典奧運一般柔道選手及同年殘障奧運失明柔道選手的差異。奧運及殘奧的比賽場地相同，後者比賽時間約晚一個月，松本觀察選手在獎牌賽及賽後頒獎典禮上的表情。

研究人員在三個時間點拍攝選手的表情：比賽結束當下、領獎、與其他得獎者站在講台上拍照留念。松本研究視力正常、非先天失明、先天失明三種選手的臉部表情（殘障奧運將失明選手分為先天及非先天失明兩種）。

松本及另一位研究員威林翰（Willingham）發現，視力正常及失明選手的臉部表情幾無差別。先天及後天失明選手的表情也沒有差異，強烈顯示做表情是與生俱來的能力。

研究中另一項驚人的發現是，天生失明的選手贏得金牌時，自然地顯現「杜氏微笑」（Duchenne Smiles，表現發自內心真實快樂的笑容，除了嘴巴，這種笑容也會牽動眼部周圍的肌肉，難以作假），此外，即便與金牌失之交臂，只贏得銀牌，他們也會展現出社交上不失禮貌的「泛美空服員」微笑（Pan Am smile，泛美航空是一家已倒閉的航空公司，這種笑容得名自該公司空服員瞬間消失的招牌微笑）。

---

4 Kim N-G and Son H (2015) How Facial Expressions of Emotion Affect Distance Perception. *Front. Psychol.* 6:1825. doi: 10.3389/fpsyg.2015.01825

5 Kanwisher, N. (2010). Functional specificity in the human brain: A window into the functional architecture of the mind. *Proceedings of the National Academy of Sciences of the United States of America*, 107(25), 11163–11170.

6 Ito, T. A., Thompson, E., & Cacioppo, J. T. (2004). Tracking the timecourse of social perception: The effects of racial cues on event-related brain potentials. *Personality and Social Psychology Bulletin*, 30(10), 1267–1280.

7 Matsumoto, D., & Willingham, B. (2008). Spontaneous facial expressions of emotion of congenitally and noncongenitally blind individuals. *Journal of Personality and Social Psychology*, 96(1), 1–10.

人類天生不僅能夠透過臉部表情傳達真實情緒，表現世故的社交信號似乎也是與生俱來的能力。臉部表情是透露他人感受的信號，而此信號是我們行事反應的依據，除此之外，他人目光注視的焦點，也會直接指引我們看向該處。

我們從小就會不自覺看向其他人的目光焦點所在。共享式注意力（Joint Attention）領域的研究顯示，成人可以透過觀看某個物品，使嬰兒將注意力放到該物品上[8]。眼動追蹤研究顯示成年人也保有這種習慣。一項研究測試兩種版本廣告的效果，兩種廣告中都有模特兒臉部及頭髮的照片，前景放著一瓶洗髮精。第一個版本的模特兒直直看向鏡頭；另一個版本以眼角瞄向洗髮精。在第一個版本中，人們注視位置的「熱點」落在標題及模特兒臉部附近。第二個版本中，觀看者注視位置的熱點則落在標題、模特兒眼睛及洗髮精上。

在另一項類似實驗中，澳洲可用性測試暨使用者經驗專家詹姆士．布里茲（James Breeze）曾對兩則廣告進行實驗，廣告中都有一位小嬰兒，旁邊放著一疊尿布。第一則廣告中，小嬰兒面對鏡頭；第二則廣告呈現小嬰兒的側面，他看著斜上方廣告標題的位置。第一則廣告的眼動追蹤熱區是小嬰兒的臉；第二則廣告的熱區則是小嬰兒注視的標題，令人驚訝的是，標題下方的廣告正文也是觀看者注視的熱點位置。

飯店讓房客重複使用浴巾的機率高出二六%

社會規範是大眾對於合宜行為的期待，而浪潮效應等社會偏誤，則是他人行為對自身行為的影響，兩者都可能強化既有行為，也是瞭解如何改變行為的關鍵。現實生活中多個關於能源行為的實驗，顯示浪潮效應的影響。其中一項實驗比較兩種資訊所產生的效果：第一種資訊顯示個人與鄰居的能源消耗量比較結果，這類資訊稱作敘述性社會規範（descriptive social norm）；第二種資訊是告知個人的能源消耗量是否值得稱許，這類資訊稱作指示性規範[9]（injunctive social norm），這項研究使用簡單而有效的符號來表現：笑臉☺表示值得讚賞，皺眉臉☹表示有待改進。如果只告知敘述性社會規範，能源消耗量高於平均的家戶，會降低消耗量，不過原本低於平均的家戶則會增加消耗。但是加入指示性規範（笑臉或皺眉臉）後，能源消耗量低於平均的家戶，會繼續維持原本的使用量。另一項研究檢視浪潮效應對於調節用水量的影響，顯示效果相當短暫[10]。隨著時間過去，行為逐漸恢復原狀，而極端值（指消耗最多資源的家戶）恢復原本行為的現象最為明顯。

研究能源消耗的科學家也檢視飯店房客使用浴巾後的處置方式，提供另一項關於人性的洞察。

美國飯店、汽車旅館等住宿場所消耗大量水資源，根據美國環境保護署（Environmental Protection Agency）的估計，這些單位的用水量約為商業及社會機構總用水量的一五%[11]。這個數字約等於美國公用水系統供水量的二・五%，這對水系統及飯店營運都是很大的負擔。而飯店用水第二高的項目為洗衣（含寢具及浴巾），佔了飯店用水的一七%。可想而知，飯店把減少用水當作節省成本

8 Moore, C., & Dunham, P. (1995). *Joint attention: Its origins and role in development*. Hillsdale, NJ: Laurence Erlbaum Associates.

9 Schultz, P. W., Nolan, J. M., Cialdini, R. B., Goldstein, N. J., & Griskevicius, V. (2007). The constructive, destructive, and reconstructive power of social norms. *Psychological Science*, 18, 29.

10 Ferraro, P. J., & Price, M. K. (2013). Using nonpecuniary strategies to influence behavior: Evidence from a large-scale field experiment. *The Review of Economics and Statistics*, 95, 64–73.

11 Howard, B. C. (2014). Hotels save energy with a push to save water. *National Geographic Magazine*, December 24.

的重點項目，因此幾乎每家飯店的浴室都放告示牌，請房客重複使用浴巾。告示牌上的訊息也都大同小異：飯店清洗床單浴巾所消耗的水資源及燃料對地球造成負擔，因此懇請房客「盡一己之力」，希望透過個人賦權（personal empowerment）鼓勵房客將浴巾留在架上，而非扔在浴室地板上。整體來說，個人賦權是相當有效的做法，多數房客在住宿期間，會選擇重複使用浴巾至少一次。

不過研究指出，有其他方法可能比個人賦權更有效。與其呼籲房客為環保盡一份心力，拯救地球，研究者測試另一種訊息的效果：告知其他房客的做法，提供敘述性社會規範。照理來說，環保訴求較具說服力，將浴巾掛回毛巾架的行為不需要多花錢，也費不了多少力氣，而且從理性來想，別的房客怎麼做關我什麼事呢？

在實驗中，飯店中一半客房放置訴諸環境意識的標準紙卡，這是實驗的對照組；另一半房間的紙卡寫著這間飯店的多數房客，在住宿期間會至少重複使用浴巾一次。主要研究者之一諾亞．葛斯坦（Noah Goldstein）在其部落格「今日心理學」（Psychology Today）中寫道：

> 比起一般環保訊息，房客如果知道其他多數房客會重複使用浴巾，那他們重複使用浴巾的機率高出二六％。

在第二次實驗中，研究者更進一步的用紙卡告訴房客，多數住宿同一間客房的房客，住宿期間至少重複使用浴巾一次。訊息文字的細微調整，使房客重複使用浴巾的機率提升三三％（此數據是和訴諸環保的對照組相比）。

這項飯店浴巾研究是社會科學領域的經典研究，原始實驗於二〇〇八年進行，之後又出現數篇類似研究[12]。有些研究結果顯示效應微弱，也有研究發現社會規範訊息可將浴巾的重複使用率提升七五%；貝氏分析[13]（Bayesian analysis）指出，整體來看，使用社會規範的訊息，的確能帶來顯著影響。這項研究與行銷息息相關，最重要的是，**社會認同（social proof）具有強大威力，且人們感覺與目標行為越接近，效果就越好（即便這種接近感只是間接的）**。

網路評論的重要性提升

自古以來，人類行為一直受到社會認同影響。數萬年來，我們觀察旁人的行為；語言成形之後，我們開始詢問其他人的想法評價，而我們詢問評價的社會網絡（最一開始的社會網絡）必然範圍小、距離近。確實，數百年來社會網絡的範圍逐漸擴大，不過與一九九〇年代末的爆炸性成長相比，根本無法相提並論。在一九九〇年代末期，網路評論如雨後春筍般出現，第一個評論網站也在此時期登場。

網路評論已成為選擇者極重要的資訊來源。伊塔瑪・賽門森（Itamar Simonson）及埃曼紐爾・羅森（Emanuel Rosen）二〇一四年著作《告別行銷的老童話》（*Absolute Value*）指出，**人們的購買決定受三種資訊影響：我們原本的偏好及經驗、他人的資訊、廣告行銷**。作者稱這三項因素為影響力組

12 Reese, G., Loew, K., & Steffgen, G. (2014). A towel less: Social norms enhance pro-environmental behavior in hotels. *The Journal of Social Psychology*, 154(2), 97–100; and Bohner, G., & Schlüter, L. E. (2014). A room with a viewpoint revisited: Descriptive norms and hotel guests' towel reuse behavior. PloS One, 9(8), e104086.

13 貝氏文獻統合分析可以解釋看似不一致的結果：The case of hotel towel reuse. *Psychological Science*, 27(7), 1043–1046.

合，並提醒行銷人思考哪一項因素，會對自家品牌所屬類別影響最大。比方說，購買廚房擦手巾時，其他人的意見可說是無關緊要，不過如果是選購汽車或電信服務，他人的評價就是重要的參考依據。作者也提到，整體來說，他人顯示的資訊，已成為許多產品類別影響力最大的來源。

網路評論的出現及普及，對於他人資訊重要性的提升，有推波助瀾的效果。各項調查顯示，八至九成美國民眾經常參考網路評論，約八成民眾認為網路評論是可靠的資訊來源[14]，儘管有多篇新聞報導揭露，許多評論並不可靠（在某些產品類別中，可能絕大多數評論都不可信[15]）。評論網站 Yelp 自稱，自二〇〇四年開站以來至二〇一九年九月為止，已累積兩億多篇評論，評論數量的年成長率約為一七％[16]。現在，他人先前的經驗已化作無數個資料點，點閱瀏覽只需數秒，再加上星級評等與評論數量等指標，我們也可以在數秒內篩選過濾。**我們把評論當作快速輕鬆做決定的依據**。

此外，賽門森指出，由於現在很容易就能得到他人提供的資訊，輕鬆比較產品異同，使某些認知捷徑的使用頻率降低。他在一九八〇至一九九〇年代的研究，發現一種妥協效應[17]（compromise effect），也就是在一系列選項中，人們傾向選擇居中者。他的著名實驗[18]設有兩種情境，在第一種情境中，研究人員請參與者選擇售價一七〇美元的美能達（Minolta）相機或二四〇美元同品牌更高階的型號。選擇兩種款式的參與者各半。在第二種情境中，除了一七〇美元及二四〇美元兩種相機外，另提供規格更高的四七〇美元相機。選擇一七〇美元相機的比例降至二七％，而選擇二四〇美元相機者則增加至五二％（選擇四七〇美元昂貴相機的比例是二一％）。參與者偏好折衷選項的一個解釋是，居中者通常是簡單、安全的選擇。

在不方便比較各種選項，也沒有旁人意見可供參考的情況下，我們的決策直覺是選擇看似風險較低的折衷選項。

不過更有意思的是，在這易於取得豐富資訊的年代，賽門森開始懷疑早先研究的結論是否仍然成立。二〇一二年，賽門森及另一位研究者塔利．芮克（Taly Reich）展開新研究，也就是當初美能達研究的更新版。與先前研究的其中一個不同處在於，這次使用的是佳能（Canon）PowerShot 系列相機（美能達已於二〇〇六年退出相機市場）。新研究的實驗設計和二十年前那次研究相差無幾，結果也相似：提供兩種選項時，選擇者各半；提供三種選項時，選擇居中者比例最高。與之前研究的另一個不同處在於，這次加上另一種情境，研究人員提供一頁清單，上面列出所有 PowerShot 相機的規格、價格及顧客評論，就和在亞馬遜網站購物時，所看到的版面相似。參與者分成兩組，研究人員告訴第一組參與者，其選擇範圍已縮小至兩種相機，第二組則縮小到三種（第一組的兩種相機加上第三種更高規格的相機）。

---

14 比方說，〈BrightLocal2019 Local Consumer Review Survey〉，樣本數：一千零九十位美國購物者，調查時間：二〇一九年十一月；皮尤研究中心（Pew Research Center）〈Online Shopping and E-Commerce〉，樣本數：四千七百八十七人，調查時間：二〇一五年十一、十二月；西北大學斯皮格爾研究中心（Spiegel Research Center, Northwestern University）〈Evidence of the Power of Online Reviews to Shape Customer Behavior〉都獲得類似的結論。

15 二〇一八年四月《華盛頓郵報》（*Washington Post*）報導〈商家如何透過臉書在亞馬遜網站灌進假評論〉，記者利用評論檢驗工具 ReviewMeta 分析亞馬遜網站上四大熱門產品類別（藍牙耳機、減重藥丸、藍牙喇叭、睾固酮促進劑）中首十項產品，發現這些產品評論半數以上都「未必可信」。

16 Yelp Newsroom Fast Facts, https://www.yelp-press.com/company/fast-facts/default.aspx.

17 Simonson, I. (1989, September). Choice based on reasons: The case of attraction and compromise effects. *Journal of Consumer Research*, 16(2), 158–174.

18 Simonson, I., & Tversky, A. (1992). Choice in context: Tradeoff contrast and extremeness aversion. *Journal of Marketing Research*, 29(3), 281–295.

讀者可能預期出現妥協效應，以為加入較昂貴相機的組別會偏好中間選項。不過實際並非如此[19]。參與者獲得更多比較資訊，且最重要的是，有評論可供參考時，妥協效應就消失了。

透過評論，我們能輕易獲得他人提供的線索，星級評等與評論數量等同於瞭解的信號，也能幫助我們判斷該點開頁面查看詳情，或是繼續捲動頁面。

從大眾品牌到奢侈品牌都適用的「社會認同」

大家很容易誤以為社會認同較適用於大眾行銷，但其實奢侈品牌及產品也應善加利用。

Laguna Pearl是美國珍珠網路零售商龍頭之一，造訪該公司典雅的網站時，你會看見一張張優雅照片，主題包括珍珠產品及配戴珍珠的女性，不過網站的顯眼位置也標註「熱門產品」以及顧客留言，大方宣示該品牌在消費評論網站Trustpilot上的八百九十二則評論（截至二〇二〇年一月）平均獲得五星好評。

根據此消費評論網站[20]列出這項資訊的三十天內，Laguna Pearl的「網站點閱率提升三八%，購物車棄置率降低九．五%」，且「點進網站的使用者中，五%在三十天內完成購買，超出完成電子商務交易的三．三%基準。」

Wine Society於一八七四年成立於倫敦，為世界上最古老的葡萄酒俱樂部並享有盛名，僅限受邀者參加。不過Wine Society也設法在小眾高檔及熱門流行之間拿捏平衡，他們在網站中設立「熱銷」葡萄酒專區，提供實用的協助，以便顧客在評價主觀且類別複雜的產品中做出選擇。

即便是私底下的社會行為，例如家長與子女談論性議題的方式[21]，「提供規範」也有鼓勵的效果。

一項研究利用公共管道宣導「和子女談談性，其他人都這麼做」的訊息，透過告示牌、電視、廣播進行宣傳。接收到訊息者，已準備未來和子女談論性議題，或是有計畫討論的機率較高。這項研究利用社會規範改變私人之間的溝通行為，也就是家長與子女間一對一的對話。**若要造成行為改變，社會規範的使用方式必須與眾人行為相關。社群媒體可以提高個人化溝通的程度，一方面提高訊息的客製程度（例如「住宿同一間客房」的效果比「住宿同一間飯店」更好），另一方面也讓更多人將自己的行為公開發布在社群網絡中。**

告知「熱門程度」會影響人的行為

多數情況下，熱門程度很重要。研究已經證實，展示或推論許多人從事某種行為（你希望目標觀眾從事的行為）有改變行為的效果，例如重複使用飯店浴巾或選擇航空公司。這項認知捷徑，來自人類觀察他人行為之後的直覺反應，對祖先及現代的我們一樣有用。我們的祖先觀察到，如果許多人都喝某個水坑的水，那麼可以合理推論這水坑會是相對安全的選擇。祖先的經驗成了我們的直覺。不過應用浪潮效應時應小心謹慎。浪潮效應一般適用於鼓勵人們求取安全、規避風險的情況，但如果要鼓

19 發現某種心理學現象的學者經常試圖為自己的發現辯護，但研究發現新情境不存在妥協效應時，賽門森並沒有為這種效應的適用範圍找藉口，我認為這點非常值得嘉許。

20 Mustin, W. (2019, December). How luxury brands can use social proof to ignite high value conversions. Trustpilot. Retrieved from https://business.trustpilot. com/reviews/build-trusted-brand/how-luxury-brands-can-use-social-proof-to-ignite-high-ticket-conversions.

21 DuRant, R. H., Wolfson, M., LaFrance, B., Balkrishnan, R., & Altman, D. (2006). An evaluation of a mass media campaign to encourage parents of adolescents to talk to their children about sex. *Journal of Adolescent Health*, 38, 298.el–298.e9.

勵人們做出與他人相異的舉動，效果就沒那麼好，在第十二章會進一步討論。

告訴人們其他人（尤其是相像的另一群人）做了什麼，這是極有效的說服方法。即便只是「和你同年紀／同地區的多數人都在做這件事」或「越來越多人在做這件事」這類簡單的訊息也會有效。

席爾迪尼向我說明這種說服術的威力：

如果不知道該怎麼做，決定下一步的基本方法就是環顧四周，看看與自己相像的人怎麼做。我讀過的一篇中國期刊文章說，若餐廳老闆在菜單上標註「熱門餐點」，那些品項的點菜率會立即上升一七到二〇％。

餐廳老闆不需多花錢，也不需嘗試說服顧客，只要點出原本就存在的事實，就能有說服效果，甚至可立即帶來高達一七到二〇％的增加幅度。

菜單效應背後的原因，就如席爾迪尼所言：直覺「告訴我們某個行為更恰當，因為其他人也這麼做。」

如同前面的例子，社會認同不僅可以用來提高銷量，也可以改變其他行為、提升業績。在飯店浴巾的研究中，於客房中放置紙卡，說明多數房客會將浴巾放回架上，利用社會認同提高房客照做的比例，鼓勵這種行為有助飯店提升利潤、達成環保目標。我曾與一家公司的電子商務部門合作，他們發現退貨率雖然算低，但在沒有明顯原因情況下，有逐漸上升的跡象。猜測原因可能是Zappos（曾是一家在美國的網路最大鞋商暨服裝零售商，已被亞馬遜收購）這類品牌把退貨變成常態，於是建議做個實驗，在包裹中放入一張感謝小紙條，告訴顧客多數消費者都對初次購買的物品感到滿意（同時也清楚說明，如果真的對商品不滿意，可以無條件退貨）。

誤用社會認同可能造成反效果

行銷人有時也可能誤用社會認同，試圖讓人們對自己沒做到的事感到羞愧。我們的想法是：「指出人們的不理性之處等於點醒他們，幫助他們看清自己的不理性或懶散。」可惜，這麼做不僅可能沒效果，還可能強化他們原有的作為（或不作為），導致人們的行為與你的期望正好相反[22]。幾年前，我舊金山的家收到一封宣導郵件，上面寫著：

> 加州只有一二%的家戶購買地震險。不過在未來二十年內，您的住家有六〇%的機率會受到地震影響。

這則訊息[23]告訴我，多數人並沒有購買地震險。儘管郵件明確說明地震的風險，不過若沒買保險是常態，那我沒買也沒關係，甚至是安全的選項（因為大家都這麼做）。樂觀偏誤（optimism bias）

22 Cialdini, R. B. (2003). Crafting normative messages to protect the environment. *Current Directions in Psychological Science*, 12, 105–109.

23 發出這項宣導後，加州地震局（California Earthquake Authority）收到許多行為科學觀點的建議（不是我提的）。現在局處的網站上寫著「地震可能就發生在今天」，這應該能避免認知偏誤。

在此也發揮作用。我們天生傾向認為壞事比較不會發生在自己身上……也許街角的房子會倒塌，但我家會奇蹟般地聞風不動。我曾與一家金融服務產業的客戶合作，客戶希望鼓勵民眾進行財務規劃，藉此提升業績，他們原本打算透過行銷計畫，宣傳只有一七%的民眾備有理財計畫，甚至準備質性研究（qualitative research）指出這個數據會有驅策的效果。我們的建議是，絕對不要把沒有理財計畫變成社會常態，因為這會讓消費者覺得沒計畫就是好計畫。應該要把訊息重點改為強調踏出規劃財務的第一步有多麼容易。

二〇一六年，我擔任好奇公司（Curious Company）一項人本設計專案的行為洞察顧問，該專案的客戶是非政府組織國際人口服務組織（Population Services International）。專案目標是研擬介入措施，降低坦尚尼亞青少女的意外懷孕比率。在坦尚尼亞鄉下地區（以及大部分撒哈拉沙漠以南的非洲國家[24]），年輕人如果意外懷孕，經常只能選擇不安全的墮胎方式，執行手術者不具備必要技術，環境也極不衛生。不安全的墮胎手術可能造成死亡、未來不易懷孕，甚至不孕。我們開會時，坦尚尼亞衛生部門的代表報告他們的宣導計畫，內容強調有大量坦尚尼亞年輕女性接受不安全的人工流產手術。我們指出這麼做可能有反效果，因為即便行為具有風險，但若指出許多人都這麼做，會讓這件事看似安全，甚至像席爾迪尼所說的，看似「正確」。我們建議調整訊息，改為強調目前有多少年輕女性因接受不安全的人工流產手術而出現併發症，甚至死亡。

社會認同之所以發揮效果，是因為許多人從事某種行為能夠促使他人仿效。不過有另一種效應顯示，單一個案對行為的影響力會大於數百、數千、甚至數百萬案例。

單一個案對行為的影響力

二〇一五年七月，美國一名牙醫師華特・帕瑪（Walter Palmer）射殺一隻名叫塞西爾（Cecil）的十三歲雄獅，據報導，帕瑪付了五萬美元聘請導遊協助狩獵。塞西爾是萬蓋國家公園（Hwange National Park）獅群的首領，廣受遊客喜愛。牛津大學（University of Oxford）的野生生物保育研究單位，透過GPS項圈長期追蹤、研究塞西爾的活動及所在地點，牠被殺害的地點離國家公園邊界不遠，可能是被獵人引誘至保護區外再行射殺。

這起事件在社群媒體上引發群情激憤，Google 搜尋趨勢顯示，「塞西爾」的搜尋熱度甚至連續五天超越「卡戴珊」（Kardashian）和「歐巴馬」（Obama）。吉米・金摩（Jimmy Kimmel）在談話節目《吉米・金摩直播秀》（*Jimmy Kimmel Live!*）上不禁哽咽，他在二十四小時內為牛津大學的野生生物保育研究單位募得十五萬美元的捐款。金摩、瑞奇・賈維斯（Ricky Gervais）等名人毫不掩飾對帕瑪的鄙視，數百萬人在社群媒體上怒罵。狩獵者頓時變成獵物，有人聲稱要取下帕瑪的項上人頭（不是開玩笑的語氣），更多人要求政府起訴他。因此帕瑪拋下位於明尼蘇達州的牙醫診所，幾週後現身於弗羅里達州時，身旁跟者武裝保全。而在 Change.org 的網路請願活動，促使美國航空公司變更

24 二〇〇八年，世界衛生組織估計東非每一千名生育年齡的女性，就有三十六人接受不安全的人工流產手術。World Health Organization (WHO). (2011). *Unsafe abortion: Global and regional estimates of the incidence of unsafe abortion and associated mortality in 2008* (6th ed.). Geneva: WHO.

替戰利品狩獵者運送大型獵物的相關條款[25]。

不過令人遺憾的是，塞西爾的死亡雖然在社群及傳統媒體上引發軒然大波，但牠的命運並不是單一個案。每年有成千上萬、甚至數百萬隻瀕臨絕種的動物遭到非法獵殺。根據美國國際開發署（USAID）的估計，

二〇一〇至二〇一二年間，約有十二萬兩千隻非洲象因象牙慘遭獵殺；在二〇一四年，光是南非就有一千兩百隻犀牛的牛角遭到盜獵。

不過這些獵殺事件，鮮少出現於眾人的社群媒體動態消息中，更別說是報紙頭條或晚間新聞報導。

「可識別受害者效應」會引發同情

塞西爾的案例有何特別之處？當然，原因不只一個，但我認為其中兩項尤其關鍵。首先是「可識別受害者效應」（identifiable victim effect）。幾年前，我訪問艾瑞利時，他談到這種效應的作用：

可識別受害者效應的內涵是，你關心一個小孩的程度，勝過一百萬個小孩。關心程度不會隨著受害者人數上升，反而會下降。德蕾莎修女（Mother Theresa）和史達林（Joseph Stalin）都承認這個現象。史達林說：「一個人的死亡是悲劇，十億人死亡就只是數據。」德蕾莎修女曾說：

「我如果放眼眾人，就不會起身行動；但我只著眼一人，所以伸出援手。」

塞西爾的確有著可識別受害者的特徵——牠的黑色鬃毛就是獨特、容易識別的特色。但更重要的可能是，塞西爾有名字。**名字是人類每天使用的簡單識別標記，不僅可用來附加身分，也使散播流傳更加容易。**伊拉斯姆斯大學（Erasmus University）鹿特丹管理學院行銷學助理教授艾列克斯・傑涅夫斯基（Alex Genevsky）從行為及神經層次探討可識別受害者效應[26]，他舉了紐約一隻紅尾鵟的例子。紐約市第五大道附近常見一隻紅尾鵟，廣受市民愛戴，還獲得「蒼白雄鷹」（Pale Male）的暱稱[27]。

如艾瑞利所言，**可識別的受害者能引發深沉的同情，更能驅使人們採取行動**。但如果作惡者也有可識別的身分呢？卡內基美隆大學（Carnegie Mellon University）的喬治・洛溫斯坦（George Loewenstein）教授是判斷及決策領域的重要思想家，他和華頓商學院的黛博拉・史莫（Deborah Small）共同針對可識別受害者效應進行多項研究，也探討過人們對可識別行兇者的反應。他們的研究[28]顯示，如果人們可以決定行兇者的罰金，即便自己也要付出部分代價，面對罪則一樣的可識別及不可識別行兇者，他們對前者施加的處罰較重。

---

25 Major US airlines end trophy hunter shipments after Cecil outcry. *Reuters*, August 4, 2015.

26 Genevsky, A., Västfjäll, D., Slovic, P., & Knutson, B. (2013, 23 October). Neural underpinnings of the identifiable victim effect: Affect shifts preferences for giving. *Journal of Neuroscience*, 33(43), 17188–17196. doi:10.1523/JNEUROSCI.2348-13.2013.

27 「蒼白雄鷹」的故事及目前（二〇一九年）是否仍然存活的討論請見：https://www.audubon.org/news/pale-male-legend-he-still-alive

28 Small, D. A., & Loewenstein, G. (2005). The devil you know: The effects of identifiability on punishment. *Journal of Behavioral Decision Making*, 18, 311–318.

帕瑪原本只是沒沒無聞的戰利品獵人，後來由於資料追蹤及社群媒體群眾的肉搜，他的姓名、職業、地址及長相都曝光於網路、媒體及電視節目中。

被獵人或盜獵者非法獵殺的獅子不會得到太多關注，不過若獅子有了名字、獵人的身分為人知曉，那眾人直覺就會更同情受害者，強化懲罰壞人的渴望。

「不公平厭惡」是激烈的動力來源

我們也會因為感覺不公平而想要懲罰行為不公者，這是我們心懷不平的直覺反應。研究人員透過最後通牒遊戲（ultimatum game）研究人們對於不公平的反應，這種遊戲通常有兩位玩家。第一位玩家可向另一人提出金錢分配的協議，比方說在一〇元中分出三元給對方，自己保留七元。如果對方接受協議，雙方都可以拿到錢，不過如果第二位玩家拒絕，雙方都拿不到錢。前腦島（anterior insula）是處理不公平情況的其中一個大腦部位[29,30]。島腦非常複雜，而島腦的前區與性興奮及憤怒、厭惡、痛苦、憂慮等負面情緒相關。某事不公平的認知在獲得解決以前，會一直留在腦海中。

這種現象稱作不公平厭惡（inequity aversion），這個詞由恩斯特・費爾（Ernst Fehr，姓氏的發音正好和「公平」的英文「fair」一樣）及克勞斯・史密特（Klaus Schmidt）提出——讀者看到現象名稱很容易就能瞭解其內涵。**不公平的感覺是採取行動的動力。憤怒、厭惡的感覺令人非常困擾、心煩，而且理性來看，常與不公平事件的嚴重程度不成比例，但能罕見地克服拖延及惰性，促使我們展開行動。**幾年前，美國有好幾萬人換銀行，這乍看不是什麼大事。不過有零售金融背景的行銷人都知道，民眾一生換銀行的次數不多，通常都是因為搬家、結婚這種大事才會換銀行。不過二〇一一年，美國銀行（Bank of America）等主要銀行開始收取每月五美元的簽帳卡費用，許多人覺得銀行賺這筆錢沒有正當理由，大批民眾因此轉換銀行。二〇一一年顧問公司 Javelin 調查發現，將帳戶移出大型銀行的人數「比起先前九十天內，因為類似原因將資金移出大型銀行的人數增加將近三倍[31]」。

此外，二〇一一年第三季，網飛（Netflix）也遭遇類似的問題。在三個月期間內，六十萬名訂閱者取消訂閱這項廣受喜愛的服務，因為該公司將串流方案獨立出來，並將 DVD 租借月費調漲一倍（網飛最初是以郵寄出租 DVD 起家的公司），顧客認為這項變動並不公平。

在銀行與網飛的案例中，社群媒體無疑都放大了民眾對於不公的反應。模仿的強大效應是一把雙面刃，可以重傷對手，也可能深深損及自己的利益。

「社會認同」未必所有情況都適用

社會認同的威力驚人，但並非所有案例都適用。席爾迪尼說過，**輿論影響者要像偵探一樣擅於觀察**。就像在大部分懸疑故事中，你最先懷疑的角色鮮少是真正的凶手，同樣的，你最先想到的行為原則也不一定效果最好。優秀的偵探得繼續深入調查。

29 Sanfey, A. G., Rilling, J. K., Aronson, J. A., Nystrom, L. E., & Cohen, J. D. (2003). The neural basis of economic decision-making in the ultimatum game. *Science*, 300, 1755–1758.

30 Corradi-Dell' Acqua, C., Civai, C., Rumiati, R. I., & Fink, G. R. (2013). Disentangling self- and fairness-related neural mechanisms involved in the ultimatum game: An fMRI study. *SCAN*, 8, 424–431.

31 " 'Bank Transfer Day,' What Really Just Happened?" (2012). *Javelin Strategy and Research Blog*, January 26.

以下要談到的組織就是一個好例子，說到將行為科學原則應用於現實世界，沒有人的成果比他們更豐碩。二〇一〇年，英國內閣政府成立行為洞察團隊（簡稱ＢＩＴ，又叫作推力單位），職責是將行為經濟學原則應用於公共政策，尤其是與環境、慈善、衛生福祉相關的正向行為。

英國居民如果想要捐贈器官，就得到器官捐贈登記處（Organ Donation Register）登記，捐贈者身故時，登記資料能快速確認其意願，使捐贈者的器官更有機會幫助到有需要的人。英國民眾必須明示選擇加入才能成為器官捐贈者（第十章將進一步討論這點），因此雖然英國有九成民眾支持器官捐贈，但只有不到三分之一實際前往英國國家健保局（National Health Service，簡稱ＮＨＳ）的器官捐贈登記網站登記資料。當英國民眾至英國駕駛及車輛局（Driver and Vehicle Licensing Agency，簡稱ＤＶＬＡ）網站申請駕照或換發牌照時，會跳出提示視窗，引導他們前往器官捐贈登記處，這是英國民眾成為器官捐贈者的主要途徑之一。

行為洞察團隊執行一項隨機對照試驗[32]（第二章介紹過），測試八種鼓勵成為器官捐贈者的提示訊息，上萬名到英國駕駛及車輛局要申請駕照或換發牌照的民眾，會看到其中任一種。

第一種為對照組，訊息直接邀請民眾前往英國國家健保局的器官捐贈登記網站。第二、三、四種訊息都使用典型社會認同的策略：「每天有上千人看到這個頁面後，決定登記成為器官捐贈者。」第二種訊息只有這一行文字；第三種加上一張二十幾人的相片，強化論點；第四種訊息在文字旁加上器官捐贈的標誌。

第五種訊息使用失去策略：「每天有三人因為捐贈器官不足而喪命。」，在本書第八章將檢視以失去為框架的訊息效果。第六種訊息使用正面的框架：「成為器官捐贈者，你將能拯救或改變九個人的人生。」

第七種訊息使用互惠策略（席爾迪尼的六大影響法則之一）：「你需要器官移植的時候，等得到嗎？幫幫其他人吧。」第八種訊息強調意願（多數人支持器官捐贈）及行動（多數人並未登記成為捐贈者）之間的落差，這種策略在運動、性衛生、戒菸等領域頗具成效。

英國《獨立報》（*The Independent*）的一篇文章[33]指出，行為洞察團隊原本預期社會認同策略的效果最好（我深知社會認同改變行為的威力，因此也有同樣的猜測，我相信研究人員所見略同，所以有三種訊息都是採用社會認同策略）。

不過結果顯示，是另一項策略脫穎而出。有兩種訊息的成效顯著優於對照組，而這兩種訊息並非運用社會認同原則，事實上，搭配照片的那一則訊息成效比對照組還差。在這之中，第二成功的訊息採用失去框架（「每天有三人……喪命」），不過效果最好的是採用互惠策略的訊息（「你需要器官移植的時候……」）。行為洞察團隊表示：

> 最成功的提示訊息（互惠框架，reciprocity frame）顯著提升登記率。根據結果推估，每年登記人數可能增加約十萬人。

32 可至以下網址下載完整報告：https://www.gov.uk/government/uploads/system/uploads/attachment_data/file/267100/Applying_Behavioural_Insights_to_Organ_Donation.pdf

33 Wright, O. (2013). How organ donation is getting nudge in the right direction: trial could pave way for 100,000 extra donors each year. *The Independent*, December 24.

社會認同和社會規範的威力驚人，不過就和其他行為策略一樣，我們不能妄然假設每一種情況都適用。人類行為沒有必然。

本章重點：

- 社會認同極具威力，是相當直覺的認知機制。一種簡單的應用方法，就是公開顧客或訂閱者的人數，讓人們瞭解你的品牌有多熱門。
- 小心！不要在無意間透露許多人正從事你不樂見的行為，或沒有選擇你希望他們選擇的行為。這會有反效果！
- 臉部表情傳達的信號相當隱微，不過可以有效打動觀眾。如同本章的討論，表情是與生俱來的能力，大腦可以快速解讀表情，不過也容易誤用。

讀者回饋：

- 「我以前常覺得模仿別人是無主見的行為，但現在很高興知道其實這是一種有效率、效果好的聰明策略！」
- 「我剛完成幾部教學影片，花了好多時間處理前置作業，討論選角、服裝、燈光，還談到演員要搬到哪裡去。但我們完全沒有討論過演員的表情應該傳達什麼！」

第七章 「時間折現」的影響：創造從當下到未來都吸引人的報酬

從現在到未來，人們經歷的事件對他們的選擇及感受有何影響？

想像一下兩萬年前祖先的處境（那時代的人們可能穿著鞋子，人類學家估計古人類約於四萬年前開始穿鞋[1]）。你的祖先大約二十歲，不過他和伴侶的小孩還沒有一個活過嬰兒期。他和族裡其他男性外出獵捕維生所需的蛋白質來源，當然，都遵從原始人飲食法[2]。狩獵是例行公事，同時也是高風險活動，必須保持機警、快速應變。如果他做了正確的選擇，躲避危險、取得食物，那他和伴侶就得以生存。如果做出錯誤的決定，可能會受傷、死亡，或是空手而回。他的性命與你的存在都懸於一線。

追蹤馴鹿剛留下的蹤跡時，你的祖先聽到前方六呎高的草叢中傳來窸窣聲。他停止不動，感覺血流直衝腦門。原本追蹤馴鹿的任務受阻，現在他全副注意力都集中於草叢中的聲響。眼前的首要任務是，判斷聲音來源是否代表危險，那會是他的下一餐，還是自己即將被野獸飽餐一頓？因為你存在於

1 譯註：原文 put yourself in the shoes，字面意義為穿著某人的鞋子，引申意義是設身處地著想對方的情境。Trinkaus, E. (2005). Anatomical evidence for the antiquity of human footwear use. *Journal of Archaeological Science*, 32, 1515–1526.

2 譯註：效法原始人的飲食方法，主要攝取瘦肉、魚類、蔬果、堅果、種子等透過狩獵、採集而得的食物，避免食用穀物、乳製品等農業時期後才普及的食物，也限制加工食品的攝取。

這個世界上，而且正閱讀本書，所以不論他選擇追尋獵物或轉身逃跑，我們知道他做了正確的決定。從原本的任務中分心，直覺把注意力放在干擾事物上，這樣的做法奏效了，對他來說是如此，對幾萬年後的你也是一樣。

因此，兩萬年後，你和配偶促膝長談、與老闆討論職涯，或在高速公路上開車時，當你發現手機震動，或聽到新簡訊、郵件的通知聲時，你的反應和兩萬年前的祖先一樣。訊息很可能只是人資部門寄發的郵件，內容是關於兩個月後將實施的開支呈報新政策；或是辦公室附近三明治店傳來的簡訊，宣傳他們的本週特餐。這些都不如你手邊的事情重要，不過你還是忍不住暫時將視線移開配偶的眼睛、上司堅毅的目光或是眼前的道路，偷瞄一下手機，發現根本不是重要的事。你真的不該這麼做，尤其是開車的時候。

我們無法抗拒新聞，或說是新聞的可能性，尤其是文案測試公司冗贅地稱為「新新聞」的資訊，更是令人非得一探究竟不可。大腦處理資訊時，認定資訊越新越好。新資訊不僅使人分心，吸引我們的注意力，也更容易記得最近發生的事，加諸不成比例的重視程度。**我們對某次經驗最後一部分的印象，甚至可能改變對整個經驗的記憶，更有可能影響我們未來的行為。**

「初始偏誤」與「新近偏誤」

我們來談談記憶。從一八八五年赫爾曼・艾賓豪斯（Hermann Ebbinghaus）的發現至較近期的實驗[3]，多項心理學研究皆顯示序位效應（serial position effect）的存在。回想一份清單所列的字詞時，我們容易記得清單結尾（新近偏誤，recency bias）及開頭（初始偏誤，primacy bias）的字，多半不記得中間的內容，序位效應說明的就是這種現象。而另一種解釋是，最初幾個字分配到較多注意力，也有足夠時間進入長期記憶區，而最後幾個字進入認知需求較低的短期記憶區。中間的字詞則介於兩個記憶系統之間，並未妥善輸入系統中。卡在中間絕對不是成功之道[4]。

報告提案時，各家公司總偏好最先或最後上台；廣告時間中第一個或最後一個時段也特別搶手，這種傳統思維有其道理。**如果是對認知要求較高的工作，我建議搶先上場；如果不需要太多專注力，壓軸可能是致勝之道。**我在泰國工作時，有一家客戶的媒體策略是，買下主要競爭對手所有大型廣告牌的前一面廣告牌，而且通常所費不貲。由於被動觀看廣告牌不須消耗太多認知能力，因此主要發揮作用的是新近效應，較晚看到的廣告牌可能留下比較深刻的印象。如果我當時知道這件事，我會說明理由（效果較好而且成本較低），建議客戶採取相反策略。

好的收尾是關鍵

最新接收到的資訊除了最容易回想，也像佔了鵲巢的鳩鳥一樣，會將原本腦海中的資訊排擠出去。行為財務學領域經常談到的一種現象，稱作新近偏誤。**投資新手及老手都可能掉入新近偏誤的陷阱，也就是高估新資訊的重要性，而忽視了可能更關鍵的舊資訊。投資者及商業決策者如果只著眼於**

3 Brodie, D. A., & Murdock, B. B. (1977). Effect of presentation time on nominal and functional serial-position curves of free recall. *Journal of Verbal Learning and Verbal Behavior*, 16, 185–200.

4 Crano, W. D. (1977). Primacy versus recency in retention of information and opinion change. *The Journal of Social Psychology*, 101, 87–96.

最新發展，忽視長期觀察到的一致結果，決策可能就會突然出現一八〇度的轉變。

傑森．茲威格（Jason Zweig）在著作《投資進化論》（*Your Money and Your Brain*）中寫道：「人類傾向根據幾件最新發展情況來估計機率，忽視長期的經驗。」結尾的優劣可能影響整個體驗的感受，例如交響曲最終樂章的高潮、電影扣人心弦的結局、銷售展演的收尾，甚至是侵入性醫療程序的最後幾分鐘都可能令人對整體事件改觀。

舉例來說，多虧了麻醉藥異丙酚（Propofol）的普及，大腸鏡檢查不再是痛苦難耐的醫療程序，不過一九九四年時情況可不是如此，因此正好適合當作康納曼、唐諾．雷德梅爾（Donald Redelmeier）、喬爾．卡茲（Joel Katz）著名研究的實驗項目[5]。

康納曼的兩位合作研究者都是醫生，專長領域為衛生政策、篩檢程序及麻醉，他們募集六百八十二位預約大腸鏡檢查的參與者。在檢查過程中，研究人員請參與者進行以下三件事：

- 檢查過程中，每六十秒以一到十分評估疼痛程度。
- 檢查完成後，評估整體的不適程度。
- 將這次經驗與八種不快經驗相比，例如「牙科例行檢查」或「感染流感，臥床兩天」。

大腸鏡檢查時，腸胃科醫生會將內視鏡伸進大腸中，檢查整個腸道。檢查時會盡可能避免造成患者的不適，不過內視鏡移動的過程中不免有許多扭動、戳探、拉扯，檢查結束後，醫生通常會立刻取出內視鏡。研究中半數參與者接受當時標準的大腸鏡檢查程序，另外一半參與者的檢查程序則做了些微調整。檢查結束後，內視鏡停止扭動、移動，不過醫生沒有馬上取出，而是將內視鏡多留在直腸入口內部幾分鐘。研究人員表示，這項調整大幅「降低檢查後段的不適感」。但對參與者來說，這種小幅調整造成什麼差異？

大腸鏡檢查過程中，兩組參與者對於疼痛程度的評估幾乎相同。不過評估整體感受時，檢查結尾時內視鏡動作比較緩和的組別，對於整體經驗的疼痛感受降低一成。這樣的調整也會影響他們未來行為。研究者分析參與者之後數年的病歷資料發現，接受緩和程序者回診接受後續檢查的機率也高出一成。

對行銷人來說，這項研究的重點很明確：**不論做什麼，收尾是關鍵**。顧客下機或離開飯店時，服務人員道別的態度比迎接的方式更重要。在電子商務方面，購買經驗通常是以確認頁面斷然畫下句點，卻未能激起購買者對即將收到商品的期待感。**我們急於敲定交易、買賣成交，卻忘了替顧客安排一場心滿意足的體驗**。汽車傳奇銷售員說得沒錯：「我賣新車時就確定，顧客五年後要買車也會找我。」

如何推銷未來才會產生的價值？

預先儲備食物，以免之後糧食短缺，這種為未來做準備的能力的確是一項演化優勢。不過決策時如果過於擔心未來，對於當下的生活也可能有災難性的影響。倫敦大學學院神經科學家塔莉．沙羅特

5 Redelmeier, D. A., Katz, J., & Kahneman, D. (2003). Memories of colonoscopy: A randomized trial. *Pain*, 104(1–2), 187–194.

（Tali Sharot）在著作《樂觀偏誤》（*The Optimism Bias*，暫譯）中提出相當有說服力的理由，說明人類為什麼會演化出書名所述的這種認知偏誤。樂觀偏誤是人類不理性的一個例子，評估事件後果對自身的影響時，這種偏誤會使人看似愚蠢地高估正面結果或低估負面結果的機率；不過如果是評估事件對他人的影響，卻能做出較為準確客觀的預測。人類演化出樂觀偏誤，目的是設想未來時，免於被令人抑鬱的必然壓垮。沙羅特在書中寫道：

> 想像未來的能力必須搭配積極偏誤出現。瞭解死亡的必然，勢必得和不理性的否認心態一同出現。這樣的組合——預期未來與樂觀態度，是人類非凡成就的前提條件。

簡言之，規劃未來本身無壞處，只要不過於擔憂各種後果就不會有問題。除了樂觀偏誤外，人類還發展出其他認知機制，確保思索未來及決定的不確定感，不至於阻撓我們快速做出必要決定，引領我們順利度過每一個今天。

如果某種產品及服務在未來某個階段，會對購買者會產生價值，不過當下沒有明顯或吸引人的誘因，上述認知機制及偏誤對於推銷這類產品及服務相當不利。

未來價值這種東西很難推銷，行為經濟學中時間折現（temporal discounting）或雙曲折現（hyperbolic discounting）的概念充分顯示這一點。雙曲指的是曲線的形狀，描述某物的主觀價值，隨著時間軸由現在往未來移動而遞減。關於雙曲折現的典型研究發現，人類直覺選擇當下獲得較小的報酬，而非未來價值較高的獎勵。我在研討會上示範這個情境好多次。我分別揮舞一張五〇元鈔票及一張百元鈔。

我詢問聽眾，他們會選擇當下獲得五〇元，還是一年之後拿到一〇〇元。雖然這實驗可能不是嚴謹的科學，不過約有四分之三的聽眾選擇當下獲得報酬。這種現象大致符合行為實驗的結果：人們偏好選擇立刻獲得較小的報酬，而非未來價值更高的獎勵。

時間範圍對偏好的影響

不過調整時間範圍後就更有意思了。如果選項不是現在獲得五〇元或一年後獲得一〇〇元；而是一個月後獲得五〇元，或是一年又一個月後獲得一〇〇元呢？調整時間後，人們的行為幾乎完全反轉，現在多數人會選擇等待一年又一個月領取一〇〇元，而非一個月後的五〇元，雖然兩個選項都是相隔十二個月。

時間範圍不同，對事件的解讀或理解也會有所不同，這也會影響我們對未來的判斷。解釋水平理論（Construal Level Theory，簡稱CLT）說明實體、時間或社會距離感對選擇的影響。說到解釋水平理論，我就想到索爾・斯坦伯格（Saul Steinberg）為一九七六年《紐約客》（*New Yorker*）雜誌封面所繪的〈從第九大道看世界〉（*View of the World from 9th Avenue*）。我們在圖畫前景清楚看到紐約曼哈頓第九大道的混凝土路面，不過當視野越過哈德遜河（Hudson River）後，紐澤西、中西部、西岸，以及太平洋對岸的中國、日本、俄羅斯就都越來越模糊。

解釋水平理論根據與參照點的「心理距離」，將思維分成抽象及具體兩種，而以時間來說，參照點就是現在的自我。有一項研究檢視時間對人們偏好的影響，研究人員請一部分參與者描述一週以後的自己，請另一部分參與者描述未來十年的自己，接著詢問他們如要開設新的銀行帳戶，會偏好什麼樣的銀行。前者偏好的銀行特質偏重功能性（例如「交易手續費低」、「信用卡利率低」），後者偏好的特質屬於認同性（例如「尊重顧客」、「認真看待客訴[6]」）。

某件事離現在的自己越遠，相關的思考歷程就越抽象，另一方面，我們會以較具體的方式思考即將發生的事。以規劃婚禮為例，幸福的小倆口選定大約一年之後的婚期時，他們一心想著那時的時節為完美一天所帶來的美妙氛圍（比方說暮夏傍晚的戶外婚禮？）不過隨著婚期慢慢接近，他們開始思考具體的細節面向（浪漫的泡泡消失了），例如小心不要超出預算、安排賓客座位。

我相信你也答應過數個月後的艱鉅任務，隨著日子慢慢接近才為當初的愚蠢懊悔不已。答應未來做某件事時，我們常低估任務的艱鉅程度，為此，艾瑞利提供一個「小訣竅」。他建議，如果有人邀請你演講、寫一篇文章或其他好一陣子之後的事情，你可以問問自己，如果是四週之後就要履行的承諾，你會答應嗎？我們心目中未來的自己總是集眾美德於一身，能夠輕易克服當下自己難以抵擋的各種短期誘惑。我們的好意常「保留」給未來的自己，而非現在不可靠的自己。

不幸的是，債務也適用解釋水平理論。借錢的時候，幾乎當下就可以拿到錢，解釋水平非常具體，不過還款日位於遙遠的未來，屬於抽象思維，彷彿永遠不會到來。

《荷馬經濟人》提到一個例子，辛普森家庭的動畫劇集情節中，未來變成今天，這使主角荷馬痛苦不已。在〈不再貸款（自然而然地）〉（*No Loan Again, Naturally*）這一集中，荷馬向房貸仲介抱怨：

> 你給我錢的時候說，未來才要還。現在又不是未來，現在是現在，糟糕、爛透的現在。

解釋水平理論和雙曲折現顯示，不只荷馬思考未來的方式違反常理，其實我們都一樣。行銷人如果要推廣退休儲蓄、長期健康保險，或任何需要現在付款，未來享受保障的商品或服務，那該怎麼辦？加州大學洛杉磯分校安德森管理學院副教授哈爾・賀斯菲爾德（Hal Hershfield）是一位心理學家，他設計了一項精妙的神經經濟學與行為經濟學實驗，以人性來對抗人性。

讓大腦把「未來自己」當成「現在自己」

賀斯菲爾德就讀史丹佛大學研究所時，他檢視人們對於自己的感知與時間折現的關係。在一項標誌性實驗中，他與研究同仁請實驗參與者思考自己及他人、現在及未來，並利用ｆＭＲＩ掃描儀測量他們的腦部活動[7]。驚人的是，人們思考未來的自己時，腦部反應和思考他人時幾乎難以區分。

思考現在或未來的自己時，腦部反應不同，這也和時間折現有關。在今天拿到五〇元或一年後獲得一〇〇元的例子中，腦部看待未來自己的方式如果越接近看待別人，選擇立刻拿到五〇元（而非未來獲得一〇〇元）的機率就越高。這份研究顯示，大腦傾向把未來的自己當成別人，甚至是陌生人，因此退休儲蓄、持續運動、健康飲食這類要等到未來才能獲得好處的活動變得相當困難。

不過在追蹤研究中，賀斯菲爾德及研究同仁發現我們可以矇騙大腦，讓大腦把未來的自己當成現

6 Kivetz, Y., & Tyler, T. R. (2007). Tomorrow I' ll be me: The effect of time perspective on the activation of idealistic versus pragmatic selves. *Organizational Behavior and Human Decision Processes*, 102(2), 193–211.

7 Hershfield, H. E., Wimmer, G. E., & Knutson, B. (2009). Saving for the future self: Neural measures of future self-continuity predict temporal discounting. *SCAN*, 4, 85–92.

在的自己。研究人員拍下參與者的大頭照，並透過電腦軟體將臉部後製成大約七十歲的樣子。接著參與者透過虛擬實境技術與未來的自己「互動」，最後進行時間折現相關實驗。與年齡後製的影像互動之後，參與者的時間折現行為改變了，改為選擇未來獲得較多金錢，而非當下拿走較少報酬[8]。這證明將未來具象化有鼓勵儲蓄的效果。

美國銀行旗下的投資公司 Merrill Edge 就「借用」這項技術，於二〇一二至二〇一六年期間推出面對退休（Face Retirement）計畫。我試用過幾次。打開「面對退休」網頁後，介面邀請我「見見未來的自己」，接著透過電腦攝影機拍下我的照片，然後請我輸入年齡及性別並勾選「開始老化」的方塊，隔了數秒後，畫面出現一張經過數位後製的老化照片，附帶日常用品在二〇三〇年的價格，一行字寫著：「你並不是在為陌生人儲蓄，而是未來的自己。」

加州大學洛杉磯分校安德森管理學院的另一位教授索羅摩・班納齊（Shlomo Benartzi）在其著作《明天存更多》（*Save More Tomorrow*，暫譯，書名取自鼓勵儲蓄的同名計畫，本章稍後進一步說明）中將這種行銷手法稱作行為時光機。好消息是，行為時光機不需改造迪羅倫（DeLorean）時光車[9]、Tardis[10]，甚至不必用到臉部老化軟體。我在研討會上說要用到行為時光機，後來解釋其實是預期性思考練習時，聽眾都面露失望之情。**透過練習，我們可以跳脫當下的觀點，想像未來的自己與結果。**

除了早期實驗所用的高科技方法，賀斯菲爾德也和美國、荷蘭、墨西哥研究者合作，運用不需要科技的預期性思考練習。墨西哥一項研究的目的就是設法提高當地民眾退休帳戶自願提撥的比例。墨西哥約有四千零五十萬人擁有退休帳戶，但每年至少提撥一次的人不到〇・五%[11]。二〇一七年一項廣泛的行為計畫，目的是找出方法提高提撥退休金的人口比例，其中一項實驗將八千個未設定自動提撥的帳戶分成三組。第一組是對照組，研究人員向帳戶持有人說明自動提撥的好處；第二組則是進行一種填字遊戲形式的活動，讓參與者生動地想像自己未來的情境；研究人員請第三組參與者思考過去的決定，對現在生活的影響，並推測現在決定會如何影響未來人生。

實驗結束後，對照組有〇・一一%設定自動提撥。想像未來人生及思索過去決定的組別分別有二・二%及一・三六%設定自動提撥。

直覺偏好「享樂效用」與「雙曲折現」

另一項研究[12]是請參與者寫信給「短期未來的自己」（三個月後）或「長期未來的自己」（二十年後），並檢視寫信後十天以內的運動量有何差別。結果發現，寫信給「短期未來自己」的參與者平均每天運動九・二六分鐘，寫信給「長期未來自己」者的運動量增加四成，平均每天運動十二・九二分鐘。

美國馬里蘭州奧文斯米爾（Owings Mills, Maryland）的減肥公司快驗保（Medifast）以精妙的手

8 Hershfield, H. E., Goldstein, D. G., Sharpe, W. F., Fox, J., Yeykelis, L., Carstensen, L. L., & Bailenson, J. N. (2011). Increasing saving behavior through age-progressed renderings of the future self. *Marketing Research*, 48, S23–S37.

9 譯註：《回到未來》系列電影使用的時光機。

10 譯註：英國影集《超時空奇俠》使用的時光機兼飛行器。

11 Fertig, A., Fishbane, A., & Lefkowitz, J. (2018, November). *Using behavioral science to increase retirement savings in Mexico*. New York, NY: Ideas42.

12 Rutchick, A. M., Slepian, M. L., Reyes, M. O., Pleskus, L. N., & Hershfield, H. E. (2018). Future self-continuity is associated with improved health and increases exercise behavior. *Journal of Experimental Psychology: Applied*, 24(1), 72–80.

法，拉近未來與現在自己之間的距離（雖然他們可能不瞭解背後的科學原理）。快驗保與廣告公司Solve拍攝體重過重客戶想像自己未來減肥成功，並與未來的自己對話，訴說自己目前過重的感受。接著，幾個月後，他們再次拍攝體重減輕的同一位客戶，同情地傾聽過去的自己訴苦，並描述成功減重後生活變得多麼美好。「金柏莉」（Kimberley）是其中最成功的一則廣告，主人翁金柏莉的表現非常真誠、令人感動，過重的她向未來苗條的自己說：「看到自己這個模樣，我知道我辦得到。」

也許真誠之情不令人意外。廣告中的金柏莉·范德倫（Kimberley Vandlen）接受《紐約時報》（*The New York Times*）訪問[13]時表示，她看見過去自己的影片時：

> 忍不住哭了出來，因為我記得「她」，我記得她感覺有多糟，不想從沙發上爬起來，不想陪女兒玩，因為我的膝蓋好痛、腳踝好痛。

許多健康相關問題，都源自人類天生傾向選擇當下享樂，而非未來乘涼，心臟健康尤其是如此。二〇一九年四月，我和著名的心臟學家暨數位健康先驅尼可拉斯·彼得斯（Nicholas Peters）教授[14]合作撰寫一篇文章，刊登於世界經濟論壇的未來健康與醫療保健網站上。

此處涉及的兩種人性分別是享樂效用（隨某種行動或選擇而來的愉快感受）與雙曲折現（偏好盡快拿到好處，即便價值較低，而非等待日後價值較高的報酬）。這兩種現象疊加形成不健康行為的溫床。**一般來說，人類直覺偏好立即帶來樂趣的活動，而非長遠未來獲得實用效益的行為，即便我們心知長期效益的價值更高。**

此外，不論是個別醫療保健機構、政府，甚至藥廠，傳統衛教都傾向以長期、理性的觀點來說服民眾，比方說：「現在戒菸，以免三十年後少一條腿」或是「少吃點糖才不會過重或得糖尿病」。以長壽、健康的人生為訴求，說服人們放棄當下愉快的享受或開始從事某種困難的活動——這種說服策略著重未來的重要利益，聽起來合情合理，有時也的確有效（雖然並不符合人性）。不過彼得斯教授和我想問的是：有沒有鼓勵健康生活更有效的方法？有沒有什麼策略兼顧長遠效益，又能提供當下的成就感與愉悅感？

的確有這樣的例子。我們每天早上刷牙的真正原因，是為了避免二十年後牙齒掉光嗎？刷牙已經變成大部分人的習慣，不過如果因為某種原因沒有刷牙，心理不安的來源大概不是蛀牙或牙齦炎的威脅，而是牙齒和牙齦上累積牙菌斑的不適感。一百年前，刷牙還不是主流行為的時候，牙膏品牌白速得（Pepsodent）鼓勵人們用舌頭感受牙齒上的牙菌斑薄膜，藉此推銷牙膏。他們的訴求並不是長遠的口腔健康，也不是為了避免未來牙痛，而是沒那麼嚴重、但當下就能感受到的牙菌膜。在工作坊或研討會提到這個例子時，每一次我都可以看到前排聽眾無意識地用舌頭舔舔自己的牙齒。

我在舊金山的牙醫何羅伯醫生（Dr Robert Ho）是我遇過最棒的牙醫。何醫生瞭解牙齒（他是加州大學舊金山分校的贋復及預防牙醫學教授），也深諳人性。他建議吃東西之後，不論是正餐或點心，都含一口水，稍微漱口十五秒。當然，理想的情況是找個洗手台刷牙。但我欣賞何醫生的地方是，他

13 Newman, A. A. (2012). Poignant endorsements in weight-loss campaign. *New York Times*, December 19.

14 彼得斯教授是倫敦帝國學院的心臟科教授暨心臟電生理學主任，也是帝國學院醫療保健 NHS 信託的心臟學顧問。他也替倫敦 Google 擔任 Google Fit & Health 應用程式的臨床顧問。

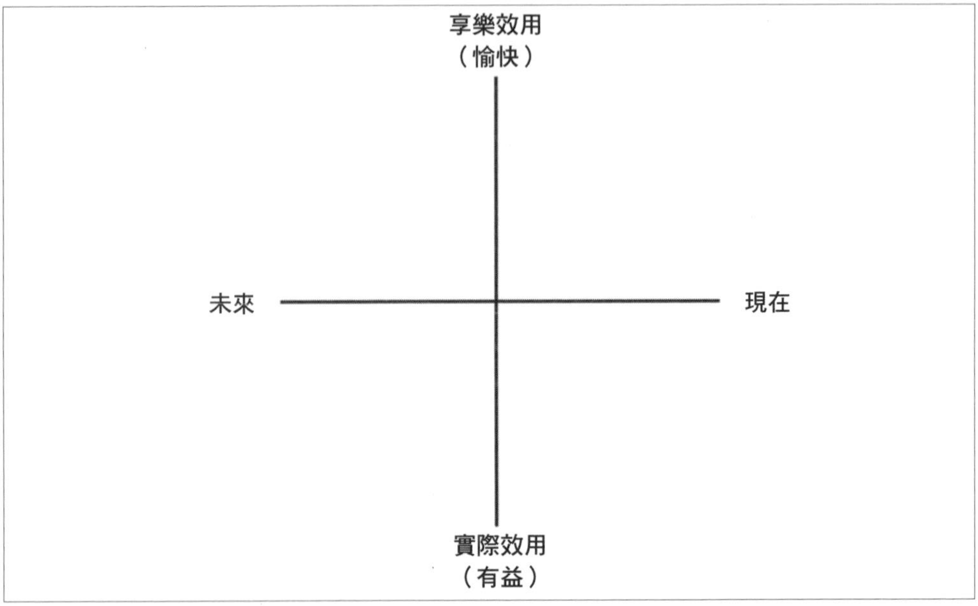

圖7.1　愉快／有益／現在／未來直角坐標圖。

的建議很簡單，馬上就可以實行。**比起難度較高、不方便馬上進行的行為，人們更可能完成簡單、立即的行動。**我曾聽過一句話：「忘掉事情很簡單，等兩秒或走兩步路就忘了。」

兼顧長期有益與當下愉快

研擬增進大眾健康的策略時，務必兼顧長期的「有益」與現下的「愉快」感受，兩者不應互斥。**最理想的情況是，設計可以立即提供回報的健康行為，同時對長遠未來也有好處。**這樣一來，這些行為就能變得簡單、可行，甚至令人愉快。以直角坐標（圖7．1）說明兩者之間的關係。

一般來說，衛生教育通常著重於左下方的象限，也就是長遠的益處。不過大部分情況下，增進健康的介入措施也要兼顧右上角的象限才容易奏效。

好消息是，這類措施越來越多。在古早的

傳統照護模式中，沒有工具能協助照護提供者在影響行為的適當時機加入「令人愉快」的體驗，因此也沒必要考量這個因素。體驗的時機相當重要。心臟病發作六個月後的追蹤檢查，發現你成功控制膽固醇，醫生在你背上拍了一下表示鼓勵，這麼做當然很好，也令人開心，不過這與運動、健康飲食、服用降膽固醇他汀類藥物等實際行為脫節，沒辦法強化上述健康行為。

科技，尤其是行動裝置及穿戴式裝置可在適當時機給予鼓勵。適當時機指的是在效果最好時觸發行為，並在完成行為後給予回饋，藉此建立行為獎勵的良性循環。這類例子包括各式各樣熱門的應用程式、智慧型手機與體外感測器，可觸發並獎勵有益健康的活動、睡眠與飲食。

彼得斯教授特別關注風險較高的行為，而這類行為通常最難動搖。我們談話時，他提到「及時提供愉快感受的介入措施有助於鼓勵有益行為」，特別是最需要改善健康的族群：

> 許多現有使用案例的獎勵元素，常是單純的資訊回饋，偏重「有益」而非「愉快」，因此這類案例遭受批評的其一原因是，最需要改變行為的族群採用率不高。不過近來有一些振奮人心的例子，成功建立令人愉快的良性循環，可望應用於日常醫療保健體系。Discovery Health是一家國際醫療保險公司，該公司補助保險人成為健身房會員，根據報導，最近更提供三個國家超過四十萬名保險人以低廉價格換取Apple Watch，只要步數達到特定門檻（同時透過中央監測），就能保留裝置。獎勵措施的成果是保險人活動量提高三成，更重要的是，高風險患者的進步幅度更大（五〇%）。

人們常因各種實際或情緒方面的原因拖延行為，改變行為更是難上加難。一般來說，人們常輕易答應未來會改變，但實際上當下卻無所作為，或是只有小幅改變。你自己也是這樣嗎？放心，不只有你，我們都是這樣。這叫做人性。

設計精妙的「退休儲蓄計畫」

雙曲及時間折現實驗顯示，人們重視現在大於未來，但這不代表完全沒辦法鼓勵人們現在做出有益未來的決定。行為經濟學家塞勒和班納齊設計一項精妙的計畫，名為「明天存更多」，這項計畫把退休儲蓄變得輕而易舉。計畫參與者獲得加薪時，其中有一定比例會直接進到四〇一K退休帳戶。這種措施稱為自動增提，此退休儲蓄方式不需參與者的額外行動。

「明天存更多」的設計相當精妙，在適當時機順應各種人性運用推力。除了自動增提（提高提撥比例不需存款者額外動作），這項計畫也運用解釋水平理論。首先，計畫請參與者預先答應未來加薪時增加提撥比例，此時這還只是值得支持的想法，因為還沒加薪，不必實際執行。計畫的設計把存錢的「痛苦」留給未來，抵銷時間折現效應，降低存錢的阻力，確保參與者提撥存款。「明天存更多」計畫最美妙之處在於消除損失趨避（loss aversion），在加薪進到支票存款帳戶之前，趁你還來不及規劃消費時就預先提走一定比例，這樣一來，存款提撥就不會像是一筆損失。

塞勒指出，「明天存更多」計畫卓有成效，潛力無窮。第一階段實施時，就在三年半的期間內使參與者四〇一K帳戶的平均存款比例從三．五%提升至一三．六%。而接收普通財務建議的對照組，其存款比例在同期間內由四．四%提升至八．八%。

二〇〇四年，塞勒指出，如果「明天存更多」計畫獲得廣泛應用，美國存款的增加幅度可上看一二五〇億美元。根據班納齊網站的統計[15]，截至二〇二〇年一月，已有超過一千五百萬位美國民眾參與「明天存更多」計畫，輕輕鬆鬆提撥退休金。

本章重點：

- 解釋水平理論的意義是，我們思考未來與思考當下的方式完全不同。如果要讓某人答應做某件事，把期限拉長一點；如果要使某人做某件事，把回饋拉近一點。不過要記得，要求對方做某件事的時候，必須著重那件事能達成的短期目標。
- 收尾要有力，別忘了結尾會影響整體經驗。
- 雙曲或時間折現的意思是，未來報酬在我們心中的價值，比不上現在的同等報酬。我們偏好盡快拿到好處，即便價值較低，也不願等待日後價值較高的報酬。
- 如果要為未來的自己做某件事，在我們心目中幾乎就等於為別人做某件事。如果要鼓勵某項對未來有益的行為，其中一種策略是拉近現在與未來自己之間的距離。
- 樂觀偏誤意指我們傾向以為，壞事比較不會發生在自己身上。強調恐懼與不幸的訊息雖然

15 http://www.shlomobenartzi.com/save-more-tomorrow.

能引發情緒反應，卻無法改變行為。人們會想：「天啊！好恐怖，不過那是別人的事，不會發生在我身上。」

- 人們越拖延，實際付諸行動的可能性就越低。提供具時效性的訊息及優惠，給予即刻行動的理由，這能加快做決定的速度，也防止人們審視其他選項。

讀者回饋：

- 「身為房地產仲介，我經手的交易過程冗長而繁複，其中有開心，也有沮喪。收尾有力的策略大概是最容易傳授的行銷技巧，可以吸引顧客再度光顧。」
- 「難怪我度假期間買的衣服都不實穿，因為現在和未來的自己根本是陌生人，衣著需求和品味完全不同。」

第八章 害怕失去的恐懼感：善用稟賦效應，讓人們不再取消訂閱

人們在非意識中避免損失的企圖，對其選擇有深遠影響。

一八九〇年代，利物浦（Liverpool）的T．R．羅素（T. R. Russell）打造了一只黃金懷錶。根據懷錶機芯的刻文，羅素是英國海軍及女王的御用製錶師。懷錶錶面美觀、簡潔，秒針發出的聲響俐落有力。懷錶直徑約一．五英寸長，手感沉穩，重約四．七五盎司。我會知道那麼清楚，是因為幾個月前用廚房料理秤量過，然後放到銀行保險箱裡。

我從一位素昧平生的伯公那裡繼承這只懷錶。他是一位勞動者，在一九二〇年代從愛爾蘭多尼哥郡（County Donegal）移民到英國。我的伯公在灰濛濛的工廠工作數年，賺得很少，花得更省，晚年得了石棉沉著病（肺纖維化）。家族裡沒有人知道他怎麼會有這只懷錶。伯公從愛爾蘭搭船到利物浦，可能下船後在牌桌上贏得這只錶，又或許機智地從某個紈褲子弟手中偷來，這樣的想像充滿傳奇色彩。不過據家人的描述，伯公一生為人誠實正派，所以這只錶很可能是他辛勤工作，東撙西節存錢買下來的。生活簡樸的伯公從沒用過什麼奢侈品，肯定也考慮過變賣或典當這只手錶，但終究沒這麼做。這只錶是辛苦得來的，因此保留下來必定對他意義深遠。臨終之時，他把這只懷錶送給我阿姨，囑咐她一代代傳下去，後來阿姨把手錶送給我。

今日，亞馬遜提供「一鍵下單」功能，還有新興的3D列印技術，各種生活用品的取得快速又方便。不過兩個世代以前，你的親戚中應該也有像伯公這樣的人，辛勤工作，好不容易才能買到某件物品，於是細心呵護一輩子，再傳給下一代。

如果再往前回溯數代，來到十八世紀中期，當時的人們，會對我們今天取得新物品的輕鬆程度大為震驚。在工業革命之前，衣服等生活必需品都出自人工，而不是機器。工匠手工製品並不是時髦的選擇，而是唯一的選項。由於縫紉機還要一百多年才會發明出來，衣物從紡線到成品的拼縫完全以手工完成。

所有物是大量時間與勞力的成果。那個年代的人如果擁有某件物品，一定會盡全力呵護、珍惜，別人出價也不一定願意出售。

再往前回溯約一萬年，來到人類文明之初，那時的祖先可說完全沒有多餘的物資。對他們來說，失去任何物品都可能是一場災難。除了極少數人以外，生存繁衍最佳策略的第一步，是小心呵護自己的所有物，接著才是思考如何取得更多物品。

你可能會想：「不過那是古時候的事，時代不一樣了。」的確，我們等不及換掉舊iPhone，身旁充斥各種免洗用品（人類似乎對拋棄式刮鬍刀、尿布、產品包裝等短暫使用就丟棄的東西愛不釋手），造成大量不必要的浪費。不過請記得人類學家福克說過，六千年前的人類大腦和現在沒有兩樣。我們的行為其實和祖先仍有相仿之處，雖然看似扔掉很多東西，但想想看那些可以丟掉，但卻仍堆在家中的東西。

人性天生厭惡損失

我和太太二十年前初次來到美國要找地方住時，看過好幾間公寓，其中的收納空間都大得驚人。而且那是在舊金山——美國數一數二擁擠的城市。和我們過去數十年在歐洲及亞洲居住過的城市相比，美國根本是儲物天堂。儘管家中已有寬敞的收納空間，似乎仍無法滿足美國人儲藏個人物品的需求。美國幾乎每一個市郊都設有個人自助儲物機構。自助儲物是一項新興產業，根據自助儲物空間商會（Self-Storage Association）的統計，美國約有五萬兩千五百間這類機構，比星巴克和麥當勞分店數量加起來還多（我一開始也不信，但確認過了，星巴克和麥當勞在美國各約有一萬五千間分店）。二○一八年，美國的自助儲物市場價值三八○億美元。華爾街分析師形容這個產業「盛而不衰」。

實體儲物與資料儲存空間的需求持續成長，我們可說是身處在「儲藏社會」。二○○七至二○一七年間，全球資料儲存空間成長十倍（二○一七年時，若將資料儲存空間平均分配給地球上每一個人，每人都能得到四○○GB的容量）。

將物品儲藏在安全地點的需求深植於天性中，不只人類如此，松鼠、螞蟻、啄木鳥都一樣。**我們直覺地想要避免失去，保留自己所擁有的物品，這種天性是許多人類行為的背後原因。**瞭解人類對失去所有物的厭惡後，你就能理解某些奇怪決策的緣由，例子有體育教練、裁判[1]、投資者、醫師、購

1 美國體育迷可以參考托比亞斯・莫斯科維茲和L・沃特海姆（Tobias J. Moskowitz and L. Jon Wertheim）的著作《分數預測》（*Scorecasting*，暫譯），這本書分析體育數據，發現選手、球隊經理及裁判的認知偏誤，也包含幾個損失趨避和現狀偏誤的例子。

物者，甚至是你自己。

從「展望理論」解釋「認知偏誤」

展望理論（prospect theory，又稱前景理論）可大致解釋損失趨避等偏誤背後的認知機制，這項理論來自心理學家康納曼、特沃斯基及經濟學家塞勒的開創性研究，這幾位學者都是行為經濟學領域的先驅。

展望理論替康納曼於二〇〇二年拿下諾貝爾經濟學獎（他的研究同仁特沃斯基已於一九九六年過世，諾貝爾獎不會在死後追授獎項）。詹姆斯・蒙蒂爾（James Montier）是一位深具影響力的經濟學家，他給予康納曼和特沃斯基的原創研究極高評價：「心理學之所以成為經濟學分析的核心，展望理論可謂一大功臣。」

心理學與經濟學的交會是所有行銷人的聖殿，我認為應該隨時把展望理論放在心上[2]。

那麼展望理論到底是什麼？展望理論考量得與失對選擇的影響，並從這個角度出發，描述人們的決策行為。康納曼和特沃斯基證明，人們做決定時最看重的是潛在的得與失，而非最終結果，這和理性經濟選擇模型的假設不同。展望理論可以解釋數個認知偏誤的背後原因，包括損失趨避、稟賦效應（endowment effect）、現狀偏誤及相近的現象——不作為偏誤（omission bias）。本章將說明這些偏誤對人類選擇的影響。

「損失趨避」的各種影響

第一種效應——「損失趨避」是康納曼和特沃斯基最早研究的一種偏誤，也是最重要的一項。理性來看，獲得一〇〇元的開心程度應該和失去一〇〇元的難過程度差不多，不過兩人的實驗顯示，實際並非如此。許多實驗指出，損失對心理產生的衝擊是獲得同樣金額的兩倍之多。棒球教練史帕基・安德森（Sparky Anderson）曾說過：「輸球的沮喪感是贏球開心感的兩倍」，這在科學上是相當精準的說法。

在《分數預測》（*Scorecasting*，暫譯）一書中，作者提到《紐約時報》和老虎・伍茲（Tiger Woods）的訪談，這位高爾夫球手透露損失趨避對心理造成的影響：

> 打出標準桿（Par）比博蒂球（Birdie）更重要，不要為了拼博蒂球而失誤。失誤和博蒂球對心理影響的差別很大，所以還是求穩打標準桿比較重要。

當然，失誤的後果可能使獎金大幅縮水。二〇一九年美國高爾夫球公開賽第二名的獎金是一三五萬美元，第一名獎金為二二五萬美元。失誤的後果光在比賽獎金方面就差了九〇萬元。

高額獎金也不是損失趨避並造成後續行為改變的唯一原因，即便只是損失或獲得五美分，也能對我們的行為產生顯著影響。塔蒂安娜・霍蒙諾夫（Tatiana Homonoff）一篇精彩的研究[3]顯示小小的

2 作者視「展望理論會隨時在顧客心中發揮影響力」為銘言。

3 Homonoff, T. A. (2018). Can small incentives have large effects? The impact of taxes versus bonuses on disposable bag use. *American Economic Journal: Economic Policy*, 10(4), 177–210.

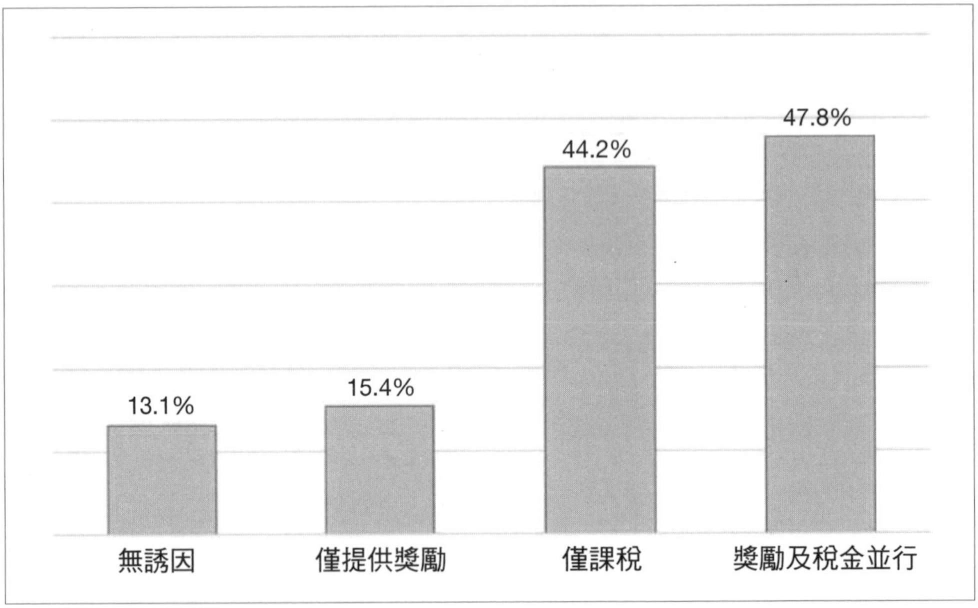

圖8.1　顧客使用環保購物袋的比例。

誘因也能帶來大改變。

她觀察華盛頓特區（Washington, D. C.）附近數間雜貨店購物者的行為與購物袋的使用情形。華盛頓特區隔壁的馬里蘭州蒙哥馬利郡（Montgomery County, Maryland）通過一項法律，向拋棄式購物袋課以五美分稅金。霍蒙諾夫分別在法律生效的前後兩個月蒐集購物者的行為資料。她比較蒙哥馬利郡在法律生效前後，以及華盛頓特區（課稅的法律已實施兩年）和維吉尼亞州（沒有相關稅則）使用購物袋的情形。研究中的部分店家向攜帶環保購物袋的購物者提供五美分獎勵，有些店家位於課稅地區，有些店家所在地區沒有相關稅則。觀察一萬六千名購物者使用購物袋的情形後，有什麼發現？

在不提供獎勵也不課稅的地區，只有一三·一%的購物者使用環保購物袋。霍蒙諾夫在其研究中將這種不課稅也無獎勵的情況歸類為「無誘因」。至於提供五美分獎勵（得到）的店家，其購物者使用環保購物袋的機率稍微高一些——一五・四%。不過在課五美分稅金（失去）的店家，有四四・二%的購物者使用環保購物袋。在「恩威並施」（使用拋棄式購物袋須繳交五美分稅金，使用環保購物袋可獲得五美分獎勵）的店家有四七・八%購物者使用環保購物袋，稍高於只課稅的商店（見圖8・1）。

在這篇研究中[4]，損失框架（loss frame）的影響力比獲得框架（gain frame）明顯得多。事實上，根據估計，損失趨避的係數約為五，也就是說，獎勵（得到）須提高至二五美分，才能達到和課稅五美分（失去）差不多的效果。效果如此明顯的其中一個原因可能是，向拋棄式購物袋徵收五美分稅金代表，原本免費的購物袋現在必須付費才能取得（不像汽水稅，汽水原本就須付費購買，汽水稅只是令汽水價格稍微提高）。

損失趨避的影響不限於經濟層面。幾年前我親身體驗到損失趨避，至今仍歷歷在目。當時剛買了一部紅白配色的MINI Cooper，取代原本的車。原本那台是以原價向工廠訂購，並附有兩組配件包，裝備相當齊全。新車則是從經銷商現有車款中選一台，附帶一組配件包，價格便宜二五〇〇美元。

新車有好多舊車沒有的酷炫配備，包括升級的音響系統、加熱式前座座椅、加熱除霧後視鏡、升級頭燈、六檔（之前是五檔），一切都是全新的。

雖然多了這些額外配備，不過原車有一項功能但新車卻沒有，那就是擋風玻璃雨滴感測器。只要

4 霍蒙諾夫研究的幾年後，芝加哥市廢止原本有瑕疵的塑膠袋禁令，於二〇一七年開始向所有拋棄式購物袋課徵七美分的稅金。這項法令對行為產生的效果，如同霍蒙諾夫在華盛頓特區的研究結果。http://www.ideas42.org/wp-content/uploads/2017/04/Bag-tax-results-memo-PUBLIC.FINAL_.pdf.

幾滴雨落到擋風玻璃上，雨刷就會自動啟動。亞馬遜《壯遊》（*Grand Tour*）主持人，也是英國廣播公司電視台《頂級跑車秀》（*Top Gear*）元老主持人之一的詹姆斯・梅（James May）曾經吐槽這項創新功能，他形容雨滴感測擋風玻璃：

> 閒閒沒事做的宅宅工程師異想天開發明這項技術之前，從來沒有人要求這項功能，也無法增加駕駛一丁點喜悅。

交車幾天後，我開心地開車出門，後來開始下雨。雨刷並沒有自動啟動，困惑了幾秒後，我手動啟動雨刷，這個動作本身不費神也不費力。但心裡很著惱。雖然梅他對自動感測擋風玻璃不以為然，而且新車擁有一大堆舊車沒有的新奇功能，不過內心開始對這個選擇感到後悔，對整輛車子起了質疑的念頭。我們是不是不該從現有車款中選一台？這真的是想要的車嗎？原來那台車是不是應該再多開幾年？是不是做了糟糕的決定？幾分鐘後才意識到，這就是損失趨避心態，因為我不再擁有擋風玻璃雨滴感測器。瞭解這種感受來自認知偏誤後，終於克服懊惱的感覺，開始享受加熱式前座的舒適感。

從囤積物品到不願取消訂閱的心理

損失趨避的直覺也可解釋囤積物品的行為，就像我書桌抽屜中那台已無法使用的第一代 iPhone。後來我認識了近藤麻理惠，她是《怦然心動的人生整理魔法》（*The Life-Changing Magic of Tidying Up*）作者及同名網飛節目主持人，也是第一個以折襪子、內衣躍升全球超級巨星的整理專家。她描述某次頓悟的過程，也是怦然心動整理方法的由來：

> 我執著於找出可以丟掉的東西。有一天，我突然神經崩潰、昏倒，昏迷兩小時後甦醒過來，聽到一個神秘的聲音，彷彿某種整理之神叮嚀我進一步審視自己的物品。然後終於看出自己的錯誤：我原本一心只想著哪些東西可以丟掉[5]。

對所有希望改變行為的人來說，近藤的見解深具啟發。她從另一個角度思考整理術，**拋開「哪些東西可以丟掉」，而是著眼於「哪些東西要保留下來」，迴避把丟棄物品看作「損失」的天性，移除改變行為的障礙**，幫助人們清理人生。

本書稍後還會談到近藤克服人類其他固執本性的整理方法。

損失趨避不只令我們囤積物品，也可能使人不願取消服務方案。一位任職於品牌顧問公司的朋友和我分享，他有一位客戶設計出一種訂閱模式，顧客訂閱方案後每個月可以享用一次服務。如果當月未使用，可以累積到下個月，但若是顧客取消訂閱服務，未使用的服務就會全部歸零。這種設計非常聰明。邏輯上，如果顧客使用服務的頻率很低，以致於累積多次未使用的服務，顧客應該要開始思考訂閱的目的到底是什麼。不過若取消訂閱就會喪失之前累積的服務點數，直覺就會難以做出取消的決定。可想而知，那間公司的續訂率很高。

5 摘自訪談：Parry, R. L. (2014). Marie Kondo is the maiden of mess. *The Australian*, April 19.

對於丟棄物品感到不安的另一個例子是，我們傾向高估自己所有物的價值，這就是稟賦效應所指的情況，這是另一個與展望理論相關的效應。

「稟賦效應」的各種影響

第二種效應——「稟賦效應」的名稱是由經濟學家塞勒提出，描述人們傾向賦予自己所擁有的物品更高價值（和另一個相同的物品比較）。塞勒和研究同仁所做的一項著名實驗，顯示稟賦效應的現象，實驗對象是康乃爾大學（Cornell University）的學生，所用物品是馬克杯[6]。研究人員發給部分學生校園書店買來的馬克杯，另一部分的學生則沒有拿到東西。接著研究者詢問沒拿到東西的學生願意出多少錢買馬克杯、也問拿到馬克杯的學生願意以多少錢出售。實驗結果顯示驚人的差距，學生願意出售馬克杯的價格大約是其他學生願付價格的兩倍。

於杜克大學（Duke University）進行的另一項實驗也顯示出稟賦效應[7]。杜克大學的籃球球賽門票相當搶手，需求大於供給時，學校透過抽獎來分發門票。研究者齊夫・卡蒙（Ziv Carmon）和艾瑞利詢問贏得門票的學生願意以多少錢出售，也詢問沒有抽到票的學生願意出多少錢購買。兩者之間的價差相當驚人：前者開價二四〇〇美元，而後者只願意出一七〇美元。

關於稟賦效應（也許還涉及損失趨避），我最喜歡的一個例子是珍・芮森（Jane Risen）和湯馬斯・吉洛維奇（Thomas Gilovich）所做的研究。他們的研究發現，人們非常不願意和別人交換手中的彩券[8]。研究指出，有四六％的參與者認為，「交換彩券後，原來號碼的中獎機率提高了」另有四％認為「交換彩券後，原來號碼的中獎機率降低了」。

我們會賦予所有物不同價值，不只在金錢上，情感上也是。塞勒家中曾經遭竊，有幾瓶昂貴的酒被偷走，他接受《經濟學人》訪問時表示：

> 我現在正好碰到自己實驗中的情況：這些酒我原本不願意賣，不過保險公司理賠下來後，多數的酒我也不打算再買回來。還好我這個經濟學者還看得出自己行為的不一致。

稟賦效應的威力驚人，有好幾種不同方式可以觸發這種效應，語言就是其中之一。在電子商務中，不要只標示「購物車／購物籃」，再加上兩個字稱作「你的」或「我的」購物車（後者效果更佳），會讓購物者賦予其中內容物更高價值，進而降低購物車棄置率。在實體零售業中，讓人們觸摸、拿取、試穿也似乎有類似的效果。曾經任職於跨國大型衣物零售商的一位客戶告訴我，如果顧客進到試衣間試穿衣服，五〇％的顧客最後會消費。而她現在任職於男裝品牌，顧客試穿後的購買率是七〇％。

威斯康辛大學（University of Wisconsin）的瓊・派克（Joann Peck）和加州大學洛杉磯分校（University of California Los Angeles）的蘇珊・舒（Suzanne Shu）合作進行的研究顯示，光是讓人們觸摸產品

---

6 Kahneman, D., Knetsch, J. L., & Thaler, R. H. (1991). Anomalies: The endowment effect, loss aversion, and status quo bias. *The Journal of Economic Perspectives*, 5(1, Winter), 193–206.

7 Carmon, Z., & Ariely, D. (2000). Focusing on the forgone: How value can appear so different to buyers and sellers. *Journal of Consumer Research*, 27, 360–370.

8 Risen, J. L., & Gilovich, T. (2007). Another look at why people are reluctant to exchange lottery tickets. *Journal of Personality and Social Psychology*, 93(1), 12–22.

就能提高他們對產品的估價、提升喜愛程度、增進擁有的感覺[9]。另一項近期研究顯示，親近的身體互動（類似撫摸或擁抱）可以在購物者和產品之間建立較強烈的情緒連結[10]。波士頓學院（Boston College）研究人員更發現，比起鍵盤和滑鼠，使用觸控螢幕裝置進行線上購物能產生較強烈的擁有感受[11]（用手指觸碰產品圖片就能產生類似觸摸產品本身的效果），研究顯示「產品的觸感越重要」，也就是購買之前會想要觸摸、感受看看的產品，這種效果就越明顯。

本書稍早提過，貝格斯觀察認知偏誤對卡通人物荷馬決策的影響。在《辛普森家庭》〈小小大媽媽〉（*Little Big Mom*）這一集中，荷馬常受稟賦效應影響，貝格斯分析道：

> 稟賦效應可能導致不理性的行為，比方說，美枝把閣樓中的舊玩意兒捐出去時，荷馬發瘋似地飛奔到街上追著二手商店的卡車跑。
>
> 「真是嚇死人了，家裡備用的聖誕樹底座差一點就要離我們而去了。」
>
> 荷馬不太可能花費那麼大力氣就為了一個備用聖誕樹底座，但因為那是「他的」底座，他說什麼也要追回來。

損失趨避的影響不限於經濟層面的得失，這也是人們脫離現狀如此困難的主要原因之一。

「現狀偏誤」的各種影響

第三種效應——「現狀偏誤」名副其實描述的，正是我們偏好保持現狀的心態。

另一項涉及馬克杯的行為實驗顯示出這種偏誤。研究人員將學生分成三組，第一組可以選擇馬克杯或一條瑞士巧克力。第二組的學生拿到馬克杯，稍後研究人員會詢問他們要不要換成巧克力。第三組學生拿到巧克力，稍後研究人員也會問他們要不要換成馬克杯。第一組學生中有五六%選擇馬克杯，四四%選擇巧克力棒。雖然看似偏好馬克杯的人多一些，不過兩個選項間的差距不大。你可能預期拿到馬克杯的學生中，約有半數後來會換成巧克力棒，而原本拿到巧克力棒的學生也有一半會換成馬克杯。但實際並非如此。拿到馬克杯的學生中只有一一%換成巧克力棒，拿到巧克力棒的學生只有一〇%換成馬克杯。

幾年前，一間頂尖醫療保健機構邀請我和奧諾學院（Ono Academic College）醫療決策中心創始主任塔亞．麥倫—沙茲（Talya Miron-Shatz）參與一場大藥廠的策略戰術構思研討會。會上談到幾項重要決策原則。

那間藥廠約在十年前取得突破，發明一種新藥，可為某種嚴重疾病的治療方法帶來革命性改變。推出的新藥療效更快、適用的患者更廣。儘管如此，醫生開新藥處方的意願不高，持續沿用舊藥。檢視藥廠的焦點團體等研究後作出的結論是，醫生已對舊藥產生依賴感（畢竟多年來，這種藥為許多患者帶來好消息），因此偏向現有的選項，而非新藥。我們要克服醫生現狀偏誤的心態，因此建議藥廠

9 Peck, J., & Shu, S. B. (2009). The effect of mere touch on perceived ownership. *Journal of Consumer Research*, 36(3), 434–447.

10 Hadi, R., & Valenzuela, A. (2014). A meaningful embrace: Contingent effects of embodied cues of affection. *Journal of Consumer Psychology*, 24(4), 520–532.

11 Brasel, S. A., & Gips, J. (2014). Tablets, touchscreens, and touchpads: How varying touch interfaces trigger psychological ownership and endowment. *Journal of Consumer Psychology*, 24, 226–233.

客戶，與其透過強調差異來推銷新藥、要求醫師改變選擇，不如著重於這種新藥和舊藥的相似之處。雖然舊藥效果可能較差，但醫生不願放棄安全的現有選項，這是典型的現狀偏誤，也就是康納曼和特沃斯基展望理論所描述的現象之一。麥倫—沙茲博士同時也是醫療顧問公司 CureMyWay 執行長，長期與醫療保健產業合作，對於醫生的選擇，她描述道：

醫生也是人，所以我們不該感到訝異，他們也和一般人一樣易受偏誤影響。我看過許多研究顯示，醫生接收過多資訊時，可能無法做出最好的決定。有份研究顯示，婦產科醫生若得知孕婦是透過體外人工授精懷孕，他們建議孕婦接受羊膜穿刺術的比率會大幅降低，因為這些孕婦「好不容易懷孕」，醫生會想到羊穿手術的風險，雖然風險一直都在，而且也不是他們的首要考量。

麥倫—沙茲認為，醫生就和其他人一樣，他們的決定也會不自覺受現狀偏誤等認知偏誤影響。她提到：

醫生不會承認：「如果我開的藥不是主流藥物，患者和其他醫生可能質疑，何必自找麻煩？」或是「寧願打安全牌，別人怎麼做我就怎麼做」；也不會說：「這種藥不算太厲害，不過我習慣了，療效和副作用可以預期。我很重視這種確定感，這樣才能讓患者放心。我知道新藥能帶來更多希望，但對新藥不熟，無法握有確定感，所以對於開這種藥我很遲疑。」如果你想要改變或影響任何行為，就必須瞭解行為背後的潛藏原因。否則就算拿出確實的數據，花費大量時間脣舌，還是無法說服他們，因為你沒有針對他們的認知偏誤及情緒偏好著手。

人性害怕「改變後的損失」

哈佛大學教授約翰・古維爾（John Gourville），也是論文〈創新的詛咒[12]〉（The Curse of Innovation）作者，應該會認同麥倫—沙茲的觀點。古維爾指出，行銷人試圖推動行為改變，使人們試用新產品時，他們通常主打「得到」的部分，或是強調產品的不同與創新之處，未考量並解決人們改變現有行為過程中可能的「損失」。

他的論文巧妙地從研發者及潛在選擇者雙方的角度，說明損失趨避對研發創新產品的影響，是行銷人的必讀寶典，更是研發者絕對必讀的聖經。

文章開頭先提到新產品上市的高失敗率（依據類型，失敗率約在四〇至九〇％之間），對於此現象的原因，他有獨到的見解。多數創新產品著重新產品的「得到」，研發人員一心想著新產品與原本產品的不同之處。不過這些差異會需要使用者改變目前的行為，除了改掉現有行為外，使用者心目中的相關優點也都一併消失。新產品可能「更好」，但是改掉的行為會讓使用者直覺感到損失，因此對新產品產生抗拒感，就像前幾段提到的醫生一樣。**瞭解人們採用新產品所須做出的改變（現狀）及損失是非常重要但經常被忽略的議題。**

12 Gourville, J. (2005, September). *The curse of innovation: A theory of why innovative new products fail in the marketplace.* Harvard Business School Working Paper No. 06-014.

古維爾指出，研發人員投入大量時間、金錢、精力後，傾向將新產品視為現狀，因此常對成功機率過分樂觀，而未能考量到一個重點：與其完全著重於新產品的優點，也應該思考新產品與現有行為及選擇是否相容。

企業如何利用「損失趨避」解決口味變化的問題

有一個品牌注意到這一點，那就是卡夫起司通心麵（Kraft Macaroni and Cheese）。卡夫起司通心麵發明於一九三七年，接著在資源稀少的年代逐漸取得一席之地（大蕭條及之後的二戰時期，這項食品是便宜的蛋白質來源），是許多北美民眾童年食物回憶的一部分[13]。快轉到七十五年後，卡夫食品展開一項計畫，目標是去除旗下產品中的人工添加物，包括卡夫起司通心麵中的人工調味料、防腐劑及色素。卡夫食品公司的科學家及創新團隊能力非凡，新產品的外觀及口味都和添加人工調味料、色素、防腐劑的原版產品一模一樣。

他們克服了視覺與口味的挑戰，不過還有一道險峻的關卡——人性。卡夫食品可能很想昭告天下：新版起司通心麵不含人工添加物（表面上看似是非常正面的宣傳），但他們做過質性研究，深知如果要更動這種歷史悠久且備受喜愛的療癒食物，得格外謹慎。卡夫食品的廣告公司 Crispin Porter + Bogusky（CP + B）報名美國廣告代理商協會（American Association of Advertising Agencies，也稱作 4As）傑・恰特卓越策略獎（Jay Chiat Strategic Excellence Awards）時這麼形容這項挑戰：

> 在移除人工添加物的正面迴響之下，有一股潛在的情緒：恐懼。讚賞改變的人同時也表達質

疑：「產品口味如何？」、「我的孩子還會喜歡吃嗎？」[14]

廣告團隊成功辨識出損失趨避這項重要因素：

> 損失趨避的意義是，卡夫設法去除人工成分，人們雖然對此感到開心，不過他們會不自禁更執著於可能的損失。雖然口中表示贊成改善配方，但內心想法是另一回事，他們想的是：可別亂搞卡夫起司通心麵的口味！

卡夫食品及廣告團隊想出獨特的解決方法。他們在二〇一五年十二月推出新產品，但整整三個月完全沒有宣傳配方調整這件事：沒有在包裝盒上印上「新配方！」或「健康升級！」，唯一的改變是默默將盒子側邊的成分標示更新為新成分。卡夫食品讓大眾繼續享用他們所喜愛的起司通心麵，沒有公開宣傳成分的調整，沒有試圖強調口味不變（這反而會讓人們特別留意口味變化[15]），而是讓大家自己去感受。接下來的三個月，卡夫稱之為全世界最大型盲測比賽，這段期間賣出五千萬盒使用新配方的起司通心麵，只有不到四十人透過社群媒體或消費者熱線聯絡卡夫食品，反應口味變化的問題。

13 卡夫起司通心麵在加拿大的受歡迎程度更勝美國，加拿大的人平均攝取量約是美國的一・五倍。

14 WARC會員可至以下網址研讀案例：https://www.warc.com/content/paywall/article/jaychiat/kraft-mac-and-cheese-the-worlds- largest-blind-taste-test/109137。

15 就像喬治・萊考夫（George Lakoff）說的，如果叫大家「不要想起大象」，那他們一定會想起大象。

二〇一六年三月，卡夫終於打破沉默，在電視、報章及社群媒體上公開調整配方的消息，標題寫著：「我們邀請您試試新配方，但您應該已經品嘗過了。」此計畫最精妙的地方在於，他們設法以新配方取代舊配方，使之在不知不覺中成為現狀。當他們宣布成分調整時，現狀直接變成更棒的選項，跳過改變現狀的步驟。

這場行銷活動取得各方面的成功，獲得許多無償媒體宣傳，包括史蒂芬・柯伯（Stephen Colbert）的《夜間秀》（*The Late Show with Stephen Colbert*）以這次行銷作為節目開場白的主題，更重要的是「顯著提升銷量，扭轉原先的衰退」。

設身處地思考對方可能的損失

行銷人很可能單純把損失趨避當作一種行銷策略，在優惠的措辭層面套用損失趨避（例如「如果不用我們的行動通話方案，每個月會損失二〇元」，而非「採用我們的行動通話方案，每月可省下二〇元」）。不過這無法充分發揮損失趨避改變行為的威力。要知道，損失可能驅使人們採取行動，也可能妨礙他們選擇對業務有利的行為或選項。卡夫食品及廣告團隊深知這一點，我在研討會中也經常探討這個面向。每次專案都會請參與者思考，人們採取某種組織樂見的行為時，這些人在改變行為的過程中可能失去什麼。這份清單已經蒐集超過一百個項目，在圖 8・2 中列出其中比較具代表性的例子。

不論你希望對方開始不再繼續從事什麼行為，不妨考慮一下，對方在此過程中有無任何可能的損失。例如到別州讀大學的大學生不願登記成為該州的選民，原因可能是在家鄉以外的地方登記，令他

人們可能失去什麼？

時間、金錢、地位、便利、歸屬、個體性
不必思考、控制、信任、獨立、選項
過往榮光、地盤、身分、健康感
不朽感、樂趣、自我效能、能見度、隱私感
隱私、認同、結構、彈性、能動性、安全感
出路、存取權、舒適感、儀式感、樂觀態度、權力、青春
友誼、愉悅感、責任、不必負責
精通能力、優越感、過度自信、簡潔、驕傲
否認心態、穩定、內心平靜、浪漫感、男性魅力

圖8.2　「人們可能失去什麼？」作者舉辦的研討會中，參與者集思廣益的成果。

們覺得失去某部分身分認同；把作業系統從iOS改成Android（反之亦然）不只需要時間適應，還可能會降低自信心，失去握有充分掌控的感覺；有一間藥廠生產的藥物，能在某種疾病的末期減輕患者症狀，我們發現醫生不願開立這種藥物處方的原因是，他們抗拒做出末期的診斷。做出末期診斷並開立這種藥物處方，他們就不能再否認下去，對醫生和病患來說都是如此。

減緩人們損失的感受

行銷人必須思考，利用損失趨避，對你希望人們做的選擇有何影響。雖然光靠緩和失落感可能不夠，不過這通常是提升意願的第一步。「緩和」是此處的重點。要減緩損失的感受，不妨考慮將目標達到的改變塑造成「局部」改變，而不是整體改變。

局部改變代表人們不必完全捨棄某種東西，一個應用例子是「彈性素食」，這種飲食方式有

助民眾減少攝取肉類，提高蔬食攝取量。這種飲食法以蔬食為主，輔以少量肉類、魚類，近年越來越流行。市調公司 One Poll 的調查顯示，二〇一九年有三一％的美國人自認是彈性素食者。彈性素食的概念相當吸引人，因為這種飲食不要求人們完全戒掉吃肉。此外，比起蛋奶素或全素，彈性素食在身分認同方面的改變較小。

阿莫斯．舒爾（Amos Schurr）和伊拉娜．李托夫（Ilana Ritov）二〇一四年一篇論文[16]指出，局部交換的選項有助於減緩損失趨避及稟賦效應的影響。衡量稟賦效應強弱的方式，是計算賣方願售價格與買方願付價格之間的差異。假設給予參與者一枝筆，詢問他們願意以多少錢出售，參與者原本擁有筆，出售之後不再擁有，兩種情況存在巨大差距，因此稟賦效應明顯；給予參與者三枝筆，詢問他們願意以多少錢全部出售，在此情境中，願售價格與願付價格之間的差異同樣顯著。不過，如果給予參與者兩枝筆，詢問他們願意以多少錢出售一枝；或給予三枝，並請他們出售兩枝，此時願售價格與願付價格之間的差距大幅縮小，顯示稟賦效應減弱，在某些情況中甚至可能完全消失。我們可以預期未來會讀到更多研究，檢視在各種彼此差異細微的情境中，經典原則的適用情況。我認為這是從業人員的一大福音，這能啟發改變行為的新觀點，創意思維者可以善用原則的例外。

不論是研究者，或將行為經濟學原則應用於實際工作中的行銷人，損失趨避已是他們心目中的經典原則。二〇一一年，康納曼寫道：

> 損失趨避的概念確實是心理學對行為經濟學的一大貢獻。

我認為，雖然在某種程度上，損失能影響眾多行為，但從業者不該認定損失的可能性，對行為的影響絕對勝過相似程度的收穫。舒爾和李托夫的研究顯示，如果以局部改變取代整體改變，稟賦效應（與損失趨避密切相關）可以縮小，甚至幾乎抵銷。情境與個體差異（例如皮質醇、正腎上腺素等荷爾蒙與奠定性格的人生經驗）都可能影響、調節損失趨避的效果。

損失的影響力是否大過收穫？

大衛・加爾（David Gal）和德瑞克・拉克（Derek Rucker）於二〇一八年三月在《消費者心理學期刊》中刊登的文章題為〈損失趨避的缺陷：損失的影響力真的大過收穫嗎？[17]〉（The Loss of Loss Aversion: Will It Loom Larger Than Its Gain?），在行為科學界引起轟動。論文主旨反對盲目以損失趨避解釋一切與理性決策相悖的行為。比方說，加爾和拉克主張現狀偏誤不一定要用損失趨避來解釋，因為不作為（維持現狀）的理由通常只是缺乏心理動機。不過我認為，雖然產品價值方面的損失不一定是推動因素，但花費精神與體力的損失也是不作為的原因之一。儘管如此，論文摘要中，點出學界一個有待改進之處：

16 Schurr, A., & Ritov, I. (2014). The effect of giving it all up on valuation: A new look at the endowment effect. *Management Science*, 60(3), 628–637.

17 Gal, D., & Rucker, D. D. (2018). The loss of loss aversion: Will it loom larger than its gain? *Journal of Consumer Psychology*, 28, 497–516. doi:10.1002/jcpy.1047.

我們最重要的結論是，證據不足以顯示損失在心理上的影響必然大於收穫（也就是損失趨避不一定成立）。我們認為需要從更貼合個別具體情境的觀點出發，在不同情況中，損失的影響有時大過收穫，有時兩者在心理上的影響力相差不遠，也有時收穫會壓過損失。

雖然這是一篇學術論文，但這段文字也和從業人員息息相關。比起在實驗室中研究行為的學者，從業人員更應該採取加爾和拉克所謂「貼合個別具體情境的觀點」。研究人員可以在實驗室中控制情境，但現實世界中辦不到這一點，而我們將在第十二章討論到，情境可能改變一切。

「稀少性原則」帶來強烈錯失恐懼

我們都有過「錯失恐懼症」，俚語辭典（Urban Dictionary）舉下列例子來說明害怕錯失的感覺：

> 比利發現他每個朋友都有即將登場的表演門票，他的錯失恐懼症越來越強烈，於是沒有任何合理理由，沒有門票的他還是去到表演會場。

當人們感覺某物可能相當稀少時，錯失恐懼症最為強烈。

席爾迪尼說道：「稀有、罕見、供給減少——稀少的概念會提升物品、甚至是關係的價值。」撥打客服電話時，比起「馬上將有人為您服務」，「所有人員皆忙線中」的回覆更令人願意等待。第一種回覆顯示服務效率低，第二種則突顯服務人手不足，讓民眾願意等待這種稀少而難得的服務。

稀少性原則是席爾迪尼六大影響法則之一，也就是說，**人們會對供給較少的資源賦予更高價值。每一個奢侈品牌的行銷，都隱含稀少性或是稀有的「感覺」**。使用珍貴原料，或明顯無法趕上需求的製程（像是由少數工匠手工打造），這類描述都透露稀少性。就算是「限量發行」或限時供應等明目張膽的行銷手段，就算我們理性知道這種稀少性是人為的，直覺還是勝過理智。法拉利（Ferrari）著名的策略，就是將跑車生產數量控制在正好比預期需求少一台，這是運用稀少性原則的經典手法。數位環境更是即時宣傳稀少性的最佳利器。透過網路預訂機票時，你應該會注意到，越來越多航空公司標示這類語句：「這個價格只剩下兩個座位！」這種策略應該很有效，能促使選擇者明快下決定。但是航空公司的例子也告訴我們，公司企業必須謹慎運用稀少性原則，因為曾有航空公司因濫用旅行尖峰時期的高運量需求哄抬價格而飽受批評。這可能導致第五章所提到的不公平厭惡，令人們抵制某個品牌。

頂級烈酒市場的產品本身就具有稀少性的特質。從定義來看就知道，「十八年」陳釀威士忌的供給有限，因為即便二〇二〇年需求竄升，酒商也無法回到二〇〇二年多釀幾桶；酒廠發現第一季銷售平淡時，也無法緊急降低產量。烈酒酒廠幾乎無法預測需求，因為十八年間可能的變動太多。

可想而知，酒廠有時會預測錯誤，即便是美格（Maker's Mark）和留名溪（Knob Creek）這兩種釀造年分較短的威士忌都曾經供不應求[18]。波本威士忌（Bourbon）的法定最低釀造時間為兩年，而留

18 當時這兩家酒廠都隸屬於美國金賓公司（Beam, Inc.），現已整併為金賓三得利（Beam Suntory）。美格屬於「全球標誌品牌」系列，而留名溪屬於「新星」品牌。

名溪威士忌釀造九年，遠高於法定最低年限，這款酒二〇〇九年的需求量遠大於九年前——二〇〇〇年的預測。我個人認為，留名溪威士忌開始熱銷，部分原因是二〇〇七年開播的電視影集《廣告狂人》（*Mad Men*）主人翁唐．德雷柏（Don Draper）熱愛一款以波本為基底的古典雞尾酒，不過出口市場的成長大概是更重要的因素。

美格威士忌釀造六年，不過該公司團隊二〇〇七年的預測失準，到了二〇一三年時，就像四年前的留名溪一樣，美格的存量不足以滿足酒客的需求。我要再提一次《廣告狂人》的假設——二〇〇七年播出第一季，至二〇一三年已是風行全球的節目，更掀起品嘗頂級烈酒的風潮。

遇到缺貨時廠商的策略

遇到產量短缺的狀況時，各家品牌的策略不同。無貨可賣的時候，多數行銷人常見的做法是將行銷及廣告預算降到最低。二〇〇九年，留名溪反其道而行，他們展開歡慶銷售一空的廣告活動。廣告播出從酒桶倒出最後幾滴酒的畫面，標語寫道：「感謝您，我們熱銷一空。」品牌忠實客戶拿到一件T恤，上面寫著：「我撐過二〇〇九年乾旱期」，並附上一封公開信，感謝忠實客戶造成「酒廠的這種『小狀況』」，導致留名溪威士忌銷售一空。這封措辭幽默精準的信進一步向顧客保證，之後將恢復正常供給，而品質不會有任何退讓：

> 提醒大家，今年十一月下一批威士忌即將完全熟成，再度上架。我們是可以提前裝瓶，提升產量，不過這樣一來熟成時間就不足九年，也就不是真正的留名溪威士忌了。

公開信結尾再度點出稀少性，激起顧客的期待之情。

現在請大家再等一會，珍惜每一滴留名溪威士忌，因為那可能是最後一滴了。至少在十一月以前會是如此。

雖然手上沒有實際的銷售數字，但我猜測這次宣傳使留名溪在旱季結束、恢復供給之後成為更強勁的品牌。

美格則採取另一種策略。該公司發現酒量無法滿足需求時，他們想辦法將供給提升六%。品牌創立人之子小比爾・山謬斯（Bill Samuels Jr.）於二〇一三年二月十一日宣布，公司計畫將美格威士忌從原來的四五%酒精含量（酒度九〇）稀釋為四二%（酒度八四）。美格保證顧客不會發現差異，因為「就連美格的專業測試員也感受不出差別」。

這個消息引發顧客群情激憤，於是一週後，山謬宣布公司已撤銷稀釋的決定。他在一封網路公開信中提到：

美格威士忌的銷售遇上預料之外的急遽成長，我們很榮幸遭遇這個問題。我們非常感謝忠實顧客表示願意忍受暫時的缺貨。

提升正向期待感

對品牌的忠實顧客來說，他們寧願等待也不要稀釋過的商品。稍早討論過，人類渴望「立刻」擁有，之後將進一步提到，即便延後享受可以獲得額外好處，但還是很難克制自己。這個一般原則與上述案例之間的出入（寧可無酒可喝也不要稀釋的版本），顯示稀少性的另一個有趣面向。當產品供給有限且人們願意等待時，等待過程有提振情緒的意外效果。

期待的威力驚人。預期負面事件即將發生時，過程常比事件本身更難受、令人備感壓力，另一方面，期待正面事件對情緒的影響也比經驗本身更明顯。

荷蘭的研究人員調查這種現象，他們測量一群「放假者」的快樂程度，並與研究期間內沒有安排假期的對照組進行比較[19]。

研究發現，放假者整體上並沒有比未放假者更快樂，不過在「期待」假期的期間，他們的快樂程度高過對照組。研究主導者傑羅恩．納維恩（Jeroen Nawijn）接受《紐約時報》訪問時表示[20]：

> 對個人來說，由於快樂主要來自對假期出遊的期待，我建議提高一年中出遊的次數。若你有兩週假期，不妨拆成兩個為期一週的假期；也可藉由提高討論頻率或上網討論來放大期待效應。

雖然並不是每一種產品體驗的等待過程都和假期一樣愉快，不過這裡有幾個行銷人值得嘗試的策略。如納維恩所言，**討論可以加強期待感，因此鼓勵潛在選擇者討論打算如何使用產品，也許有助於**

增進情緒方面的互動效果。另一個重點是，將體驗拆分為數個小部分也能帶來正面的情緒效益。比起一趟長達兩週的旅程，兩次為期一週的假期，更能提升整體的快樂程度。行銷人可以思考看看，如何將產品體驗拆分為數個較小或較短的部分？

在各種影響決策的策略中，**稀少性相當萬用，且威力驚人**。稀少性有多種功用，能讓某項產品看似更優越，因為需求超過供給；也能傳達社會認同，因為某種東西之所以稀少，應該是因為需求很高。比方說，留名溪威士忌廣告的開場白說道：「因為我們擁有眾多忠實顧客，留名溪波本威士忌的需求終於超越供給。」稀有性能讓人們以正面、充滿情感的方式想像未來的消費及體驗，此外也能牽動人類的錯失恐懼症，驅使我們採取行動。稀有性的效果名副其實——難得而可貴。

本章重點：

- 展望理論是行為經濟學的重要基石，雖然不該認定損失趨避是永恆不變的真理，不過各種形式的損失，的確是人們許多選擇背後的原因。
- 稟賦效應會使人們對自認擁有的事物賦予更高價值。在某些情境下，從業人員可以嘗試打造擁有的感覺。同樣的，擁有的感覺也可能防止人們考慮其他選項。

19 Nawijn, J., Marchand, M. A., Veenhoven, R., & Vingerhoets, A. J. (2010). Vacationers happier, but most not happier after a holiday. *Applied Research in Quality of Life*, 5(1), 35–47.

20 Parker-Pope, T. (2010). How vacations affect your happiness. *New York Times*, February 18.

- 現狀偏誤意指我們偏好目前的狀態。
- 稀有性原則威力強大。稀有性觸動人類的錯失恐懼症（損失趨避），也顯示該物品或服務品質高、需求大（創造隱微的社會認同）。稀有性還能抑止人們當下獲得滿足的渴望，使他們願意等待，在此過程中累積期待的情緒效益。

讀者回饋：

- 「自家優秀的創新產品，不該與同類型的主流產品差異過大，這個觀點相當違反直覺，而且令人失落難受……我猜不常有人想到這一點。不過克服失落感並嘗試這項聰明策略後，我們確實獲得成效。」
- 「我剛入行的幾個星期學到，最厲害的行銷工具就是提供試吃／試用品。當時不知道的是，稟賦效應能讓人們對手中擁有的東西賦予更高價值。」（作者註記：稟賦效應及擁有的感覺，的確是發放樣品的有效原因之一，不過互惠這項演化驅動力可能是更具威力的影響因素。）

第九章 感受充滿魅力的自己：營造讓人樂於消費的感受與情境

人們做選擇當下的感受，會影響他們的決定、做決定的方式，及之後對此決定的感覺。

幾年前，我共事的撰稿師告訴我，就連最聰明的人也會被恭維左右，他對這點一直很驚訝。接著他開始恭維我，我的確感到受寵若驚。

行為科學研究和我同事的觀察一致，連電腦發出的恭維也能產生效果。研究者使用電腦音效，在參與者完成測驗時恭維他們，即便參與者知道電腦的恭維完全是隨機的，但恭維話語仍使他們在測驗中表現更好，此外也能提升正面情緒、參與者對人機互動及電腦的評價也更高[1]。

就如席爾迪尼所說：「人類對恭維毫無抵抗能力。」

恭維不僅讓我們自我感覺良好，也對奉承我們的人（或機構）產生好感，這也可能影響我們的決定。如上述電腦恭維的研究顯示，即便我們知道恭維內容不是真心的，還是會被奉承話語打動。另有一篇研究恭維效果的行為科學論文，題目是〈虛偽的奉承也有效：雙重態度觀點[2]〉，研究顯示我們

1 Fogg, B. J., & Nass, C. (1997). Silicon sycophants: The effects of computers that flatter. *International Journal of Human Computer Studies*, 46(5), 551–561.

2 Chan, E., & Sengupta, J. (2010). Insincere flattery actually works: A dual attitudes perspective. *Journal of Marketing Research*, 47, 122–133.

在非意識中獲得的資訊也具有持久的效果。

研究參與者觀看一家虛構的服飾零售店所打的廣告，廣告內容恭維他們的風格及時尚品味。受訪者如果有時間思考這則表示稱讚的廣告，恭維的效果就會被打折扣。因為廣告沒有人情味，稱讚內容並不是針對參與者的個人風格，恭維並不真誠，而且廣告明顯帶有其他動機，商店只是想讓他們掏出錢來。

不過研究者不只檢視這些經過思考的反應，首先，他們自問：

如果參與者沒有時間思考廣告訊息（一般情況下，人們觀看廣告時沒有時間多加思考），那會發生什麼事？

接著，他們提出第二個問題：「經過一段時間後，情況又會如何？」

研究者發現，在外顯層次上，理性不予理會的恭維仍然具有強大效果。研究人員給予第一組受訪者（外顯）充裕時間表達對於商店的感受，並要求另一組（內隱）在五秒內快速回答。內隱聯結（implicit association）測驗透過量測回答速度來評估同意或反對某項陳述的程度，第十五章將進一步探討。內隱組別（思考時間較短）與外顯組別（思考時間較長）相比，前者對於商店的聯結比較強烈、正面。

研究人員重複實驗，不過這次加上一項變化。一家商店表達恭維，另一間競爭商店則沒有使用奉承策略，兩間商店都提供優惠券向研究參與者致謝。研究人員請一組參與者立刻做出決定，並在三天後聯絡另一組受試者詢問他們的決定。

兩組受試者都偏好表示恭維的商店。原因可能是恭維起了作用，也可能是第五章所提到的熟悉的效果（所有參與者都已在先前的實驗中認識表示恭維的那家商店）。不過真正有意思的是，三天之後，選擇使用恭維商店優惠券的人數從六四％上升至八〇％。一個可能的解釋是，奉承的話語被理性打了折扣（他們只是想讓我掏出錢來），但時間一久，奉承在非意識層次上的吸引力，仍然勝過理性。

使人有自信的做決定

人們如果自覺富有魅力，他們的行為及決定也會受影響。一篇論文題為〈大膽與美麗的人[3]〉（Of the Bold and the Beautiful），研究者執行六項實驗，在每次實驗前進行一些準備步驟，使部分受試者感覺自己充滿魅力，另外的對照組則沒有經過這種步驟。

其中一項實驗中，研究人員提供參與者兩種假期選擇：一是安全保守的選項（一切普普通通，沒有特別突出之處），另一種則同時具備明顯的優點與缺點。自覺擁有魅力的參與者選擇極端選項的機率較高。

在其他實驗中，自覺擁有魅力的參與者較可能在一般政策領域中選擇非預設選項（更樂於改變現狀）、對自己的未來感到更樂觀、評估自己完成家庭作業的日期較不實際。

3 Of the Bold and the Beautiful: How Feeling Beautiful Leads to More Extreme Choices" Margaret Gorlin, Yale School of Management; Zixi Jiang, Guanghua School of Management; Jing Xu, Guanghua School of Management; Ravi Dhar, Yale School of Management.

人們自覺擁有魅力時，他們所做的選擇似乎更為大膽、極端，行銷人可以運用這項策略，應用層面並不限於時尚或保養。

讓人們自覺聰明或嫻熟與選擇相關的領域，這也能影響他們的選擇。就和自覺擁有魅力一樣，選擇者覺得自己聰明、能幹、專業的時候，更傾向快速做出大膽的決定。

提升人們的自信心，有助他們更快做出決定，且對自己的決定感到滿意。透過小測驗等簡單的機制，讓人們發現熟悉產品的程度超過自己的預期，有助於提升他們的自信。

心理學稱這種感覺為自我效能（self-efficacy）。當我們有自信能達到某個目標時，就稱為具備自我效能。自我效能來自實證——我們知道自己具備能力完成某個目標時，此時稱為擁有自我效能。自我效能和自尊（self-esteem）不一樣，後者比較偏向一般性的自我感覺良好，而前者著重於特殊技能與過程的表現。近年發現，比起一般性的稱讚，指點某個行為或過程（著重於提升自我效能）對孩童及運動員具有更多正面效益。比方說，稱讚「你很擅長數學」與指出「你在這道數學問題上卡住了」，前者可能使人對自己天生的能力有過高評價，而後者能引導他們開始評估解題過程。**以行銷來說，提升特定領域的自我效能，對行銷人與選擇者來說是雙贏的局面。**

其中一項優勢是，人們對某件事的過程感到自信時，他們越有可能投入精力完成這件事。

另一項好處是，當人們經過提升自我效能的準備步驟後，除了傾向做出更大膽的決定外，他們也會更果斷、克服惰性，更可能選擇背離預設或現狀的選項[4]。

現代心理學巨擘亞伯特・班度拉（Albert Bandura）認為自我效能是其社會認知理論的核心。他解釋道：

人們如果認為某項活動或情況超出自己的應付能力，就會極力避免。另一方面，當他們判斷自己能夠處理某事時，就會樂於迎接這些具挑戰性的活動及情境[5]。

協助選擇者提高決策自我效能

行銷人應該把「選擇自家產品或服務」變成選擇者「判斷自己能夠處理」的事情，尤其如果屬於複雜的決定，這會是非常有利的先決條件。與做決定相關的自我效能就叫做決策自我效能（Decision-Making Self-Efficacy，簡稱DMSE）。如果選擇過程稍具難度，行銷人就應該從提高選擇者的決策自我效能著手。選擇者擁有較高的決策自我效能時，他們會對自己的選擇較有自信，更願意投入精力評估各種資訊及選項。

在一篇題為〈自信做選擇：選擇的自我效能與偏好〉（Choosing with Confidence: Self-efficacy and Preferences for Choice）的研究中[6]，研究人員請參與者選擇一台照片印表機（研究人員以照片印表機當作先導研究的選擇標的，原因是他們認為參與者應該多少熟悉照片印表機，但家中並沒有這種裝置）。研究人員詢問參與者問題，說明他們會根據參與者的答案評估其決策能力，接著提供三種意見回饋：選擇印表機對你來說很容易（高決策自我效能）、很困難（低決策自我效能）或沒有提供評

4 Krueger, N., & Dickson, P. (1994). how believing in ourselves increases risk taking: Perceived self-efficacy and opportunity recognition. *Decision Sciences*, 25(3), 385–400.
5 Bandura, A. (1993). Perceived self-efficacy in cognitive development and functioning. *Educational Psychologist*, 28(2), 117–148.
6 Reed, A. E., Mikels, J. A., & Löckenhoff, C. E. (2012). Choosing with confidence: Self-efficacy and preferences for choice. *Judgment and Decision Making*, 7(2), 173–180.

論（對照組）。低決策自我效能組參與者檢視較少選項，對印表機相關資訊的興趣較低。

賓州州立大學副教授查莉絲．尼克森（Charisse Nixon）在課堂示範中提供學生三個字詞，請他們調換字母順序，拼出其他字，也就是所謂的易位構詞遊戲（anagram）。尼克森準備了兩組字詞，請教室右半邊的學生調換 WHIRL、SLAPSTICK、CINERAMA 這三個字的字母順序，左半邊的學生拿到的字詞則是 TAB、LEMON、CINERAMA，但學生並不知道兩邊的題目不同。這次測驗的「詭計」是，WHIRL 和 SLAPSTICK 這兩個字無法拼出其他字。讀者可以試試看，但你絕對拼不出其他字。另一方面，TAB 和 LEMON 就簡單得多，可以分別拼成 BAT 和 MELON。有趣的是，拿到簡單題目的學生更容易發現第三個字 CINERAMA 可以拼成 AMERICAN；而拿到困難題目並對前兩個字苦思不解的學生，以 CINEMARA 拼出其他字的機率也較低。尼克森以這次活動來說明習得無助（learned helplessness），不過同時也顯現自我效能的威力。

身為從業人員，我們應該思考什麼方法能協助選擇者提高決策自我效能？可以怎麼做呢？其中一個方法是，借用照片印表機研究及尼克森易位構詞遊戲的經驗，詢問選擇者關於產品知識的簡單問題，這能培養他們對於選擇的自信心。比方說「哪一種檔案需要較多流量：音訊檔或影片檔？」這個問題能提升行動數據方案選擇者的決策自我效能。

提供實用資訊與工具

提供相關活動，讓潛在選擇者看見自己知識、眼光、應變能力的成長，這能提升他們的決斷力，對自己的大膽選擇更有自信，此外也對自己選擇的產品更加滿意。奈斯派索（Nespresso）就是很好的例子。奈斯派索的編碼及顏色系統起初可能看似複雜，不過學習難度不高，使用者很快就能對系統瞭若指掌，也對一般咖啡更加瞭解（話說回來，使用奈斯派索本身相當容易，只要把膠囊放進機器，按個按鈕就完成了）。高性能汽車品牌也明瞭提升駕駛自我效能的重要性。奧迪（Audi）、BMW、賓士（Mercedes）的AMG車款都規劃駕駛學院相關課程。

汽車品牌透過駕駛學院，邀請「平民」駕駛來到美國等國家的賽道上，提供整日課程，教導他們駕駛高性能車款。提高駕駛操控汽車的自信，我認為這樣的經驗絕對能夠提升參與者未來購買高性能車款的機率。

選擇者光是知道有資訊可供參考，自信就能提升。倫敦商學院（London Business School）的大衛．法羅（David Faro）近來一篇研究指出，光是提供工具就能使研究參與者對自我效能的認知上升，即便他們沒有使用這些工具，仍有提升表現的效果：

> 僅僅是提供與任務相關的物品（不需實際使用）就能提升表現。向進行反應速度測驗的參與者提供咖啡，即便沒有實際飲用，表現仍比沒有咖啡的參與者更好；可使用字典的參與者，與沒有字典的參與者相比，前者解出更多字謎。我們提出的結論是，提供相關產品可以提升消費者對於處理特定情況或任務的自我效能認知。此外，前一項任務的難度、意見回饋及自我效能都會影響此效應的強弱[7]。

7 Faro, D., Heller, M., & Irmak, C. (2011). Merely accessible: Products may be effective without actual consumption. In D. W. Dahl, G. V. Johar, & S. M. J. van Osselaer (Eds.), NA – *Advances in consumer research* (Vol. 38). Duluth, MN: Association for Consumer Research.

光是提供資訊就能提升自我效能，這能改變我們習慣評估行銷資料（尤其是產品資訊）的方式。行銷人一般認為，消費者要實際用到某些資訊，那份資訊才算是發揮效果。不過研究顯示，光是提供資料及資訊似乎就能發揮影響力，不一定要實際使用。

我不建議純粹拋出大量資料，行銷人應重視的不是資料量，而是巧妙的整理、編排方式。就如資訊設計與資料視覺化權威大師愛德華・塔夫特（Edward Tufte）著名的說法，問題不是資訊過載，而是組織不足。

營造使人覺得自己幸運或聰明的情境

感覺幸運也有幫助。科隆大學（University of Cologne）的萊珊・達米許（Lysann Damisch）和同仁進行數項研究[8]指出，**好運的暗示可以增進表現及自我效能認知**。在一項實驗中，研究人員請參與者進行需嫻熟技巧的遊戲，並對部分參與者說：「我會為你祈求好運[9]。」在另一項實驗中，研究人員請參與者推桿，並對部分參與者表示他們拿到幸運球，另一部分則只是一般的高爾夫球。在兩項實驗中，接收到好運暗示的參與者，其表現都顯著優於其他參與者。

感覺自己比體制規則更聰明，這和自覺聰明一樣具有威力。根據幾年前我參與的一份全球量化研究[10]，**讓人們感覺自己的選擇很聰明，是最有利的行銷資訊**。其次是「幫助消費者利用體制規則漏洞」，這個現象在巴西、印度和中國尤其明顯。

之前詳述過接連買了兩台 MINI Cooper 的過程。二〇一七年，我和太太簽約租用一台 BMW i3。我們對這個決定非常滿意，但對我來說，有一件事真正彰顯選擇這台車的優點。交車之後，我沿著一〇一公路由加州索諾馬郡南下開往舊金山，當時交通非常繁忙。還記得雖然車上只有我一人，不過因為BMW i3是電動車，所以我可以使用暢通無阻的共乘車道（高乘載車道）上。雖然有點不好意思，但我當時非常享受一路順暢往前開的感覺，揮別塞在車陣中的無數汽車。除了避免塞車的無助感並省下可能浪費的時間，還為自己聰明的選擇沾沾自喜（當時我把租賃此車當作自己的聰明選擇，而不是我和太太的共同決定），讓我能遙遙領先其他三個車道中可憐的人們。

一年之後我才完全瞭解那次經驗的龐大威力。我在一場活動中和華頓商學院教授約拿・博格（Jonah Berger）談話，他是會上的另一名講者，著有兩本暢銷書：《瘋潮行銷》（*Contagious*）及《何時要從眾？何時又該特立獨行？》（*Invisible Influence*）。博格談到，**我們的選擇就像昭示自身價值和成就的徽章一樣，其他人也看得到這些選擇，因而也會受影響**。此外我們也常一再宣傳自己的選擇，原因並不完全是想要幫助別人做出合適的決定，而是希望他人認為我們果斷又聰明。在汽車的選擇上，我樂此不疲、一再提及的就是租賃BMW i3的決定。

好的選擇能讓我們覺得自己很聰明，也透過（有時相當明顯）的暗示告訴別人我們很聰明。鑽漏洞或利用體制規則（以我的例子來說BMW i3可獲得聯邦或州政府補助，自己一個人開車也可以使用共乘車道）讓我們覺得自己比一般老百姓更聰明。研究顯示，我們會對幫助自己善加利用體制規則

8 Damisch, L., Stoberock, B., & Mussweiler, T. (2010). Keep your fingers crossed! *Psychological Science*, 21, 1014–1020. doi:10.1177/0956797610372631.

9 這句話的德文是：「Ich drücke Dir den Daumen」，直譯是「我為你握住大拇指。」

10 〈新現實——今日新資訊世界中的消費者決策〉（New Realities -Consumer Decision Making in Today's New Information World）是埃培智集團（Interpublic Group）的專利研究，調查世界七大經濟體數千位消費者對於資料來源的看法。

的品牌或產品深有好感。在交通堵塞的時候，一個人開上共乘車道，還有什麼感覺比這更暢快？其實，有一件事比這更開心……那就是事後向別人炫耀這一點，而這對行銷人來說也是一大好消息。

鑽漏洞或利用體制規則在情緒上令人開心滿足，就算其中可能牽涉些許欺騙。

別因為這句話瞧不起我，我得承認，雖然從道德方面來看並不理想，但說謊是再自然不過的事。二〇一一年的西南偏西藝術節（South By Southwest，每年於德州奧斯丁舉辦的音樂、電影、互動研討會慶典）上，我參與潔娜薇．貝爾（Genevieve Bell）的座談會，她當時是英特爾實驗室（Intel Labs）的使用者經驗總監。貝爾同時也是知名人類學家，當天講述的題目是「我們的裝置：怎樣叫做太過聰明？」，內容具有深度、機智詼諧，充滿人性。其中一個重點是，科技如果要逼真自然，要就聰明到可以直覺為我們保守祕密或說謊。當然不是漫天大謊，而是能夠潤滑關係、緩和社交尷尬場面的小謊言，或是偶爾幫我們取得心中想要，嚴格來說卻不符資格的東西。

你有沒有想過，不是員工朋友或家人的消費者，享受到親友優惠時為什麼那麼開心？雪梨大學（University of Sidney）克莉絲汀娜．安東尼（Christina I. Anthony）和伊莉莎白．考利（Elizabeth Cowley）的研究[11]揭露這些優惠的效果。她們發現，對於優惠使用資格睜一眼、閉一眼，或甚至鼓勵顧客「沒有完全吐實[12]」，對企業可能也有好處。

根據安東尼和考利的分析，人活到六十歲時，平均說過四萬三千八百個謊話。研究檢視人們為了取得自己不符資格的產品或服務（例如：親友優惠），而「敷衍」真相的情況。

在實驗中，參與者有機會在與服務供應商的互動過程中，不實陳述產品使用的詳細情況，以便獲得小額補償。但在被拒絕時，他們的快樂程度下降，不過如果成功取得自己並不符合資格的補償，他們的開心程度顯著高於符合資格的消費者。當顧客沉浸在開心的氛圍中，心理暨經濟學家洛溫斯坦認為品牌也可從中獲得好處：

> 對零售商來說，雖然被消費者欺騙，讓他們取得自己不應獲得的事物，不過其中的一線光明是，商家至少能獲得消費者的好感。

除了好感之外，這項研究對行銷人的另一項啟發，和第五章談到的驚喜有關。行銷人經常提供折扣或分送免費促銷樣品，不過顧客很可能認為自己理應獲得這些。在提供優惠或贈品之前表示：「您身為我們寶貴的顧客……」，行銷人能藉此握有更多提供優惠的「主動權」。

商家贈品能讓顧客開心。重點是，如果顧客認為是因為自己天生的特別之處（有魅力、聰明或好運等）才獲得獎勵，他們會更覺滿意。

11 Anthony, C. I., & Cowley, E. (2012). The labor of lies: How lying for material rewards polarizes consumers' outcome satisfaction. *Journal of Consumer Research*, 39(3), 478–492.

12 英國內閣大臣羅伯特．阿姆斯壯爵士（Sir Robert Armstrong）於一九八六年澳洲《抓諜人》（*Spycatcher*）審判中曾採用這個說法：「內容雖有誤導之意，但並非謊言，我只是沒有完全吐實。」

本章重點：

- 雖然人們理性上試圖忽略商家的恭維，但內隱層次還是能發揮效果。
- 擁有完成某件事、或達到某個目標的自信叫「自我效能」。行銷應協助人們提高自我效能，這能為終端使用者或選擇者帶來情感或實用效益。過去品牌常自居專家地位，不過為了協助人們自信做出選擇，今後不妨也讓顧客感覺自己是專家。
- 提高人們做決定的信心，他們就能更快做出更大膽的選擇。小測驗或遊戲有助培養自信；詢問顧客一些問題（例如：哪一種檔案需要較多流量，影片還是音訊？）有助建立決策自我效能，協助他們選擇複雜的產品或服務。
- 不要直接送上福利或優惠，有時候讓顧客覺得，是因為自己聰明或好運才獲得好處，反而對商家更有利。

讀者回饋：

- 「讀過本章後這麼想的一定不只有我，似乎不該花那麼多時間思考如何塑造品牌贏家的形象，而是想辦法讓顧客感到自己也是勝利的一員。」
- 「這解釋了過去幾年來，社群媒體風行所謂『小訣竅』的原因，大眾透過這些『訣竅』一起歡慶消費者智勝企業體制，找到比預設用途更適合自己的產品使用方法（表示他們從產品中獲得的收穫比其他人還多）。」

第十章 簡單好懂易達成的設計：「預設選項」大幅提升同意率

企業品牌應善用人類節省體力及心力的直覺。

多年前，我在泰國普吉島和一隻豚尾獼猴（一種中型猴子）踢足球。當時我和曼谷一間廣告公司合作，正為客戶拍攝電視廣告，廣告目的是鼓勵泰國兒童從事體育活動和參加體育營隊。廣告主角是泰國南部鄉村地區的一位小男孩，他和寵物猴子一起練習足球射門技巧，由猴子擔任守門員。數百年來，泰國南部有訓練猴子協助摘採椰子的傳統，獼猴會在椰子樹之間穿梭跳躍，把椰子的梗咬斷，接著往下拋給地面上的人類，人類負責把椰子堆上卡車，運往別處。因此廣告由猴子拋接足球對泰國觀眾來說並不突兀。

在廣告中，獼猴的運動技術精湛，反應快速，因此小男孩必須瞄準球門角落才能射門成功。廣告結局是，小男孩在大城市的足球錦標賽中對上人類守門員，運用同樣的技巧，踢進致勝分。

在拍攝廣告的休息時間中（如果你也參與過廣告拍攝就會知道，拍攝步調緩慢又無聊，休息時間很多），我詢問獼猴訓練員能否讓我小試身手，和猴子玩足球射門。

那隻獼猴是很厲害的守門員，牠反應敏銳、跳躍動作敏捷，幾乎難以攻克。如果射門位置在牠左右約一碼的距離以內，牠不僅可以攔截，而且是等到最後一刻才動身撲球，乾淨俐落地接住球，然後

（大致）朝我的方向滾回來。不過一陣子之後，我發現射門位置只要超過牠身旁一碼的距離，就算只超出一點點，必定可以射門成功。而且不像正式足球比賽罰球時，專業的人類守門員會為了表演而做無謂的撲球[1]，獼猴完全忽視距離自己超過一碼的來球，在牠攔截範圍以外的球彷彿不存在。牠只對接得到的球有興趣，於是都是最後一秒才開始動身。如果來球明顯可以輕鬆接住，牠不會錯失機會；若是不好接的球，即便只是稍有難度，牠絕對不會多費力氣。不是接住就是不接。

從演化觀點來看，這情況很有道理。動作會消耗熱量（能量），多數動物似乎都能直覺判斷哪些行為的消耗大於收穫。回想第六章提到的海鷗，牠們盯著公園長椅上吃著三明治的你，你朝牠們拋出一大塊麵包，牠們一定聒噪地搶奪不休；但若只是一小塊麵包屑，那就是另一回事了。如果麵包屑夠近，某隻海鷗可能聊勝於無地撿來吃。不過同樣大小的麵包如果離牠四、五呎遠，牠也懶得理會。

人類身為動物，在這方面其實也和豚尾獼猴及海鷗一樣。**如果要預測人們會選擇哪一種行為，最簡單又最精準的方法，就是計算在認知及體力層面，哪一項行為最輕鬆，那就是我們的選擇。**

我們維多利亞時代的祖先（不過五代以前）可能會因為我們選擇輕鬆的路途而譴責我們犯了七宗罪中的懶惰之罪。但從演化觀點來看，懶惰完全合情合理。和其他動物一樣（包括樹懶），我們精於立即估算某項行為的代謝成本。

不使人費心的「預設選項」

行銷人如果決心引領熱潮或趨勢，華茲的《為什麼常識不可靠？》值得一讀。華茲研讀大量資料（他既是資料科學家，也是行為科學家）指出，行銷人很難光靠邀請幾位意見領袖做某事，就冀望吸引主流群體爭相仿效。麥爾坎・葛拉威爾（Malcolm Gladwell）的著作《引爆趨勢》（*The Tipping Point*）將這種做法發揚光大，就算成功機率不高，只要確實可能發揮效果，那就是行銷人的一大利器，對意見領袖來說也十分有利可圖。不過華茲的論點是，推動熱潮的真正原因，通常都是其他較不明顯的因素，而這些因素難以預測（除非你知道目光要看向哪裡）。

華茲在書中提到，他詢問哥倫比亞大學（Columbia University）大學生一個問題：為什麼歐洲某個國家人民同意捐贈器官的比率是一二%，另一個國家卻高達九九・九%[2]？學生想出各種可能的理由：宗教因素？政治傾向不同？文化因素？後來華茲透露，這兩個國家彼此毗鄰，語言共通，文化相似，擁有眾多共同歷史，學生更難解釋兩國器官捐贈同意率的落差了。為什麼奧地利的器捐同意率高達九九・八%，而德國只有一二%？

其實，這樣的差距不只出現在奧地利與德國之間。同是北歐國家，丹麥的同意率只有四・二五%，瑞典達八五・九%；另一個同意率偏低的國家是荷蘭（二七・五%），相鄰的比利時則高達九八%。造成這些差異的並不是政治或文化因素，原因單純是這些國家的器捐申請表格填寫行政流程不同。

1 一項研究指出，足球守門員面對罰球分時，他們通常會在對手踢球前選定一邊，然後往左或右做出華麗的撲球動作。不過根據射門方向的機率分布，其實最好的策略是站在球門中心等待罰球。Bar-Eli, M., Azar, O. H., Ritov, I., Keidar-Levin, Y., & Schein, G. (2005). Action bias among elite soccer goalkeepers: The case of penalty kicks. *Journal of Economic Psychology*, 28(2007), 606–621.

2 表格預設「是」或「否」的做法其實可能涉及政治及文化因素。我和一位德國同事朱利安・蘭伯汀（Julian Lambertin）討論到這項研究，他也對社會及行為科學相當感興趣。他的看法是，德國政治氛圍可能無法接受官方把「是」當作預設選項，因為這種做法和納粹政權顛覆自由意志有相仿之處。在重大事項方面「預設同意」，導致民眾不經思考就做出選擇，這種做法會引發批評。幸好，允許民眾表達「自由意志」或「主動選擇」，也就是請民眾主動勾選「是」或「否」，這種做法的同意率，仍顯著高於預設不同意的做法。

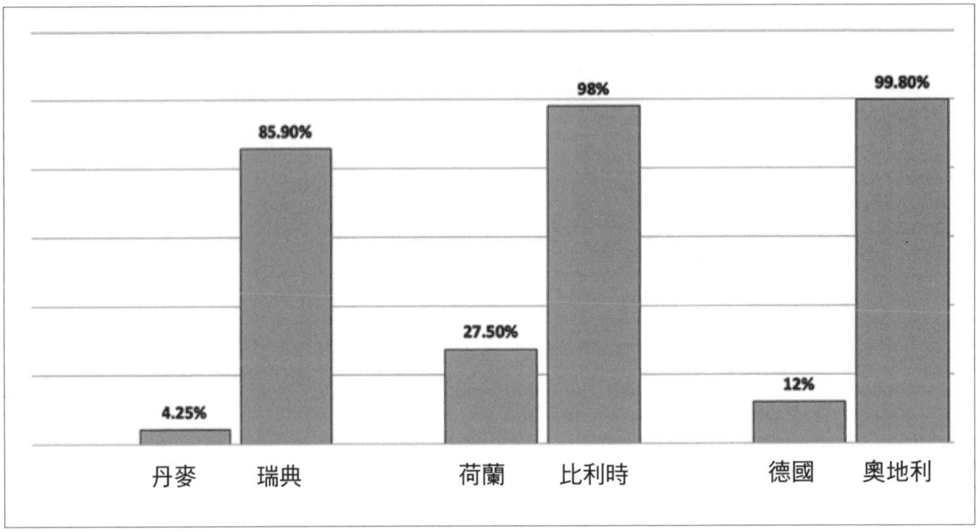

圖10.1　相鄰歐洲國家的有效器官捐贈同意率。

在圖10．1中，同意率最低的三個國家都要求民眾對器官捐贈表示積極同意（也就是預設不同意，民眾若願意捐贈器官必須主動填寫表格，勾選「願意」）；同意率最高的三個國家則是預設同意，民眾若不願捐贈器官必須主動表明。不過必須提到的是，雖然預設同意的做法導致同意率較高，但不一定代表器官捐贈數量也較多。詳細說明請參見註腳[3]。

回到實際影響選擇，為了促使人們表示同意，在體力方面，更改核取方塊與否所費的力氣極小，可以忽略；但是在心力方面，不依循預設選項需要額外花費心思，代表人們自然而然會偏向較簡單的做法——遵從預設。當然，前幾章提到的現狀偏誤，就是驅使不作為的龐大力量。

毋庸置疑，造成器官捐贈同意率龐大差距的主要原因，就是預設選項，但我認為另一項因素——社會認同也具有一定影響力。預設選項隱含的意義是，這是多數人一般情況下的選擇，之前討論過，社會認同不需要確切數據也能發揮效果，通常隱約的暗示就夠了。

另一個利用預設選項的例子來自辛巴威，我拜訪這個國家很多次。辛巴威的愛滋病毒陽性和愛滋病盛行率很高，二〇一八年該國成年人口將近一三%感染愛滋病毒[4]。契屯維札（Chitungwiza）是首都哈拉雷（Harare）以南約二五公里一個社經弱勢的小鎮，一份研究[5]檢視當地產前照護診所如何運用預設選項，影響孕婦接受愛滋檢測的比率。

原本診所進行愛滋檢測的標準流程是「選擇加入」（即預設不接受，患者若希望接受檢測，必須主動表明）。二〇〇五年六月，診所流程改為「選擇退出」，即預設接受檢測，但患者有權利拒絕。研究人員統計二〇〇五年六月至十一月，也就是改為選擇退出的最初六個月檢測比率有何變化，並比較流程為選擇加入的六個月期間的檢測比率。

流程為選擇加入時，六七%孕婦同意接受愛滋檢測，改為選擇退出後，接受檢測的比率竄升至九九．九%。辛巴威一位資深醫療工作者告訴我，「選擇退出」的做法已成為標準程序，雖然並沒有

---

3 雖然預設同意的做法，導致登記成為器官捐贈者的人數顯著較多，不過許多國家及州別的資料指出，器官捐贈數量卻沒有明顯增長。在多數國家／州中，是否同意捐贈器官的最終決定權，還是在死者家屬手上。瑪格達．奧斯曼博士（Dr. Magda Osman）曾研究死者家屬的可能反應，她寫道：「如果體制預設同意，而死者列於強制的捐贈登記庫中，很難判斷死者的真實意願。為什麼呢？因為透過自由選擇，我們可表示自己的真實偏好。但如果沒有主動選擇，直接被列為登記庫中的捐贈者，那不清楚你是否真的願意捐贈器官。這點很重要，因為在你死後，你的家人必須替你做決定，如果他們不知道你真正的意願為何，可能會反對捐出器官。」因此許多國家／州已改為自由或主動選擇制，不過會提醒民眾做出選擇。

4 https://www.unaids.org/en/regionscountries/countries/zimbabwe

5 Chandisarewa, W., Stranix-Chibanda, L., Chirapa, E., Miller, A., Simoyi, M., Mahomva, A., ..., Shetty, A. K. (2007). Routine offer of antenatal HIV testing ('opt-out' approach) to prevent mother-to-child transmission of HIV in urban Zimbabwe. *Bulletin of the World Health Organization*, 85 (11), 843–850.

官方政策指示這麼做。

提升認知流暢度

讓某件事變得簡單可分為兩個面向：不費力（之前提到勾選預設選項的方塊比較不費力，但這個例子有點牽強）**與不費腦筋**。不費腦筋在行為科學界的術語叫做認知流暢度（cognitive fluency）。在說明認知流暢度之前，我們先談談把事情變得不費力有什麼影響。

一九七六年一份研究[6]觀察人們在餐館中從冰櫃挖取冰淇淋的行為。如果櫃門開啟，顧客取用冰淇淋的機率顯著較高。

賓州大學（University of Pennsylvania）的保羅・羅津（Paul Rozin）及其他研究者進行一系列實驗[7]，檢視調整自助餐廳餐點取用的難易度會造成什麼影響。他們的結論是：

> 讓餐點稍微難以拿取（與取餐者的距離拉開約二五公分）或變更取餐餐具（湯匙或夾子）能小幅但穩定地降低取用率，降幅約在八到一六％之間。

人們所需花費的力氣只有些微差距，選擇就會受到大幅影響。

艾瑞利接受《成功不再跌跌撞撞》（*Barking Up the Wrong Tree*）作者艾瑞克・巴克（Eric Barker）訪問時，提到另一個關於費力的實際例子：

> Google最近做了一項實驗。他們紐約辦公室的M&M巧克力原本放在籃子裡，後來改為放在碗中並加上蓋子，打開蓋子不需花費很多力氣。之後，紐約辦公室的M&M巧克力消耗量一個月

減少了三百萬顆。

選擇你家產品或服務的人，如果碰上任何問題，他們能否「輕鬆」解決問題對品牌來說非常關鍵。《別再拚命討好顧客》（*The Effortless Experience*）的作者馬修・迪克森、尼克・托曼、瑞克・德里西（Matthew Dixon、Nick Toman、Rick DeLisi）討論到，顧客花越多力氣解決產品或服務相關問題，他們的不滿意程度就越高。事實上，作者將客戶服務的目標定義為減少顧客花費的力氣，藉此降低顧客流失。

試衣掛鉤與放大鏡，使購物體驗更便利

《別再拚命討好顧客》也提供幾個能讓顧客更省力的例子。比方說，服飾零售商老海軍（Old Navy）施行幾項新措施，讓購物體驗更加輕鬆方便，例如降低貨架高度，方便帶著小孩購物的媽媽清楚孩子的行蹤；調整商品及展示區的位置，呈橢圓形排列，並將試衣間置於中間，方便購物者輕鬆找到試衣間的位置，不必另外詢問店員。店面也設有「快速試穿區」，潛在選擇者可在此試穿夾克、毛衣等不必脫掉自己外衣的服飾。

---

6 Levitz, L. (1976). The susceptibility of human feeding behavior to external controls. In G. A. Bray (Ed.), *Obesity in Perspective* (pp. 53–60). Washington, DC: U.S. Government Printing Office (DHEW Publication No. NIH 75–708).

7 Rozin, P., Scott, S., Dingley, M., Urbanek, J. K., Jiang, H., & Kaltenbach, M. (2011). Nudge to nobesity I: Minor changes in accessibility decrease food intake. *Judgment and Decision Making*, 6(4), 323–332.

最棒的是，還在試衣間裡規劃三個掛鉤，各貼著一張標籤貼紙，上面分別寫著：「愛極了」、「我喜歡」和「不適合」。不過二〇一五年時，老海軍把「我喜歡」也改成「愛極了」。我認為，把模稜兩可的中間選項刪掉後（也避免模糊厭惡的情況），更加突顯「愛極了」的強烈感受。更換試衣間貼紙的成本不高，卻發揮強大的行為影響力。首先，貼上標籤貼紙後，分類喜歡與不喜歡的衣物變得更加省心省力。其次，兩個掛鉤都標明「愛極了」，隱約帶有社會認同的效果。因為顧客熱愛老海軍的衣服，所以需要兩個「愛極了」掛鉤才夠放。

上述案例中，貼上標籤貼紙也許是其中最具影響力的一項，我猜測把衣服掛在「愛極了」掛鉤上的動作會引發稟賦效應，會讓我們對自覺擁有的物品賦予更高價值。而當把衣服掛在標有「愛極了」的掛鉤上，你應該已經下定決心要買回家了。我認為老海軍的掛鉤是尋找並完善「通道因素」（channel factor）的絕佳例子，通道因素的意義是，**在選擇時，小細節也能發揮大影響**。思考自己購買某件衣物的原因時，你可能會想到充滿情感、主觀感受的原因，像是自我表達、形象管理等。不過最終促使你選擇購買的小細節，可能就是一個再簡單不過的掛鉤，這個掛鉤幫助你釐清自己的選擇，讓下一步變得簡單又清晰。

二〇一五年，我到匈牙利布達佩斯度假，我在一間小型超市看到從未看過的設計。那裡的購物車都裝有放大鏡。放大鏡裝在推車把手的左手邊，我覺得這個配置相當聰明，請聽我娓娓道來。首先，最明顯的原因是，放大鏡方便購物者閱讀包裝上的小字（現代的包裝說明似乎越來越小了），讓人瞭解成分，做出知情決定。此外，我認為備有放大鏡，購物者知道自己能看清楚成分標示，他們會更願意拿取架上的產品。還記得稟賦效應嗎？人們碰觸或拿取物品時，心中對產品的估價也會上升，進而提高購買機率。最後，由於約九成人類（包括購物者）是右撇子，因此他們很可能是用右手拿取產品，然後移向購物車把手左側，利用放大鏡查看小字。到這裡，只要成分沒問題，直接把產品丟進購物車中要比放回架上輕鬆得多。

把事情變簡單不僅保護顧客的視力，還可以拯救性命。根據二〇一七年世界衛生組織的報告[8]，腹瀉病是五歲以下孩童第二大死亡原因，每年約奪走五二．五萬名兒童的生命。乾淨飲用水及充分的消毒及衛生措施，就能預防大部分腹瀉病。創新扶貧行動（Innovations for Poverty Action，簡稱IPA）是一個非營利研究與政策組織，宗旨是針對全球貧窮問題研擬並推廣有效的解決方案，他們與行為科學家及實務工作者合作，鼓勵肯亞鄉村地區的民眾，在飲用水中加入稀釋氯溶液。添加稀釋氯液不僅有消毒作用，還能避免再汙染，效果長達二十四小時以上。不過要讓民眾養成習慣似乎是一個棘手的問題。

創新扶貧行動團隊審視數項做法，其中發想並測試有效的做法，是在當地的取水區設置給氯系統，免費供應稀釋氯液。這項做法大獲成功，原因很多。首先，這種做法把加氯的行為變得輕鬆。民眾原本就要取水，添加稀釋氯液只是「順便」的動作。此外，給氯系統設置在明顯的位置，有提醒加氯的效果（本書稍早提過這句話：「忘掉事情很簡單，等兩秒或走兩步路就忘了。」）給氯系統設置在開放空間，這也是一項優點，大家會看到其他人使用，創造社會認同；同樣地，沒有加氯變成明顯的疏忽行為，可能引起他人的負面評價。給氯系統不僅有效改變行為，而且也極具成本效益，只要一美元就能提供一人一整年的氯化飲用水。

幫人規劃「下一步」行動

耶魯大學一項經典研究[9]顯示替人們規劃下一步的重要性。研究人員李文索（Leventhal）、辛格（Singer）、瓊斯（Jones）發現，光是向耶魯大學學生灌輸破傷風的可怕，不足以驅使他們接種疫苗。不過如果提供學生明確的行動計畫書，例如發放校園地圖，標示學生保健中心的位置，就可以提高學生接種破傷風疫苗的機率。

研究也顯示，**請人們自行規劃執行某件事的方式，或是自行調整為方便落實的方式，都能提高他們實際執行的機率**[10]。我們據此提出策略，協助加州公用事業委員會（California Public Utilities Commission）研擬計畫，目標是提高加州屋主使用能源的效率。主要由志工組成的社會行銷團隊，拿著一份行動清單前往重點社區，挨家挨戶鼓勵屋主採取這些措施以節省能源。他們會協助屋主選出自己能力所及的項目，詢問屋主執行方式，並提供額外建議。

光是簡化過程，就能對行為產生大幅影響。我的前同事阿尼班．喬杜里（Anirban Chaudhuri）現在是印度大湖管理學院（Great Lakes Institute of Management）的副教授，他告訴我一個驚人的例子：

> 二〇一四年以前，印度約只有三五．五%的家戶常態使用銀行帳戶。過去向金字塔底層（指印度廣大而貧窮的社會經濟群體）推廣普惠金融[11]（financial inclusion）的效果不彰，直到二〇一四年八月二十八日政府啟動「總理人民財富計畫」（Prime Minister People Money Scheme），光是計畫首日就開了一千五百萬個銀行新帳戶，開戶者主要是藍領勞工或同等社經地位人士。民

眾反應之所以如此熱烈，其中一個原因是官方簡化了開戶申請表，只需填寫幾項簡單個人資訊，同時放寬地址證明的文件規定，因為移工經常拿不出這類文件。在計畫展開至二〇一五年一月的五個月內，新開的銀行帳戶數量達一・〇六億，至二〇一八年六月，新銀行帳戶數目來到三・一八億。

降低認知負荷

輕鬆不限於勞力或流程層面。曾經拖延處理勞神事務的人就知道，我們願意不遺餘力一再拖延。人的思考會和其他活動競爭資源，而其他活動通常能較快獲得回報。像是用筆電播放電影或執行文字處理程式，前者消耗較多電量，後者比較耗費腦力。

康納曼在《快思慢想》中提到，如果你在散步途中請同行友人解一道數學難題，他們多半要停下腳步才能思考。

史丹佛大學一項研究發現，問題的問法也可能影響其難易度[12]。研究人員在參與者接受fMRI

8 https://www.who.int/en/news-room/fact-sheets/detail/diarrhoeal-disease

9 Leventhal, H., Singer, R., & Jones, S. (1965). Effects of fear and specificity of recommendation upon attitudes and behavior. *Journal of Personality and Social Psychology*, 2(1), 20–29.

10 Leutzinger, H. (2005). *Why & how people change health behaviors*. Omaha, NE: Health Improvement Solutions.

11 譯註：普惠金融以較低成本向社會各界提供更為便捷的金融服務，尤其是偏遠地區和弱勢族群。

12 Magen, E., Kim, B., Dweck, C., Gross, J. J., & McClure, S. M. (2014). Behavioral and neural correlates of increased self-control in the absence of increased willpower. *Proceedings of the National Academy of Sciences of the United States of America*, 111, 9786–9791.

掃描時，詢問一系列雙曲折現相關問題（有關雙曲折現，請參閱第七章）。問題分為兩種形式：「隱性零」（hidden zero，例如：你想要今天拿到一〇元還是下週拿到一五元？）或「顯性零」（explicit zero，例如：你想要今天拿一〇元，下週拿〇元；還是今天拿〇元，下週拿一五元？）。顯性零的問法可以降低折現效果，參與者偏好下週拿到一五元，而不是今天拿到一〇元。更重要的是，這種問法也可以降低大腦回答問題的工作量。

不論是散步途中計算複雜的數學問題，還是躺在磁振造影（MRI）掃描儀中回答雙曲折現問題，處理資訊都需要能量，科學家將處理資訊所花費的心力稱為認知負荷（cognitive load）。認知負荷聽起來很沉重，因此想當然爾，我們偏好認知負荷輕的決定。之前討論過的認知偏誤與捷思，其功用之一就是盡量減輕認知負荷——這些認知捷徑能避免我們腦力負擔過重。

我們對輕鬆省心的熱愛不只體現在這些認知機制上，目前一個熱門的行為科學研究領域顯示，**人類除了會利用認知偏誤簡化決策，也偏好簡單的選項。**

這個決策科學研究領域稱為認知流暢度，《波士頓環球報》（*The Boston Globe*）一篇文章簡潔明瞭地說明這個主題：

> 認知流暢度指的是思考某件事的簡單程度。人們喜歡易於思考的事，而非複雜難解的事。[13]

紐約大學史登商學院副教授奧特與卡內基美隆大學（Carnegie Mellon University）社會暨決策科學系的心理學教授丹尼・奧本海默（Danny Oppenheimer）是認知流暢度領域的兩位專家。他們研究認知流暢度及認知阻礙度對於股票價格、實體距離與法律工作職涯前景等各種事務的影響。

流暢度效應使我們偏好容易處理的選項。人通常會選擇易於評估而非效益更高的選項。因此在多數情況下，行銷人應確保行銷手法的每一個面向，不論是在人們購買產品之前或之後，都應該盡可能輕鬆簡單。《別再拚命討好顧客》作者迪克森、托曼、德里西提出顧客費力程度分數（Customer Effort Score），建議公司企業藉此衡量顧客與自己做生意或解決問題的容易度。我認為這種做法也該用於評量行銷手法。**「如何讓人們省心省力地選擇我的品牌？」，這個問題應該時時放在心上。從認知流暢度或輕鬆度著手，行銷人就能讓自家品牌成為不費腦筋的選項。**

優秀的品牌，就是能使人輕鬆選擇你

行銷中的「輕鬆」不僅在於將選擇者歷程中的複雜因素通通刪去，「輕鬆」是品牌強大的核心原因。受愛戴的品牌是選擇者的福音，這種品牌能讓選擇變簡單。

二〇〇五年德國一項神經成像研究[14]透過ｆＭＲＩ，檢視喜愛品牌的出現對消費者的決定有何影響。研究人員請二十二位參與者在兩種飲料品牌中選擇購買其一。參與者共須回答一百道問題（皆是飲料二選一），同時研究人員透過ＭＲＩ偵測腦部活動變化。

13 Bennett, D. (2010). Easy = True – How ‘cognitive fluency’ shapes what we believe, how we invest, and who will become a supermodel. Boston Globe, January 31.

14 Deppe, M., Schwindt, W., Kugel, H., Plassmann, H., & Kenning, P. (2005). Nonlinear responses within the medial prefrontal cortex reveal when specific implicit information influences economic decision making. *Journal of Neuroimaging*, 15, 171–182.

研究人員在實驗之前已經選定一種「目標品牌」，不過參與者並不知道目標品牌為何，而在實驗特定組別的問題中，高達八成問題的選項包含目標品牌[15]。研究人員透過此實驗設計，檢視目標品牌出現時，參與者做決定過程中的腦部活動。

實驗兩週後，研究人員請參與者依照自己的喜好程度為飲料品牌排序，結果目標品牌是其中八位參與者心目中的「首選品牌」。當首選品牌出現在選項中時，這八位參與者的腦部活動模式和其他十四位不一樣。腹側中央前額葉皮質（ventromedial prefrontal cortex）是大腦中整合情緒與酬賞的區域，而當首選品牌出現時，這八位參與者這個區域的活動量較高。不過腹側中央前額葉皮質的活動量並不是兩組參與者之間唯一的差別。首選品牌出現時，八位參與者大腦中涉及記憶與推理的區域，例如背外側前額葉皮質（dorsolateral prefrontal cortex），反應比較疲弱。研究人員對此的解讀是，這類選擇比較簡單，類似直覺反應，這種現象恰如其分地稱為「皮質放鬆」（cortical relief）效應。腹側中央前額葉皮質活動量提高，背外側前額葉皮質活動量降低，這種腦部活動的特殊模式，可說是品牌的贏者全拿效應在神經學面向的展現。

研究結果和我的論點相當吻合：**最優秀的品牌就是能讓選擇變得簡單、自然、令人滿足。**

成功的廣告應減輕選擇者認知負擔

幾年前我曾和 MindLab 合作，這是英國一家神經科學消費者洞察公司，他們的研究提供幾則有助降低大腦負荷的行銷建議。那項研究的目的是檢視不同數位形式的廣告對於慈善捐款金額有何影響。研究人員請參與者透過電腦螢幕觀看不同形式的廣告，同時決定捐款金額（最多五〇歐元）；參與者觀看每一則廣告後都可以調整金額。廣告共有四種形式[16]：

廣告A：慈善機構的簡單橫幅廣告。

廣告B：利用社會認同的社群媒體訊息。

廣告C：利用親近感的社群媒體訊息。

廣告D：主打名人的社群媒體訊息。

研究觀察慈善捐款金額與各類型廣告之間的關係，同時蒐集參與者的腦電波圖（electroencephalogram，簡稱EEG）資料。腦電波法（將於第十五章進一步探討）會透過貼在參與者頭皮上的電極記錄腦電活動。這種技術可以可靠地測量注意力與情緒起伏。研究測量參與者對各種廣告的相對注意力高低，並檢視注意力對捐款金額的影響，記錄於表10・1。

廣告B獲得最多認知注意力，同時對於參與者行為的影響也最大。廣告D獲得同等注意力，不過捐款金額較少。

雖然實驗設計的「干擾雜訊」太多[17]，可能無法達到研究原本的目標，因此做成的結論不完全可

15 譯註：研究人員共詢問一百道問題，並將問題分為十組，每組十道問題。偶數組別的問題中，目標品牌會出現兩次；而在奇數組別中，目標品牌會出現八次。故作者說特定組別中有八成問題包含目標品牌。

16 廣告C的親近感來自參與者社群網絡的朋友；廣告D利用參與者追蹤或考慮追蹤的名人。研究透過隱匿訪談於實驗一週之前取得這份資訊。

17 我們認為廣告B的社會認同影響力太大，因此比其他廣告更具優勢。

表10.1　廣告注意力與捐款金額的關係

	廣告注意力	捐款金額
廣告A	低	低
廣告B	高	高
廣告C	低	中
廣告D	高	中

表10.2　廣告注意力、捐款金額及分配捐款金額的注意力

	廣告注意力	捐款金額	分配捐款金額的注意力
廣告A	低	低	高
廣告B	高	高	低
廣告C	低	中	低
廣告D	高	中	高

靠，無法有效判斷哪一種廣告形式最能吸引注意力，但關於認知負荷，這份研究有一項意料之外的有趣發現。為了測量觀看各則廣告的注意力，研究在參與者決定如何分配五〇歐元時仍持續記錄他們的腦電波變化。研究人員原先不打算分析這份資料，卻意外發現參與者分配金額時的認知負荷，與觀看廣告的專注程度並不一樣。我們納入認知負荷的項目並製成表10．2。

先看腦電波圖顯示獲得最多注意力的兩則廣告（廣告B和廣告D），我們發現廣告B說服參與者捐款的效果較好。廣告B較具說服力，而且參與者捐款時思考所費心力比廣告D少。

這裡有一個重要啟發：選擇者向廣告投注心力後，成功的行銷應減輕選擇者的認知負擔[18]。

參與者認真觀看廣告D，而在決策時付

出更多心力，最後廣告D達到中等行為成果。參與者認真觀看廣告B，而決定過程相對輕鬆，廣告B獲得最佳行為成果。廣告D就好像要求參與者進行重量訓練，最後的選擇過程卻是賽跑，訓練所付出的力氣並未使決定變得容易。而廣告B則請參與者利用跑步機訓練，付出的力氣一樣，而訓練的確對賽跑有幫助。廣告D很吸引人，但卻沒有把決策變簡單。

善用有限注意力做互動

本書已經多次提到，在認知方面，人類是小氣鬼，吝於撥出注意力。很久以前聽人說過：「你只有一塊錢的注意力，小心花用。」我認為這句話從兩方面都說得通——**潛在選擇者應該明智選擇注意力的投注之處，而行銷人應謹慎利用人們所付出的有限注意力。**

我認為對做決定有幫助的互動是有利的投資——這是充分利用有限注意力的好方法。也許這就是前述慈善廣告研究中所出現的情況，效果最好的廣告需要人們的認知注意力，不過做決策時花費的認知負荷最少。如果廣告光是「消耗」認知負荷卻無助於達到特定行為目標，不只浪費有限的注意力，也浪費了行銷預算。

行銷奢侈品需要「認知阻礙」

化繁為簡是消費者決策心理學的基本經驗法則，不過奢侈品的規矩不一樣。奢侈品行銷的做法正

18 本章稍早提到史丹佛大學利用ｆＭＲＩ，針對時間折現所做的研究也觀察到相關效應。

好相反。

奧特指出，**奢侈品令人聯想到複雜、深奧的事物，因此認知阻礙、認知困難才能讓奢侈品更具吸引力。**〈突顯產品特色：後設認知難度提升評價〉（Making Products Feel Special: When Metacognitive Difficulty Enhances Evaluation）這篇研究指出[19]，認知阻礙能讓產品更顯特別。順便一提，作者姓名安娜絲塔西亞．波洽索瓦（Anastasiya Pocheptsova）也恰巧非常難念。

舉例來說，拉弗格單一麥芽威士忌（Laphroaig Malt Whisky）、路易威登（Louis Vuitton，即LV）、哈根達斯（Häagen-Dazs）這些品牌名稱對於不懂蘇格蘭蓋爾語、法語和偽北歐語[20]的人來說不容易發音，至少第一次都會稍微遲疑。

起瓦士威士忌（Chivas Regal）的標誌裝飾華麗，使品牌名稱稍微難以辨識，精品百貨尼曼馬庫斯（Neiman Marcus）乍看之下也不易辨認，這些設計都需要消費者多花心思，創造認知阻礙的效果。

不像其他多數品牌不遺餘力證明自己瞭解大眾，奢侈品牌則要求人們努力瞭解他們、主動學習如何正確使用、熟悉品牌來歷及其獨特歷史。購買奢侈品也須投入更多資源，可能是大把鈔票、花時間在街口排隊買一條愛馬仕（Hermes）絲巾、為一台訂製法拉利等候五年。對認知來說，身處奢侈品的世界並不悠哉自在。

本章重點：

- 盡可能把你希望獲得的結果變成預設選項。有些觀察家認為 Google 成功的一大原因來自早期與網路供應商美國線上（AOL）敲定的合約，使 Google 成為美國線上瀏覽器的預設搜尋引擎。

- 《別再拚命討好顧客》作者提出用來衡量顧客互動所費力氣的「顧客費力程度分數」。怎麼把行銷變得輕鬆易懂、讓行動簡單可行、讓選擇變容易？請檢視選擇你家品牌的各個步驟，你會給各步驟的輕鬆程度打幾分？你的「選擇輕鬆程度」得幾分？
- 互動的威力強大，不過請確保人們為互動付出的力氣，能讓後續行為或選擇變輕鬆。
- 日常品牌應使行銷手法及品牌體驗盡可能流暢，減輕認知負荷；但奢侈品牌的崇高地位部分來自認知阻礙。

讀者回饋：

- 「行銷人樂於促進互動，但大家知道促進互動的原因是什麼嗎？促使幾千人在 Instagram 上分享自拍照為的是什麼？應該思考的是，互動能不能把消費者的選擇變得更容易？」
- 「這就是我在街角雜貨店購物的原因，雖然那家店的價格是喬氏超市（Trader Joe's）的兩倍，不過距離也近得多。還好他們沒有開放式冰淇淋櫃。」

19 Pocheptsova, A., Labroo, A. A., & Dhar, R. (2010). Making products feel special: When metacognitive difficulty enhances evaluation. *Journal of Marketing Research*, 47(6), 1059–1069.

20 譯註：哈根達斯為美國品牌，品牌名稱是創辦人希望傳達丹麥氣息所自創的字。

第十一章 從比較中勝出：用「定錨效應」提升自家品牌形象

直覺透過比較為我們指引方向，我們「著迷於比較」。

瑞典首都斯德哥爾摩遍布博物館。其中瓦薩沉船博物館（Vasa Museet）是世界上數一數二宏偉壯觀的博物館，這座博物館收藏瓦薩號（Vasa）的船骸。瓦薩號戰船長二二六呎（約六二公尺），一六二八年啟航不到一英里就沉沒海中。走到博物館附近，你一眼就能望見這座建築物，這棟吸引目光的現代建築有著大片銅製屋頂及三根與瓦薩號等高的船桅。相較之下，王立貨幣館（Royal Coin Cabinet）就不起眼得多，我要不是為了躲避夏季突如其來的暴雨而躲到貨幣館前門的屋簷下，就絕對不會發現他的存在。王立貨幣館隱身於斯德哥爾摩王宮附近的庭院之中，又稱國立經濟博物館（National Museum of the Economy）。館藏包括歐洲第一張紙鈔以及公認可能是全世界最早的硬幣。其實，紙鈔和古老硬幣都是相對晚近才出現的物品。

約翰·帕姆斯楚奇（Johan Palmstruch）於瑞典國家銀行前身擔任總經理，據信他於一六六一年引進印刷紙鈔，取代瑞典笨重的硬幣。瑞典原本使用的硬幣基本上就是銅盤，常重達一〇磅。當時最大的硬幣價值一〇元（拼作 daler 或 thaler，後者正好也是行為經濟學先驅塞勒的姓氏），重量超過四〇磅，因此〈創新的詛咒〉論文作者古維爾形容帕姆斯楚奇的創新是一支「全壘打」（不需要大幅改變行為的巨大創新）。

紙鈔的流行使帕姆斯楚奇開始大量印製鈔票，後來因簿記瀆職而遭判處死刑。雖然獲得豁免，不過他仍在幾年後，於一六七一年過世。

雖然帕姆斯楚奇引進的鈔票並不是最早的金融貨幣，不過紙鈔的歷史也不算很長。印刷發明之前，中國部分地區約於西元六百年開始使用手寫紙鈔。而最早的硬幣（瑞典國立經濟博物館自豪的館藏之一）則要再往前追溯一千年，來到西元前六一〇年小亞細亞的利底亞（Lydia）。利底亞人以銀金礦（electrum，金銀合金）鑄造硬幣。

如果如人類學家福克所說，人類大腦在利底亞人發明硬幣的六千年前也「和今天沒什麼兩樣」，那麼錢幣對人類來說是相對「新穎」的事物。金錢是衡量價值的標準。和錢一樣，用來衡量重量、高度、長度或體積的其他系統也都是「相對新鮮」的概念。

目前已知最早的標準化度量衡系統，來自西元前三千年的印度河流域文明。當然，在這之前很可能已經出現其他較不完備的系統，**不過長期以來人類判斷的依據主要還是來自比較，而不是測量。比較可以降低認知負荷，比起重新描述完全陌生的物品或情況，用已知的事物來比擬輕鬆得多。**比方說，形容斑馬的時候，我們會說牠的「外觀像是驢子，不過有黑白條紋」，這比起從頭到尾鉅細靡遺地描述斑馬的模樣容易得多。一位神經科學家曾經告訴我：「大腦遇到新事物時，它不會問『這是什麼？』，而是問『這和我原本就知道的東西有什麼相仿之處？』」

人類熱愛比較

賽門森和羅森在《告別行銷的老童話》一書中提到人類對比較的依賴：

> 人類就是這樣——認知小氣鬼，質疑絕對價值，著迷於比較。我們看到一台洗碗機無法判斷其價值或清潔能力，但如果把兩台洗碗機放在一起，我們馬上就會開始比較兩者的功能及價格。

比較是我們判斷眼前選項的重要方法。其實，更準確的說法是，比較所用的參照點才是最重要的。有時，企業並沒有意識到比較及參照點對顧客的重要性，美國連鎖百貨商場傑西潘尼（JCPenney）有過慘痛的經驗。

二〇一二年二月，彭博（Bloomberg）報導傑西潘尼面臨「數十年來最慘澹的銷售成績」。當年最重要的第四季，傑西潘尼的淨損失由前一年的八七〇〇萬美元暴增至五．五二億；年度收益為一三〇億，彭博指出，這個數字是「一九八七年來的新低」。

哪裡出了差錯？何以在一年之內出現如此的巨額虧損？

回答這些問題以前，我們先來看看它的近期歷史。二〇一一年，傑西潘尼聘請羅恩．強森（Ron Johnson）擔任執行長。強森的任務是將其打造成富有情感的品牌，而不只是人們消費的去處，因此將傑西潘尼由一般連鎖商店改造為特色百貨。強森前一份工作表現亮眼，蘋果直營零售店的成功主要歸功於他。蘋果直營店重新定義零售體驗，創下零售業歷史中每平方英尺最高的銷售業績。一間疲憊、過時的零售賣場要挖角新人才，還有什麼比蘋果更好的地方？

不過後來許多評論，都將傑西潘尼問題的根本指向這種「蘋果欽羨情結」與「畫虎類犬」。連執行長強森本人都在《新共和通訊》（*New Republic*）雜誌[1]中公開表明傑西潘尼全新的「零售介面」將帶來「和蘋果一樣」的體驗。

由於公司績效不佳，強森和傑西潘尼引發諸多批評。評論指出，品牌改頭換面的企圖忽略了現有客群，將他們抛在腦後。不過我認為，強森上任後推行改變措施、忽略現有客群並非唯一問題；他們忽視了人性，這一點的損害更大。

究竟哪些措施忽視了人性？

該公司其實立意良善，他們希望把價格變得更透明。二〇一二年一月，《華爾街日報》一篇文章題為〈傑西潘尼商品定價策略的急遽改變〉，詳細說明該公司簡化定價的措施。首先是價格標籤只標示整數金額，因此原本定價一九．九九美元的產品將以二〇美元的新價格標示。其次，廢止折扣定價模式，也就是不會先以較高的原價販售，一段時間後再調降價格，而是直接以「折扣價」上架。因此，價格標籤上不會再標示原本較高的原價。行為經濟學家將原價稱為「參考價格」。這些定價透明化的新措施都屬於「光明正大均一價」計畫的一環。

雖然「光明正大均一價」獲得焦點團體的背書，或曾針對顧客及潛在顧客進行量化研究，不過任何熟悉決策科學、行為經濟學，或所謂認知定價領域的人都會對其效果提出質疑。雖然在理性層面，

1 DePillis, L. (2014). A bite from the Apple Store. What JCPenney's failed imitation says about retail – and identity. *New Republic*, March 4.

這些定價措施都很有道理，但不管是你、我、傑西潘尼的老顧客或是地球上任何一個人，我們人類並不是根據理性做決定。**透過市場研究徵詢意見時，人們通常會同意理性的措施，可是實際做決定時並不是如此。**被問到是否希望定價更透明、隨時都能以折扣價購物，或一九．九九美元和二〇美元一分錢的價差根本沒什麼的時候，誰會不同意？

多數研究會請參與者思考後回答，而當我們理性思考時，都會同意「光明正大均一價」的原則。我們以為自己的行為也一樣理性，但事實通常不是如此。在這種情況下，透過問卷或焦點團體進行的傳統市場調查，只是詢問人們某種行為的原因，未能揭露他們的真正動機，因此其實沒什麼幫助。康納曼在《快思慢想》中寫道：「直覺系統的影響力超過我們的認知，是我們眾多選擇與判斷的祕密作者」，前意識動機會在不知不覺中左右我們的決定。

參照點可協助直覺做決定

我們都高估自己的理性，企業高層選定的行銷策略有時也是訴諸消費者的邏輯或自陳的偏好，而不是數萬、甚至上百萬年來影響人類決策的直覺機制。

有些評論者認為，「光明正大均一價」計畫徹底失敗的原因是，消費者喜歡複雜的定價。雖然我們可能在行為經濟學中找到支持這項理論的例子，但這個結論並不準確。人們並不喜歡複雜的定價，我們喜歡簡單且「感覺正確」的決定。我知道這有點矛盾，不過有些東西從理性來看顯得複雜，卻能協助我們根據直覺做出決定，同時讓我們對選擇感到滿意。

傑西潘尼的錯誤在於，他們的定價策略從理性來看似乎簡單明瞭，卻抹除有利於直覺決策的線索，無意間阻礙購物者利用認知捷徑做出選擇。

去除參考價格大概是傑西潘尼「光明正大均一價」計畫中最嚴重的錯誤之一。因為「比較」能幫助我們憑藉直覺，快速做出選擇。

所有事情都是相對的，尤其是做決定的時候。**有參照點作為羅盤，指引選擇方向的時候，我們能更自在地遵循直覺的引導。**

我們可能因為參照點不同而對物體高度、人的年齡或某物價值做出天差地遠的估計[2]；把一般認為昂貴的物品當作划算的選擇，或在面臨更多產品、方案選項時改變原先的選擇。行為經濟學將這種現象稱為「定錨」（anchoring）。

有無數實驗證明定錨效應的存在，其中有一項實驗充分顯示定錨效應的精要所在，《快思慢想》也有提及。《紐約時報》形容舊金山科學探索館（San Francisco Exploratorium）不只是一座博物館，而是二十世紀中期以來最重要的科學博物館。研究人員請探索館參觀者猜測全世界最高的紅杉有多高。在請參觀者說出自己的估計之前，研究人員會先問：「世界上最高的紅杉高過一二〇〇呎嗎？」或是「世界上最高的紅杉高過一八〇呎嗎？」這兩個高度分別是高低錨點，且對參與者的估計值有顯著影響——以第一個問句詢問時，參與者猜測全世界最高的紅杉高約八四四呎；以第二個問句詢問時，參與者回答的平均高度是二八二呎。

此外驚人的是，錨點就算和決策毫無關聯，仍能產生影響。行為經濟學家艾瑞利、洛溫斯坦和卓

2 康納曼在《快思慢想》〈錨〉的章節中討論到這些例子。

拉森．普利雷克（Drazen Prelec）曾進行一項經典實驗[3]，這項實驗以隨機的數字當作錨點。研究人員陳列多項物品（包括電腦配件、書、瓶裝酒），並詢問參與者是否願意以自己社會安全碼末兩位數字的金額購買各項物品。接著，研究人員請參與者對這些物品出價，末兩位數字介於八〇至九九的參與者，對其中一項物品（無線鍵盤）的出價是五六元；而末兩位數字介於〇一至二〇之間的參與者，對同一項物品的平均出價是一六元。參與者對其他各項物品的出價也都符合這個模式。

參與者社會安全碼的末兩位數字顯然是隨機的，但這對他們的出價仍產生可觀影響。由此可知，即便是無關的參照點，也能發揮影響。

設定錨點作為自家品牌的參考架構

我們無法掌控生活中的眾多事物（也許是大部分事物），不過行銷人至少在某種程度上可以掌控人們用來評估自家品牌或企業的參考架構。然而，許多行銷人並沒有意識到這一點，未能積極設定參考架構，而是放任選擇者自行想像。**就連產品、品牌或企業名稱都可以是錨點**。克雷頓．克里契（Clayton Critcher）和湯姆．吉洛維奇（Tom Gilovich）的實驗[4]發現，參與者觀察兩張背號分別是九四及五四的足球員照片，猜測背號較大者在下一場比賽中成功擒殺四分衛的機率較高；研究人員準備兩份完全相同的新款智慧型手機產品資訊，唯一差別在於型號數字分別是P97和P17，讀到P97產品資訊的參與者猜測手機銷售量來自歐洲的比例較高；分別名為「餐館九七」和「餐館一七」的兩間餐廳，參與者預期前者餐點價格比後者高出三分之一。

即便在學術實驗之外，定錨效應同樣極具影響力。

定錨效應影響人對物品價值感知

幾年前我到德國漢堡開會。走回新城區（Neustadt）飯店的路上，沿路透過櫥窗瀏覽高檔珠寶手錶。雖然之前提過，我繼承了一只高級金錶，但我自己從未買過昂貴的手錶。假設我對手錶的願付價格就是我最近購買 Apple Watch 的價格，大約是四〇〇美元。櫥窗中展示的是萬國錶（IWC），其中一款手錶售價約兩萬美元，比我的最高願付價格還貴五〇倍；另外還有一些手錶大約在一萬二千至一萬四千美元之間。展示窗的最下方是一支基本款萬國錶，錶面美觀簡潔，售價只要四〇〇〇元……四〇〇〇元！雖然這仍比我的手錶願付價格高出大約十倍，不過當時這個價格似乎非常合理，幾乎可說是一筆划算的交易。

突然之間，我居然在考慮購買一項非常昂貴的商品，而在三十秒以前，從來沒想過購買奢侈品牌手錶。我的錨點從四〇〇元上升到兩萬元。與四〇〇元的手錶相比，四〇〇〇元的手錶簡直搶錢；但放在一萬八千元的手錶旁，四〇〇〇元可說是超值。不論有意或無意，鐘錶商的策略是將不同價位的手錶擺在一起。一般會認為，有意花一萬八千元購買手錶的顧客不會看上四〇〇〇元的手錶，反之亦然，因此鐘錶商可能認為同一位顧客只會瀏覽某一個價格區間的產品（購物者大概也會承認這種購物

3 Ariely, D., Loewenstein, G., & Prelec, D. (2003). Coherent arbitrariness: Stable demand curves without stable preferences. *Quarterly Journal of Economics*, 118(1), 73–106.

4 Critcher, C. R., & Gilovich, T. (2008). Incidental environmental anchors. *Journal of Behavioral Decision Making*, 21, 241–251. doi:10.1002/bdm.586.

模式），並把一萬五千至兩萬美元的各品牌手錶都陳列在同一處，一萬元至一萬五千元的手錶擺放在另一處。但透過將不同價位的手錶陳列在一起，鐘錶商製造出非常有效的定錨效應。我的卡費之所以沒有飆高，是因為當時那間店已經打烊了。隔天再經過這間店時，買錶的衝動也已經消失。時間讓我謹慎思考買錶的決定，若我的參照點變成戴著四〇〇〇美元的手錶回家後，我太太會有什麼反應。

造訪漢堡後不久，我在倫敦一場決策研討會上說明定錨效應的內涵。其中一位與會者曾在英國一家著名的高檔零售店擔任行銷人員，他在座談結束後和我分享一個例子，同樣顯現出定錨效應的強大影響力。這家零售店每年節慶期間都會販賣奢華禮品藍（基本上就是裝著昂貴食品的野餐籃），他們有一項傳統，節慶結束後沒有賣掉的禮品籃就會拆分開來，讓員工競標其中的商品，再將收益捐給慈善機構。

該店的禮品籃商品分為兩種：售價二五〇歐元的頂級款以及五〇〇歐元的超級頂級款。每年通常都有二、三十個禮品籃滯銷，提供豐富的競標商品。某一年行銷團隊想出一個聰明計畫：推出更高價的終極頂級禮品籃，裝有更高檔的商品，售價訂為一〇〇〇歐元。他們的如意算盤是，沒有人會買這麼貴的禮品籃（因此供應數量也不多），於是這些更高檔的產品又能加入競標行列。

不幸的是，他們的計謀適得其反。即便數量不多，一〇〇〇歐元的禮品籃製造出定錨效應，於是五〇〇歐元的禮品籃銷售一空（人們捨棄二五〇歐元的入門款，往上提高一個檔次），更慘的是，他們甚至賣出一個一〇〇〇歐元的禮品籃。這個例子顯示，**錨點不僅改變人們對物品價值的感知，也改變他們對系列產品的選擇。許多實驗都顯現這種效應**[5]。

設定「有用」的錨點

康納曼在《快思慢想》中指出，錨點具有提供建議、基準、調整決策的效果。不過他和已過世的研究同仁特沃斯基都同意，根據錨點做出的調整通常不足。以紅杉高度的例子來說，世界上最高的紅杉高約三八〇呎，這棵樹名叫亥伯龍（Hyperion），而高錨點參與者猜測的平均高度是八四四呎，大幅高過亥伯龍的實際高度，不過仍可看出參與者根據一二〇〇呎的高錨點往下調整，只是調整幅度不足。以手錶價格來說，我根據兩萬元的高錨點往下調整八〇%，不過我太太一定也會覺得調整幅度不足。

康納曼也談到，心理學的聯想一致性（associative coherence）也展現定錨效應的效果。聯想一致性的意思是，參照點能讓人更容易聯想另一群集的事物及特徵。德國心理學家湯瑪斯．穆斯魏勒（Thomas Mussweiler）和佛里茲．施卓克（Fritz Strack）進行一項研究[6]，詢問參與者以下兩個問題之一：德國年均溫比攝氏五度／華氏四〇度高或低？；德國年均溫比攝氏二〇度／華氏六八度高或低？接著研究人員請參與者觀看一份亂字表，其中包含冬季相關字、夏季相關字、中性字與虛構字，獲得低溫錨點的參與者能較快辨識出其中的「冬季相關字」（例如滑雪、寒冷、冰霜）；獲得高溫錨

5 包括艾瑞利的經濟學家實驗（"The importance of irrelevant alternatives," *The Economist*, May 22, 2009）及第六章提過，由特沃斯基和賽門森進行的美能達相機實驗（"Context-Dependent Preferences," *Management Science*, October 1993）。

6 Mussweiler, T., & Strack, F. (2000, June). The use of category and exemplar knowledge in the solution of anchoring tasks. *Journal of Personality and Social Psychology, 78*(6), 1038–1052.

點的參與者能較快辨識出同一份亂字表中的「夏季相關字」（例如海灘、溫暖、游泳）。

我認為比較及參照點也能以類似方式，為品牌創造各種情感效果。即便品牌希望透過比較傳達出：我們比他牌更好、與眾不同，不過聯想一致性不免使自家品牌沾染他牌的部分特質。

錨點可能有利，也可能完全無用。有利的錨點能讓人們輕鬆、自然做出你樂見的選擇。不過就像賽門森所說，人類著迷於比較，他們很可能隨意套用眼前可見的任何錨點。而這些「預設」錨點通常都沒有任何幫助，令行銷人相當頭痛。在研討會中，我常請參與者進行以下練習：列出任何可能影響選擇的參考架構。如果請選擇者形容你的產品或服務，他們會直覺拿什麼相比？就像幾年前的創業投資提案總愛把自家品牌比擬為「××界的Uber[7]」，如果要以另一種經驗、行為、選擇或產品來比擬，你會怎麼形容自家品牌？試著以「××界的××」來造句。哪些比較有助消費者做出有利業績的選擇？哪些比較會產生阻礙？

無用的錨點有時是行銷人自己創造的。我在洛杉磯國際機場看到一面宣導節約用水的廣告牌，正好是不當設定錨點的例子。廣告標題寫著：「水不會對你淋浴二十分鐘感到生氣，水直接消失了。」副標題寫道：「將淋浴時間縮短至五分鐘以內，每年可省下五五〇〇加侖水資源。」這面廣告的問題在於設定高錨點，但目的其實是希望減少用水。先設定二十分鐘的高錨點之後，淋浴十五分鐘聽起來也沒有很糟，即便這仍比預期目標多了兩倍。

「比較」使選擇更明確

本書之前提過，蘋果透過《Mac vs. PC》系列廣告鼓勵人們拿微軟（Microsoft）與自家電腦做比較。以 Windows 系統當作參考架構，除了傳達 Mac 比 PC 更優秀的訊息外，對當時蘋果的成長更重要的一點也許是，廣告讓人們發現，Mac 與 PC 的相似點比他們原本的認知更多。沒錯，Mac 擅長一切與創意相關的事情，這是蘋果的特點，不過廣告出來後，人們也發現，PC 擅長的例行事務，Mac 也能做得更好。蘋果一直以來的優勢在於創意，不過在此處，創意的聯想（及聯想一致性）所設定的錨點較無幫助；反而是微軟工作效率及例行事務的聯想提供更有利的錨點。不久之後，三星（Samsung）就以同樣的武器來攻擊蘋果，在《下一個重量級產品即將問世》（*The Next Big Thing Is Here*）廣告中將 iPhone 當作 Galaxy 手機的參照點。

「×× 界的凱迪拉克」或「×× 界的勞斯萊斯」都是透過聯想替自家品牌鍍金的經典例子。希爾奎斯特（Hillquist）生產「修整鋸界的凱迪拉克」；Rock-Ola 是「點唱機界的凱迪拉克」；《男士雜誌》（*Men's Journal*）將 Stromer ST2 稱為「電動自行車界的勞斯萊斯，即將徹底革新城市運輸」；二〇一九年豪華郵輪公司璽寶（Seabourn）宣布將推出「個人潛水艇界的勞斯萊斯」。

與傳統行銷思維相反的是，比較並不會稀釋品牌特性，在我們的非意識思考中，比較反而讓選擇更加明確。品牌大師鼓勵我們發揮創意，但行為科學家建議善用參考架構。博達華商廣告公司芝加哥分部的策略長約翰·肯尼（John Kenny）指出：「『更好』勝過『最好』」，從傳統行銷角度來說，

7 不論是鮮花遞送服務、食品業、洗衣業，各種行業都可能自稱為「×× 界的 Uber」。二〇一八年某集《企業家電梯簡報》（*Entrepreneur Elevator Pitch*）要推銷的產品是連網智慧型尿布，據說能「實時監控嬰兒及長輩健康狀態」，也許這款尿布就可以形容是「尿布界的 Uber」。

他的論點可能與直覺相悖，不過從「輕鬆決策」的觀點來看，可以比較絕對優於「無與倫比」、「無可比擬」。

「畸零定價」觸發的直覺效果

傑西潘尼所犯的錯不止於去掉參考價格，讓購物者無法比較產品價格。另外一個錯誤是，去掉價格整數後的美分並直接進位，讓消費者感覺產品變貴了。

李．考德威爾（Leigh Caldwell）是認知定價專家，非理性顧問公司（Irrational Agency）的創辦者兼合夥人。考德威爾在《訂價背後的心理學》（*The Psychology of Price*）中寫到，就算只差一美分（例如一九．九九美元），消費者也會在無意識之中認定你的產品屬於「二〇美元以下的價格區間」，而二〇美元的產品則屬於「二〇美元以上區間」。有證據指出，**「區間」也是人們常用的捷徑之一**。

就連強森之前任職的蘋果公司也採用這種做法（當然該公司產品價格的百位數字較大），每一台MacBook、iPad或iPhone的價格都是百位數字減一元。例如一二．九吋iPad Pro售價九九九美元，屬於九〇〇美元區間或「低於一〇〇〇美元區間」，但如果售價提高一元，產品就會往上進階到「一〇〇〇美元以上」的區間。

這種定價機制之所以能發揮效果，原因很有趣。利物浦大學心理學教授班．安柏瑞吉（Ben Ambridge）暨《心理學家教你的透視術》（*Psy-Q*）作者提出三個原因，說明購物者為何直覺知道售價九．九九美元的產品比一〇．〇〇美元更便宜（九．九九美元的產品確實比較便宜，我們不能忽略這一點，但原因不只如此）。

第一個原因是記憶，看到價格以〇・九九結尾的產品，我們會聯想到特價，因此不論產品價格是五・九九美元或九・九九美元，都會觸發購買特價品的回憶。第二個原因是我們讀數字的方法，這一點與考德威爾的說明及定錨效應有關。以九・九九來說，我們由左讀到右，因此理論上錨點會是九，於是我們把九・九九美元當作「大約九塊錢」，而一〇・〇〇美元則是「大約十塊錢」。

安柏瑞吉解釋，直覺影響價格感受的第三個原因與聲音象徵有關：

> 針對虛構字的研究顯示，「bouba」（布巴）、「malooma」（馬魯瑪）等字詞的發音會令人聯想到大而圓的形狀；「kiki」（奇奇）、「taketi」（塔奇地）令人想到小而充滿稜角的形狀。為什麼呢？因為唸第一組字詞的時候，我們必須張大嘴巴，唸「大」（large）、「巨大」（huge）、「龐大」（enormous）等英文字的時候也都有類似效果。而唸第二組字的時候，我們得拉長嘴唇，留下小縫，唸出「小」（little）、「微小」（tiny）、「迷你」（mini）、「嬌小」（petite）、「小不隆咚」（itsy-bitsy）、「小丁點」（teeny-weenie）也都需要類似嘴型。所以唸出「one ninety-nine」（一九九元）的時候，你聽到的聲音令你聯想到小東西。[8]

傑西潘尼銷售額下滑的幅度曝光後，強森發表公開信承認錯誤：

8 嘴部動作還可能在其他方面影響我們的決定。一項研究顯示，押頭韻的廣告文案能夠吸引觀眾默讀，提高觀眾考慮購買廣告產品的機率。Davis, D., Bagchi, R., & Block, L. G. (2016). Alliteration alters: Phonetic overlap in promotional messages influences evaluations and choice. *Journal of Retailing*, 92(1), 1–12. https://doi.org/10.1016/j.jretai.2015.06.002.

經驗來自犯錯並從中學習，而我學習到很多……我們非常努力，嘗試各種措施，想讓顧客知道，大家可以在自己方便的時間隨時購物。但我們發現，顧客比較喜歡特價；顧客也喜歡折扣券；也絕對需要參考價格。

在這份聲明中，強森表示自己已經瞭解順應人類選擇天性的重要性，不應試圖改變人性，不論原因再怎麼合情合理。

不過傷害已經造成，他因此丟了工作。二〇一三年四月，上任後僅僅十六個月，強森就被傑西潘尼開除，卸下執行長的職務。這是他在蘋果及目標（Target）百貨公司接連取得非凡成功後的第一次公開挫敗。

高明設定錨點的實例

傑西潘尼提升品牌價值的計畫慘敗，另一方面，Dos Equis 啤酒則大獲成功。這款酒是一款普普通通的墨西哥中階進口啤酒，不過二〇〇六年推出《全世界最有趣男人》（*The Most Interesting Man in the World*）的電視廣告後，一切有了改變。（廣告自二〇〇六年一直播映到二〇一八年。）

和其他優秀廣告一樣，成功原因不只有一個，其一是傑出的台詞。這系列廣告中每一齣廣告都有一句金句，例如「他唯一感到尷尬的一次，是想體會看看尷尬是什麼感覺」、「他的器官捐贈卡上的捐贈項目包括鬍子」、「他媽媽的刺青寫著：『兒子』」。

廣告的畫面和聲音並不同步（第十章提過，些許認知阻礙有助於吸引注意力），不過仍然製造出相當和諧的廣告觀看體驗。十年來，《全世界最有趣男人》都是由在此之前默默無聞的強納森・戈德史密斯（Jonathan Goldsmith）扮演，這系列廣告的選角再完美不過（還記得我們之前談過臉部表情的重要性嗎？戈德史密斯的雙眼曳曳生輝，輕輕的一抹微笑充分顯露淘氣與自信）。他的角色就像拉丁美洲史恩・康納萊（Sean Connery）版本的詹姆士・龐德[9]（James Bond）。二〇一六年，由於合約糾紛，戈德史密斯擔任《全世界最有趣男人》的時代畫下句點，後來的廣告由法國演員奧古斯丁・羅格朗（Augustin Legrand）擔綱演出，效果不如先前出色[10]。

話題拉回這齣廣告。除了優秀的台詞、表演與執導外，我認為該廣告運用到另一項非常強大的行為機制。廣告角色及場景營造出典型雞尾酒宴會的氛圍，不像是飲用啤酒的場合，再加上每部廣告結尾的聰明台詞：「我通常不喝啤酒，但如果要喝，我選擇 Dos Equis。」主角告訴觀眾，他不是愛喝啤酒的人，如果你在酒吧巧遇他，大概會看到他正在啜飲一杯古典雞尾酒或曼哈頓調酒。

廣告隱微地將參考架構設定為高檔昂貴的雞尾酒調酒，成功為 Dos Equis 品牌重新設定錨點。產地是我們快速聯想的依據，效果幾乎就和捷思一樣神奇，因此 Dos Equis 的比較對象，自然而然就是其他來自墨西哥的啤酒品牌，例如太陽牌（Sol）和可樂娜（Corona）。二〇〇八至二〇〇九年，墨西哥啤酒整體進口量下跌一・三%。不過《全世界最有趣男人》系列廣告播出後，Dos Equis 的比較

9 哈瓦斯集團紐約分部（Havas New York）為發想這齣廣告的廣告公司，其創意總監形容主角應該是「詹姆士・龐德與海明威的綜合體」，你馬上就能想像出這個人的模樣－這是比較威力的另一個例證。

10 Goodman, C. (2017). The most interesting man in the world is no longer interesting. *Target Marketing Magazine*, May.

對象就變成古典雞尾酒或曼哈頓調酒。再者，第八章討論稀少性時提到，該時期的波本酒銷量極佳，更顯這系列廣告的精妙。Dos Equis 拋棄沒有助益的錨點（該時期銷量平平的墨西哥啤酒），重新設地有利錨點（雞尾酒和調酒的世界）。

戈德史密斯擔任主角的十年間，系列廣告效果極佳。二〇〇九年，Dos Equis 由進口啤酒品牌第十一名上升至第八名[11]。其他報告顯示，Dos Equis「帶領啤酒業，二〇一三年進口量與二〇〇八年相比，上升一一六・六%。」[12]

細膩地將參考架構從啤酒置換為成熟高雅的雞尾酒，這項策略相當聰明，錨點調動幅度還不算太大。其實，厚臉皮的比較可能更有效。前段提到，博達華商廣告公司策略長肯尼說過：「『更好』勝過『最好』」，他還說過另一句話：

> 比較很有效，不自量力的比較效果更好。

一九八〇年代雪鐵龍（Citroen）的一則幽默廣告將自家 Citroen 2CV 與當代的高檔轎車相比。廣告宣傳２ＣＶ時速最高可達七一・五英里，可以輕鬆超過以六五英里時速行駛的法拉利 Mondial；而且２ＣＶ的車輪和勞斯萊斯 Silver Spirit 一樣多（四個），不過價格不到二十分之一；此外行李廂空間比保時捷還大。

幾十年後，ＭＩＮＩ幽默地自比為保時捷，邀請對方在亞特蘭大公路（Road Atlanta）賽道一較高下[13]，這則挑戰宣言透露的意義是，ＭＩＮＩ的性能和保時捷相仿，而不是稍早ＣＮＮ評論中提到的 MINI 替代選項（包括 Kia Soul、裕隆 Cube、福特 Fiesta）[14]。保時捷沒有應戰。我也會提出完全一樣的建議，因為就算保時捷完全擊敗 MINI，只要接受挑戰，就會強化不利自家公司的比較。

本章重點：

- 定錨效應是人類將參照點當作「錨點」或比較基準的習慣，就算錨點和比較對象沒有直接關聯也能產生影響。這個概念是定價策略的關鍵。雖然定錨效應可能導致看似不理性的選擇，但能幫助我們快速、有效做出決定，不需花費大量認知精力進行計算。
- 「比較」能提供錨點，是「選擇」的重要依據。如果沒有參照點，選擇就會變得極為困難、令人感到挫敗。選擇者可能沒有意識到自己對參照點的依賴程度。
- 「比較」是快速找到品牌定位的方法。參考架構能幫助人們直覺辨識你的定位，如果人們已經為你預設定位，提出新穎的參照點有助於突破預設形象。

11 Alexander, R. (2010). Dos Equis most – interesting? *Brandchannel*, March 31.
12 Frohlich, T. C. (2014). America's fastest-growing beer brands. *USA Today*, December, quoting Beer Marketer' s Insights.
13 https://www.autoblog.com/2010/06/10/followup-porsche-turns-down-mini-challenge-at-road-atlanta-w-v/.
14 6 alternatives to the Mini Cooper – The Mini's great, but these days there are lots of cars that can give you coolness with a small size and price. *CNN Money*, July 2010.

讀者回饋：

- 「推動談判是我的主要工作，參照點有助於做出決策，這點對我來說相當實用。透過參照點，能讓對方對我的提案更感滿意，同時營造談判富有成果的樂觀態度。」
- 「曾經參與命名的人就知道這個任務有多艱鉅。如果我們多花點心思考慮唸起來的音韻，而不是思索名稱『合理』與否，那世界上應該會有更多優秀的品牌名稱。」

第十二章 打造情不自禁的情境：運用「身分標籤」掌控人的心理狀態

行銷人把全副注意力放在訊息上，經常忽視情境的可觀影響。

行銷人多半知道訊息情境的重要性，不過少有人充分利用情境的威力。

以網路購物為例。我最近在找數位相機，瀏覽的評論網站不只列出各款相機的顧客評論，也投放照片儲存服務的廣告，並提供相機廠商及攝影零售業者的連結。這種廣告稱為內容比對（contextual targeting），這種廣告投放方法合理推測，使用者用來研究相機的評論網站，是放送相機相關廣告的合適情境。

之後，我上一個英國體育網站，查看一月「轉會期」開始之前的最新發展（足球員可在轉會期間改變效力球隊，就像 eBay 拍賣一樣，高潮迭起的情節轉折通常都發生在最後一刻）。這個體育網站顯示攝影零售業者及租車公司的廣告。這兩則廣告的放送方式都屬於行為定向（behavioral targeting）。行為定向蒐集使用者過去行為的資訊，例如曾造訪的網站、線上搜尋字詞、點擊內容、購買內容，據此投放相關廣告。網站之所以向我投放相機零售商的廣告，是因為我當天稍早曾瀏覽相機；而赫茲（Hertz）租車的廣告會出現是因為我幾天前曾安排旅遊計畫。

還有另一種在相關情境中投放廣告的方式稱為語意比對（semantic targeting）。這種情境比對的運作比較隱微，利用資料探勘（data mining）及情緒分析，辨識某個網頁可能投射的心情或觀點，並自動在網頁中放送符合那種心情或觀點的廣告訊息。

以上三種網路購物廣告投放方式的大前提是：**訊息不能獨立存在，符合情境的廣告能發揮更好的效果。**

「重點不單是訊息」並不是什麼新穎的概念。馬歇爾・麥克魯漢（Marshall McLuhan）在其一九六四年著作《認識媒體》（*Understanding Media*）中提出「媒介即訊息」的概念。據說這句話原本是他幾年後另一本著作的書名[1]，不過排版人員拼錯字，誤把「message」（訊息）拼成「massage」（按摩），不過麥克魯漢並無不快，反而說：「將錯就錯吧，這正好表達我的想法！」

儘管麥克魯漢的妙語在廣告界人盡皆知，也有上述幾種情境比對廣告，不過購買、設計及投放廣告者，仍然經常忽視訊息周圍環境的潛在影響力——時間和地點至關重要。我的意思並不是行銷人不注重廣告訊息出現的「地點」及「時機」，其實他們相當注意這兩項要素，並花很多心思尋找觸及人們的時機與地點，卻不瞭解承載訊息的媒介會如何影響決定。訊息周遭的廣泛情境，可能影響人們對訊息的反應，進而影響他們的決定。

從某些方面來說，現在的行銷比以往更重視情境。像是本章開頭提到的網路購物例子。行銷人能透過網路追蹤個人行為，在最可能影響決策的合適時機，精準放送個人化訊息。雖然這類型廣告的效率優於以往，不過在利用情境影響選擇方面，仍只是簡單的應用。

本章將討論四種能夠大幅影響選擇的情境。雖然常有人說「內容為王」，不過我認為，情境就像西洋棋中的后，才是更具威力的致勝棋子。

第一種：不同情境啟動不同行為模式

幾年前，我第一次接觸到格里斯克維西斯的著作（與肯瑞克合著《誰說人類不理性？》）。當時我正在訪問席爾迪尼，在第五章提過，他提出幾項決策領域的有趣概念，包括社會認同效應，本書如果沒有站在席爾迪尼等研究者的肩膀上，就會無趣得多。

訪談中，我問他一個問題。行銷人聽到社會認同的威力時，心中一定也有這個疑問：社會認同效應的內涵是，人們不自禁模仿其他人的行為；或如席爾迪尼所言：「直覺告訴我們某個行為更恰當，因為其他人也這麼做」，那麼品牌要如何鼓勵人們做出「與眾不同」的選擇？蘋果宣示「不同凡想」（Think Different）、Levi's 鼓勵個人風格及表達自我，豈不都與社會認同相悖？這些品牌要是改為宣揚「所見略同」或是鼓勵同質性，難道會更為成功嗎？

席爾迪尼以格里斯克維西斯的研究，特別是其中一篇題為〈拉斯維加斯的恐懼與愛〉（Fear and Loving in Las Vegas）的論文[2]來回答我的問題。格里斯克維西斯進行一項實驗，請參與者觀看眾多景點的兩種廣告（其中一個景點是拉斯維加斯市，也是論文題目的由來）。其中一種廣告提到「每年造訪人數超過一百萬人」，強調該景點相當熱門；另一種廣告著重景點的獨特性，因此遊客可能會覺得

---

1 McLuhan, M., & Fiore, Q. (1967). *The medium is the massage: An inventory of effects. Harmondsworth*: Penguin. 譯註：中譯書名《媒體即訊息》。

2 Griskevicius, V., Goldstein, N. J., Mortensen, C. R., Sundie, J. M., Cialdini, R. B., & Kenrick, D. T. (2009). Fear and loving in Las Vegas: Evolution, emotion, and persuasion. *Journal of Marketing Research*, 48, 384–395.

自己與眾不同，而不是隨波逐流。

傳統行銷思維認為，建議跟從其他百萬人選擇的廣告，能夠打動個性隨和、喜歡安全選項的人。另一方面，如果某人心態獨立、不怕冒險、不尋求他人認可，建議選擇獨特路線的廣告，可以引發他們的共鳴。傳統行銷思維認為，人們的選擇會符合其個性及心態。

人何時會從眾？何時尋求獨特？

不過格里斯克維西斯等人的研究還加入另一項要素。在觀看廣告之前，參與者會先觀賞以下任一部影片的片段：心理恐怖經典巨作《鬼店》（*The Shining*）中特別嚇人的片段，或是愛情電影《愛在黎明破曉時》（*Before Sunrise*）的片段，在這部電影中，兩位遊歷歐洲的陌生人在火車上相遇，在維也納散步、談天，共度一晚。

接下來這個實驗會發生什麼事？在《誰說人類不理性？》一書中談到觀看《鬼店》片段的參與者之後的反應：

> 人們觀看恐怖節目（《鬼店》片段）之後再觀看廣告，強調產品熱門程度的廣告較具吸引力……觀看恐怖片的參與者不是只是跟隨群眾，還會積極避免可能使自己與眾不同的產品及經驗。

觀看《愛在黎明破曉時》片段的參與者，偏好強調獨特性的產品廣告。

我們原本可能以為，有些人天生循規蹈矩，有些人天生與眾不同，不過這份研究發現，**同一個人**

在某些情況下會希望從眾，在另一些情況中會尋求獨特。我們的選擇會隨情境改變，這背後大有道理。

肯瑞克和格里斯克維西斯說明，人們的偏好何以出現明顯矛盾。他們指出，電影片段啟動不同的演化目標，因此改變人們觀看廣告的角度。觀看《鬼店》激發自保的直覺，因此參與者的反應是尋求從眾的安全感。像是無數野生紀錄片以極為生動的方式呈現，動物遭掠食者攻擊時若脫離獸群，下場通常很慘烈。當觀看《愛在黎明破曉時》則是為求偶直覺作準備，因此參與者的反應和觀看恐怖片不一樣。個人（及電影）經驗顯示，與眾不同能提高自己獲得潛在伴侶注意的機會，進而找到另一半。

當然，不只有人類需要尋找配偶，許多其他動物也甘冒風險吸引異性注意。鳴禽會站在顯眼的枝頭上高聲鳴叫[3]，孔雀等眾多禽鳥（對人類等掠食者來說是美味、豐盛的佳餚）擁有亮眼的尾羽，同樣是用於吸引配偶注意。這些行為及特徵除了吸引伴侶，同時很可能也會引來天敵的注意，而且華麗的尾羽可能妨礙禽鳥逃生（孔雀尾巴幾乎佔了全身長度的六成[4]）。

格里斯克維西斯及研究同仁指出，這項實驗顯現兩種演化目的：自保和求偶。我們也可以將演化目的看作不同的次自我，演化心理學家認為總共有七種「演化自我」，各自驅動不同行為。以下列出這七種演化自我[5]，不過如果要深入瞭解其內涵及可能的應用方式，我建議詳讀《誰說人類不理性？》。

3 鳴禽高聲鳴叫有兩個目的。雄性鳴禽可藉此宣示地域主權、嚇阻其他競爭對手，同時吸引雌性。叫聲越宏亮，代表牠們防衛領土的能力越強，或是主權範圍越大，顯示有能力供應充足糧食，是雌性同類的合適伴侶。

4 關於孔雀尾羽吸引配偶的機制，目前有諸多不同論點。扎哈維（Zahavi）提出所謂的缺陷原則（handicap principle），也就是說，尾羽越華麗，對雄性孔雀造成的阻礙就越大，因此牠必然有其他方面的優勢，才得以生存至今。佩特里（Petrie）指出，雄性孔雀尾巴上的眼點數量越多就越具吸引力。另一個理論指出，尾羽的主要用途並不是吸引配偶，而是要威嚇掠食者及競爭者，因此性擇並非尾羽的主要目的。

5 其他數篇研究也提到這七種次自我，例如：Neuberg, S. L., Kenrick, D. T., & Schaller, M. (2011). Human threat management systems: Self-Protection and disease avoidance. *Neuroscience and Biobehavioral Reviews*, 35(4), 1042–1051.

- 自我保護——保護自己免受敵人及掠食者攻擊。
- 避病——避免染病。
- 社交——交友、結盟。
- 地位——在社會團體中獲得尊重。
- 擇偶——吸引親密伴侶。
- 留偶——維持親密伴侶關係。
- 育兒——照顧子女及家人。

在《誰說人類不理性？》一書出版之前，我很榮幸曾在紐約市舉辦的行銷界盛會活動中，與格里斯克維西斯共同發表演說。他舉了一個絕妙的例子，以現代生活的情境來說明七種演化自我對人類行為的影響。他指出，與其把人類大腦當作一部處理龐大資訊、同時執行諸多複雜任務的超級電腦，大腦其實比較像是一支智慧型手機，安裝了七種不同應用程式。

手機處於導航模式，為我們指引方向時，這時手機的「行為」和拍照或遊玩《最強十一人》遊戲時非常不一樣。在導航模式中，手機螢幕會顯示地圖，喇叭透過語音清楚指示方向，而GPS晶片等零件的使用量高過遊玩《最強十一人》挑選攻擊球員的時候。在相機模式下，螢幕變成即時取景器，喇叭模仿快門的聲音，此時相機鏡頭（而非GPS晶片）扮演關鍵角色。GPS晶片可為照片加上地理標籤，以照相來說，這是一項實用但非必要的功能。格里斯克維西斯透過比喻想要說明的是，手機啟用不同應用程式或模式時，其零件會發揮不同功能。

人類大腦的運作方式也是如此。《鬼店》片段等恐怖事物會啟動「自我保護」模式，此時大腦會引導我們尋求從眾的安全感；開啟「求偶」模式時，大腦將謹慎拋諸腦後，追求與眾不同。

在不同的演化次自我模式中，大腦功能及行為也會有不一樣的表現，這代表行銷人可以透過不同情境誘發各種自我。

營造使人能開放心胸的媒體情境

在情境方面，傳統的行銷及媒體思維有兩項缺失。

首先是搭配相同內容與情境的典型手法。多年來，我接收或提供的建議，都是在反映某種情緒的情境中，投放利用該情緒的廣告。格里斯克維西斯的研究顯示，這種方法可能會產生反效果。在恐怖電影或電視節目中投放恐怖片的廣告，乍看之下似乎是一個好主意，因為這能在適當的時機觸及合適的觀眾，不過這種媒體情境所誘發的次自我可能導致廣告訊息無效。也許這種媒體情境更合適投放令觀眾感到放心、安全的喜劇廣告，或是家庭警報系統廣告。

第二點是我們行銷人的系統性缺失，這種盲點應該容易理解，我們總以為全世界繞著我們的品牌及廣告訊息打轉[6]，不論是螢幕上十五秒的影片或印刷品中幾幅平方英寸大小的圖片，我們把廣告訊息當作影響消費者決定最重要的一項因素，忽視他們先前的經驗會對其反應產生什麼影響。

6 提到某個品牌的社群媒體訊息稱作「品牌對話」（brand conversation），LRW/Greenberg 顧問公司總裁金・朗格倫（Kim Lundgren）中肯地指出：「對話的主角是人，不是品牌。」人們的動機偏向以自我為中心，而不是以品牌的角度出發。推薦品牌不是為了品牌，而是為了表達「你看，我好精明／知識淵博／樂於助人。」

媒體的作用不僅在於觸及，還能為消費者培養某種心態，商家及品牌若能善用這個機會，將能大幅提升廣告訊息的價值。如果媒體業主不只把媒體當作某種通路，不是只用來向可能對某品牌有興趣的觀眾放送廣告，而是透過其內容啟動不同的演化目標，那麼媒體的功能將可從「觸及」進階到「影響」。**媒體情境如果能讓目標觀眾直覺對廣告訊息抱持開放心胸，對品牌的效益大幅高過單純符合廣告內容。**

總而言之，在影響決定方面，人們在廣告之前看到的事物，和廣告本身一樣重要。

第二種：「標籤」會影響自身行為及他人對待我們的方式

之前我們討論過，**他人行為是我們自己行為的重要依據**，不過我們不一定會意識到這一點。**因此可想而知，他人看待我們的方式，也會以難以察覺的方式影響我們的決定及行動。**身分及文化的綜合因素，對我們的行為常有深遠且偏向限制性的影響，這類社會因素包括刻板印象效應（stereotype effect）或刻板印象威脅（stereotype threat）。

性別標籤就是刻板印象效應的一個例子。常有人問我：「男人和女人的決策有什麼不一樣？」問這個問題的人，通常希望能聽到神經科學及行為科學證實《男人來自火星，女人來自金星》（*Men Are from Mars, Women Are from Venus*）這種不科學的書籍說的都是真的，男人和女人確實截然不同。

那麼答案到底是什麼？行銷人應該怎麼看待男性和女性？

我的答案很簡單：「要看情況。」

性別差異的主題常引起熱烈討論。幸運的是，我沒有政治正確或不正確的壓力，唯一關注的問題是：「行銷人什麼時候該區分男女，什麼時候可以一視同仁？」尋求的不是什麼深奧的事實，我只想知道，行銷人可以運用哪些人性洞察制定策略、影響決策？

也幸好，我無意探尋事實，因為性別差異是科學日新月異的另一明證。任何熱烈的爭辯都一樣，關於性別差異的文獻意見分歧，尤其是生理性別的先天差異更是眾說紛紜。《男人的大腦很那個……》（*The Male Brain*，暫譯）及《女人的大腦很那個……》（*The Female Brain*）作者露安・布哲婷（Louann Brizendine）所描繪的現象讓讀者不禁覺得，男性與女性根本是兩種相近但不同的物種（尤其布哲婷將兩個性別分成獨立的兩本書，更加強化這個觀點）。另一方面，《性別錯覺》（*Delusions of Gender*）作者科迪莉亞・法恩（Cordelia Fine）則強調兩性的相似之處。法恩表示：「男性大腦最像的莫過於女性大腦。」

科學顯示男女差別並沒有大到彷彿雙方來自兩個不同星球。當然，本書引用的多數行為研究並未顯示性別差異具有統計顯著性，不過這些研究，多半只是檢視認知偏誤對選擇的一般性影響，實驗設計並未考量性別。

每出現一篇研究強調男性與女性大腦或行為的相似性，就有另一篇研究主張性別之間存在顯著差異。這項學術論辯正好呼應我們之前提過的，科學仍持續發展；意見分歧是推動科學前進的動力。

生理性別對選擇到底有何影響，我們很難取得共識，不過專家多半同意，性別刻板印象的確會影響決定。

從性別刻板印象探討標籤的影響

之所以會有性別刻板印象效應，原因眾多。首先，除了生理有別，兩性之間的認知及行為，也存在顯而易見的根本差異。其中一個明顯差異是，女性經期會導致荷爾蒙波動，男性則沒有經期。除了情緒變化外，在月經週期的不同時間點，女性的決策方式也有顯著差別。濾泡期（排卵之前，雌激素濃度的高點），女性在時間折現實驗中更傾向選擇「稍晚獲得較大報酬」的選項（第七章談過，在其他情境下，人類傾向選擇當下取得獎勵，儘管價值較低[7]）。人類從這類明顯生理差異歸納出性別刻板印象。

其次，社會對男女行為有不同期望，我們從小吸收這些根深蒂固、隨處可見的基模（schema）。基模就是我們自小接收的過程及文化線索，為建構刻板印象的基礎。基模一般比較強調差異而非相似之處，會影響我們對彼此的看法。基模影響人的性別感知及對待彼此的方式，也影響男性及女性對自己技能、表現的看法。

珍・莫里斯（Jan Morris）針對女性基模的影響提出獨到的見解。莫里斯是一位優秀的作家，以旅遊書聞名，她原本名叫詹姆斯（James），一九七〇年代接受變性手術後改名珍。她在自傳中描述變性之後的經驗：

> 我越被當作女性，我就變得越女性化。別人認為我不會倒車，我就發現自己居然越來越不會倒車。要是有人覺得某個箱子太重，我搬不動，我莫名也覺得搬不動。

黛比・查赫拉（Debbie Chachra）是富蘭克林歐林工程學院（Franklin W. Olin College of Engineering）的材料科學教授，她的研究也發現類似於莫里斯自傳中的現象。查赫拉的研究檢視工程系男女學生自信的自評分數[8]。雖然兩性學業成就上的表現均等，不過就讀工程系四年之後（這段期間男女學生的學業平均分數也相等），女學生對於數學及解題的自信顯著低於男學生。這個現象顯示所謂的刻板印象威脅，也就是人們擔心自己印證所屬群體的負面刻板印象。

其他數篇研究顯示，男性及女性數學測驗的表現相等；法國一篇針對七到八歲兒童的研究顯示[9]，研究人員提醒部分女孩：「你們是女生」，她們解決困難數學問題的表現，稍差於其他沒有被提醒的女性參與者；男孩被提醒性別則對表現沒有影響。另一份研究的對象為數學能力高於平均的成年人，研究人員事先對部分參與者說明，數學測驗的目的是瞭解男性及女性的數學能力優劣，藉此帶入刻板印象威脅。接收到這種刻板印象的女性參與者，表現差於對照組的女性參與者[10]。

就像我所說的，雖然這些性別差異似乎明顯且隨處可見，但除了生殖相關的部分，男女眾多日常行為的差異其實不大。一位演化心理學家向我說明他的理論，因為男性的演化角色是保衛地盤及配

---

7 Smith, C. T., Sierra, Y., Oppler, S. H., & Boettiger, C. A. (2014). Ovarian cycle effects on immediate reward selection bias in humans: A role for estradiol. *The Journal of Neuroscience*, 34, 5468–5476.

8 查赫拉二〇一七年八月二十二日刊登於《自然》期刊的文章〈如要減少性別偏誤，請先承認偏誤存在〉（“To reduce gender biases, acknowledge them”）值得一讀。

9 Neuville, E., & Croizet, J.-C. (2007). Can salience of gender identity impair math performance among 7–8 years old girls? The moderating role of task difficulty. *European Journal of Psychology of Education*, 22(3), 307–316.

10 Spencer, S. J., Steele, C. M., & Quinn, D. M. (1999, January). Stereotype threat and women’ s math performance. Journal of Experimental Social Psychology, 35(1), 4–28.

偶，因此男性習慣掃視地平線，對動作的警覺也比女性高。難怪酒吧中的男性總被電視比賽轉播吸引注意，這真是個完美的藉口：「我天生容易注意到遠方的威脅，這是為了保護妳啊！」不論這個理論是否屬實，都無法應用於零售業。我詢問過一位購物行銷專家，他參與過一項研究，利用眼動追蹤儀器觀察人們在零售環境中的注視區域，他的回答是：「沒有這種情況……我們看到的測試，大家幾乎都是往下看。」

利用「標籤」打動目標群眾

不論行銷人或科學家對於性別差異（或相似性）的看法為何，最重要的是，對行銷人來說，只要清楚自己利用性別基模的原因，性別基模是否屬實並不是重點所在。如果男性對某種男性性別基模感同身受（例如男性傾向根據理性做決定，較不容易受情緒左右），行銷人可以盡量向目標觀眾宣揚這一點，甚至不妨以詼諧的方式誇大表現，盡可能打動目標觀眾，只要能讓他們點頭如搗蒜就成功了。即使這種刻板印象並不正確，想要說服目標觀眾沒這回事只是在浪費錢。

另一個例子是，一般大眾普遍相信女性較擅於兼顧多件事情。二〇〇七年諾基亞（Nokia）委託進行一項全球研究，題目是「調查結果證實：女性比男性更擅長多工處理」[11]，似乎證實一般看法。不過諾基亞的調查其實只是詢問受訪者：你認為誰比較擅長多工處理？調查結果是，男性及女性都同意女性較能兼顧多件事情。這項研究只是發現不完全正確的基模深植人心，實際上並沒有證明女性擅長多工處理。二〇一九年一項研究[12]顯示，男性和女性一樣不擅長多工處理。不過對行銷人來說，如果目標觀眾認同這項文化信念，那麼藉此與她們建立聯繫可能可以發揮強大影響力。

研擬行銷計畫時，情緒及直覺是決策過程的重要影響因子，這對男性或女性都一樣。行銷人可以稱讚選擇者理性，但你真正要打動的是他們的心。此外，儘管公認女性擅於多工處理，數位經驗仍然首重簡便流暢，千萬不要考驗使用者的多工處理能力。**消費者的實際行為不一定符合自我認知，行銷人可以透過後者打動消費者，但研擬行銷計畫時仍應以實際面向為基礎。**

名字是獨特的標籤

不論性別基模是否正確，性別本身就是一種標籤。**除了性別，名字也是一個意想不到的有趣標籤。**第五章提到雞尾酒派對效應，這個效應顯示名字的獨特性，因此機場廣播叫名或吵鬧派對的另一頭，有人喊我們的名字時，我們馬上會注意到。

姓名一般是由家長安排，而非我們自行選擇，奧特在著作《粉紅色牢房效應》中寫到，姓名可能影響我們的行為、人生決定、他人對待我們的方式。〈名叫蘇的男孩〉（*A Boy Named Sue*）是強尼·凱許（Johnny Cash）的一首歌，雖然名字的影響通常不會像歌詞情節那麼極端，不過奧特提出令人信服的論證，說明名字確可能產生影響。

有些人的姓名和其職業之間存在某種關聯，這顯示名字對人生的可能影響，雖然沒有科學依據，但饒富趣味。第八章提過一個例子，也就是經濟學家暨行為經濟學先驅塞勒，他的姓氏「Thaler」在

11 https://www.pressebox.com/inactive/nokia-gmbh/Survey-results-confirm-it-Women-are-better-multi-taskers-than-men/boxid/138540.

12 Hirsch, P., Koch, I., & Karbach, J. (2019). Putting a stereotype to the test: The case of gender differences in multitasking costs in task-switching and dual-task situations. PLoS One, 14(8), e0220150. https://doi.org/10.1371/journal.pone.0220150.

古德文中的意思正好是「元（錢）」；另一個例子是我舊金山一位朋友的足科醫生姓「Knee」（意「膝蓋」）。奧特舉的例子包括姓「Weedon」和「Splatt」（wee意「排尿」，splat意「噴濺聲」）的泌尿科醫生、澳式足球員德瑞克・基凱特（Derek Kickett）（kick意「踢」）、以色列網球選手安娜・斯瑪許諾娃（Anna Smashnova）（smash意「猛擊」）。姓名決定論（nominative determinism）的意思是，姓名能夠影響個人的職業或人生其他面向，檢視這個現象的研究發現，牙科（dental）從業人員中，名字開頭是「Den」的比例高過整體人口。不過本書之前提過的行為科學家暨資料偵探賽門森對此看法提出挑戰[13]。

不論有無科學依據，我們常碰到某人姓名與職業具有某種關聯的例子。可能是因為兩者之間的關聯令人印象深刻，使我們高估出現頻率。這可能是脈絡效應（context effect）發揮作用，這是一種記憶偏誤，也就是說我們比較容易記得「符合脈絡」的現象。

因此我大概不會建議烘焙品公司擅自假設姓「貝克」（Baker，意「烘焙師」）的人，很可能真的是烘焙師傅或對烘焙有興趣。不過兵工廠足球俱樂部（Arsenal Football Club）之所以聘請名叫阿爾賽納・溫格（Arsene Wenger）的法國教練，雖然一開始屢獲佳績，但之後接連九年未奪冠，球隊也沒有開除教練，教練的名字恐怕佔了一部分原因[14]。

以姓名預測職業可能稍嫌牽強，不過奧特提出令人信服的論證，說明名字對人生的其他影響。畢竟姓名代表我們的身分，他提到有數項研究顯示，名字會影響他人對待我們的方式，甚至暗中影響某人求職順利與否[15]。不過與行銷較為相關的是，奧特指出，名字對我們的行為也具有潛藏的影響力。

已故比利時心理學家約瑟夫・納丁（Jozef M. Nuttin）研究發現，人們偏好出現在自己姓名中的字母，實驗中，姓名字母更常被參與者圈選，最喜歡的六個字母中出現姓名字母的比例也較高。納丁稱此效應為單純擁有效應（effect of mere ownership）。

奧特另外提到一項針對現實行為的有趣分析，**顯示我們不僅喜歡自己姓名中的字母，也更願意捐款給首字和自己姓名開頭一樣的機構**。密西根大學研究團隊[16]檢視美國中西部某紅十字會分會的捐款記錄，研究「姓名字母效應」對颶風賑災的捐款有無影響。具體來說，研究人員想知道名字首字和颶風名首字一樣的人，是否更願意捐款。結果發現，事實確實如此——名字以「K」開頭的人更願意捐款救濟卡崔娜（Katrina）颶風的災民，而名字以「M」開頭者更願意捐款給米契（Mitch）颶風的災民。我有一位朋友是菲律賓人，她對家鄉海燕颱風造成的災情特別心痛，透過社交網路募得數千元賑災，她以前從來沒這麼做過。在菲律賓，海燕颱風名叫尤蘭沓（Yolanda），而我朋友名叫

13 這是一個科學論辯互相往來的精彩例子，賽門森（Simonsohn, U. (2010). Spurious? Name similarity effects (implicit egotism) in marriage, job and movingdecisions. *Journal of Personality and Social Psychology*, 101, 1–24）對最初的研究（Pelham, B. W., Mirenberg, M. C., & Jones, J. T. (2002). Why Susie sells seashells by the seashore: Implicit egotism and major life decisions. *Journal of Personality and Social Psychology*, 82(4), 469–487）提出質疑，接著皮爾翰及卡瓦洛（Pelham, B., & Carvallo, M. (2011). The surprising potency of implicit egotism: A reply to Simonsohn. *Journal of Personality and Social Psychology*, 101(1), 25–30. doi:10.1037/a0023526）再次提出證據，反駁賽門森的論點。

14 二〇一三年，兵工廠終於在英格蘭足總盃決賽擊敗赫爾城足球俱樂部（Hull City），結束久未奪冠的窘境。雖然兵工廠球迷對教練不滿，但溫格仍持續留任至二〇一八年才離開球隊。

15 瑪麗安・貝特朗（Marianne Bertrand）和森提爾・穆蘭納珊（Sendhil Mullainathan）合作進行的研究〈艾蜜莉和葛瑞格比拉齊莎和賈莫更容易找到工作嗎？勞動市場歧視的田野實驗〉獲美國全國經濟研究院（National of Economic Research）刊登。研究發現，白人名字的履歷獲得第二次面試的機率是十分之一，但同樣的履歷內容，調換成黑人名字後，二次面試的機率下降至十五分之一。

16 Chandler, J., Griffin, T. M., & Sorensen, N. (2008). In the "I" of the storm: Shared initials increase disaster donations. *Judgment and Decision Making*, 3(5), 404.

尤美（Yumi）。

運用符號建立身分認同吸引消費者

諷刺的是，現在的行銷人苦苦蒐集大量難以取得的消費者資料，卻沒想到在行銷手法中運用最公開的資訊——名字。其中一個例外是二〇一一年澳洲可口可樂發起的廣告活動，那次行銷大獲成功。當時廣告活動的口號是「分享可樂」，該公司在飲料瓶身印製一百五十種澳洲最常見的名字。這項行銷使可樂熱潮向野火一樣迅速蔓延，澳洲人口約兩千三百萬人，當時賣出兩億五千萬罐印製名字的可樂，多家媒體報導可樂銷量提升七%，這對大品牌來說是非常可觀的成長數字。其他七十個國家紛紛仿效這個行銷點子。英國市場研究公司輿觀（YouGov）報告：「觀看過『分享可樂』電視廣告的觀眾對於可口可樂、健怡可樂和零卡可樂的各項消費者感知指標皆顯著提升」，英國《百貨雜誌》（*The Grocer*）引用尼爾森數據指出，可樂的年增率達一〇%。

二〇一四年，可樂起源地也展開這項廣告活動，《華爾街日報》指出，這次行銷終止可樂在美國連十一年銷量下滑，逆勢提升二%。

二〇一九年，可口可樂南太平洋行銷主任露西．奧斯丁（Lucie Austin）在訪談中表示：

> 到頭來，名字是我們所擁有最私人的東西，以一個字代表我們的指紋、身分。這次活動把最私人的東西印在全世界最著名的品牌上。

運用內隱式的本位主義方式不限於名字，身分的其他面向也適用。有一項研究[17]請學生閱讀拉斯普丁（Rasputin）的短篇傳記（拉斯普丁是一位俄國神祕主義者，透過催眠掌控俄國亞歷山德拉皇后（Tsarina Alexandra），民間故事將他描寫成邪惡的化身[18]）。研究人員更改部分傳記中拉斯普丁的生日，因此部分學生讀到的傳記會顯示拉斯普丁的生日與自己一樣。相較於對照組（傳記顯示正確生日），生日和拉斯普丁一樣的學生對他的評價比較正面。

擁有共同名字、字母或生日的共通點能夠吸引消費者，品牌可藉此建立共鳴、聯繫，運用推力促使消費者採取行動。在這個年代，大眾有理由對行銷人運用消費者的私人資料感到擔憂，但我們沒有發現公開資料（名字及生日）其實就擁有強大威力。

我們看重自己的身分，並渴望捍衛或強化這個身分，這對行為有諸多影響。厄普頓・辛克萊（Upton Sinclair）有一句名言：「如果某人靠著『不知道某件事』賺取收入，那麼你很難讓他理解這件事。」查赫拉稍作修改成：「如果某人的自我形象建立在『不知道某件事』上，那麼你很難讓他理解這件事。」我認為查赫拉的版本顯示她對人性的透徹洞悉。

表示某個行為時加入身分的概念，有助於提升實際採取行動的機率。史丹佛大學及哈佛大學二〇

17 Finch, J. F., & Cialdini, R. B. (1989). Another indirect tactic of (self-) image management: Boosting. Personality and Social Psychology Bulletin, 15(2), 222–232.

18 民間傳說也將拉斯普丁描繪為玩弄女性的男人，因此波尼M合唱團（Boney M.）一九七八年歌曲〈拉拉拉斯普丁〉（*Ra Ra Rasputin*）歌詞「俄國最偉大的愛情機器」的描述有其依據。

19 Bryan, C. J.,W., Walton, G. M., Rogers, T., & Dweck, C. S. (2011). Motivating voter turnout by invoking the self. *Proceedings of the National Academy of Sciences of the United States of America*, 108(31), 12653–12656.

一一年一項研究[19]顯示訴諸自我概念時，「措辭構句」的重要性。研究比較「我是選民」及「我會投票」這兩個語句對於選民註冊及投票率的影響。這兩句話之間的重要區別是，前者描述身分，而後者描述行為（動詞）。研究中，部分意見調查使用的語句是「我是選民」，另一部分使用「我會投票」。讀到「我是選民」（描述身分）的研究參與者，註冊投票與實際投票的比率皆較高。

第三種：宏觀及微觀環境對選擇的影響

奧特不僅瞭解名字，也是各種情境的專家。他的第一本著作《粉紅色牢房效應》出版時，他在訪談中提到：

> 即便是最廣義的環境層面，像是天氣、晴天或雨天都會影響人們購買產品的機率，也會影響人們買股票的可能性。研究檢視股市交易發現，晴天的股價比較容易上漲。一般來說，晴天時人們買更多股票，他們也更樂於購買產品，天氣對股票及產品的基本影響大致相同。

賽門森以審視他人的研究聞名，反而自己的研究所獲關注較少，不過他也有一項研究檢視短期天氣對於某項長期人生決定的影響。他分析大學參觀資料及大學所在地的天氣記錄，觀察人們參觀校園當天的天氣狀況，與後續是否註冊有無關聯。奧特說，晴天會催化購買決定；賽門森則提出證據，顯示陰天甚至可能壓過學術方面的考量，影響註冊哪一所大學的決定。

> 研究發現與假設一致：當下的天氣狀況，會影響未來註冊與否的決定。研究結果顯示，參觀校園當天的雲量超過一個標準差時，註冊率上升九%。

這個現象和第七章內容相關，賽門森稱之為投射偏誤（projection bias），也就是誤以為自己未來的喜好仍會和現在一樣。

> 註冊哪一所大學這種重大決定，居然會被某天雲量這種微不足道、短暫且顯然毫無關聯的因素影響，這顯示投射偏誤很可能是相當普遍的現象，在跨期決策中扮演重要角色。

如果要行銷大學或成人教育，這項研究的實際應用方式包括在陰天的天氣預報旁刊登廣告、利用「天氣行銷」，甚至是在廣告素材中製造陰天的氣氛。

「前景」與「背景」都是影響原因

「地點」當然也是情境的一種。詹姆斯．哈勒特（James Hallatt）多年來擔任葛蘭素史克（GlaxoSmithKline）口腔衛生部門的全球負責人，他和我分享，提供旗下產品舒酸定（Sensodyne）樣品時，周遭情境的重要性。

> 由牙醫師在診間向敏感性牙齒患者提供舒酸定樣品，醫生的專業背景當然是強而有力的保

證。不過診間環境、患者躺在診療椅上接受全套口腔照護，以及牙醫一對一的關注都是情境的一部分，進一步強化醫師專業推薦的可信度。

塞勒在一九八五年一篇關於心理帳戶[20]（mental accounting）的論文[21]中提到，他曾經調查高階主管發展計畫中有喝啤酒習慣的參與者，在以下情境的做法：

假設你躺在沙灘上，當天天氣炎熱，你手邊只有冰水。你想著喝瓶最愛牌子的冰啤酒，已想了一個小時。這時同伴起身，他說要去打電話，願意幫你順道買瓶啤酒，不過附近賣啤酒的地方只有「情境A：豪華度假飯店／情境B：小而老舊的雜貨店」。同伴表示啤酒可能不便宜，所以問你願意付多少錢。只要你說的價格大於或等於啤酒售價，他就會幫你買回來；不過如果啤酒售價高於你願意付的價格，他就不會買。你信任朋友，而且也不可能和「情境A：酒吧侍者／情境B：雜貨店老闆」討價還價。你願意付多少錢？

兩者的差異相當驚人。在情境A中，參與者願意付二．六五美元（計入通膨，相當於二〇二〇年的六．三六美元）向豪華飯店購買啤酒；在情境B中，參與者願意付一．五美元在小雜貨店購買啤酒（相當於二〇二〇年的三．六美元）。

塞勒指出，在兩個情境中，啤酒都是一樣的產品（參與者最喜歡的牌子），飲用的時間地點也一樣（沙灘上），沒有「氣氛」或「服務」的差別。塞勒以交易效用（transaction utility）解釋兩者之間的差異。交易效用指的是我們對交易的感受，或是預期與實際付款金額之間的差異。不過參與者預期飯店啤酒售價較高的原因是什麼？只是參與者非意識中的參考價格（塞勒的解釋）嗎？還是想像身穿燕尾服的酒吧侍者戴著潔白無瑕的手套，越過義大利製大理石吧檯，將啤酒遞給你，這一切豪華氛圍所造成的差異？

環境線索會影響我們購買的產品及願付價格。其他研究顯示，零售場所燈光昏暗或明亮、氣味、甚至是貨架之間的距離也都有影響。研究顯示「身處狹窄、偪促走道的消費者購買的糖果品項較多，身處寬敞走道者購買的品項較少[22]」。另一項研究檢視英國超市的葡萄酒，發現**背景音樂類型對人們的選擇有顯著影響**[23]。超市陳列價格、品質相近的法國及德國葡萄酒，並播放音樂，一天播放法國風的手風琴樂曲，隔天播放德國風的銅管樂器音樂，兩者輪流交替。播放法國手風琴樂曲時，賣場賣出的葡萄酒將近八成為法國酒；播放銅管音樂時，售出的葡萄酒超過七成產於德國。消費之後，研究人員請購物者填寫問卷。八六%的消費者表示音樂沒有影響自己的選擇，顯示他們並沒有意識到音樂對選擇的影響。由此可知，**在行銷時我們經常過於注重前景，忽略背景也能影響人們的選擇。**

20 心理帳戶的內涵是，我們會因為金錢的來源、預計用途而對錢有不一樣的看法。心理帳戶的影響可能對個人有利，也可能不利。比方說，人們有時不太願意以存款付清高利率貸款，即便這會是比較有利的做法（因為貸款利率高於儲蓄利率）。心理帳戶的弔詭之處是，金錢的可交換性降低。

21 Thaler, R. (1985). Mental accounting and consumer choice. *Marketing Science*, 4(3), 199–214.

22 Levav, J., & Zhu, R. (2009). Seeking freedom through variety. *Journal of Consumer Research*, 36(4), 600–610.

23 North, A. C., Hargreaves, D. J., & McKendrick, J. (1999). The influence of in-store music on wine selections. *Journal of Applied Psychology*, 84(2), 271–276.

第四種：決策過程中無關情緒的影響

我們都有過這種經驗，某人似乎沒什麼耐性，或對我們的招呼感到不耐。我們第一個反應常是自問：「我做錯什麼嗎？」反省自己做了什麼，以致遭受這種對待，或者直接把對方的行為歸咎於個性，暗自認定他們為人差勁。不過如果後續與對方對話通常會發現，他們之所以對你不友善，原因很可能完全與你無關，例如與家人爭吵、與客服不愉快的經驗、擔心健康或財務狀況等。

品牌也常遇到這種狀況。不論你如何陳列貨攤、規劃行銷，你完全無法控制購物者先前所處的情境，只能任其擺佈。先前的情境對人們的選擇有深遠的影響。

舉例來說，一九七〇年代普林斯頓大學（Princeton University）一項著名研究稱作「和善的撒瑪利亞人研究[24]」（The Good Samaritan Study），研究名稱引用新約聖經的寓言故事，故事講述某人被毒打、搶劫、留在路邊等死。接著兩個有宗教背景的人經過，一位牧師及一個利未人（Levite），他們都沒有停下腳步幫助傷者。後來，一個來自薩瑪拉（Samara）的人經過，他沒有任何職業或宗教背景，卻停下腳步協助受害者，為他包紮傷口，替他出客棧住宿費以便休養。

在和善的撒瑪利亞人研究中，研究參與者是普林斯頓神學院的學生，研究人員請他們準備短篇演說，並到附近大樓發表演講。部分參與者的演講主題是神學家的就業前景，另一部分主題是和善的撒瑪利亞人寓言。研究人員也請所有學生接受簡短的個性測驗，問卷問題包括他們對宗教的看法，藉此預測參與者伸出援手的機率。

接著研究者請學生走到附近的大樓發表演講。學生出發之前，研究人員對三分之一學生說：「你遲到了，他們等你好幾分鐘了，快去吧！」；對另一些學生說：「助理準備好了，請直接過去吧！」；對最後三分之一的學生說：「他們還要幾分鐘才會準備就緒，不過你也可以直接走過去。」

在前往大樓的路上，所有學生都會經過一個神情痛苦的人（研究人員假扮），不過只有部分學生停下腳步提供協助。

有趣的是，草擬和善的撒瑪利亞人主題的講稿是一項相當明顯的「前置準備」，不過講述這個主題的學生為路人伸出援手的比例沒有特別高；個性測驗也無法預測參與學生的行為。只有第三個變項（學生出發時急迫程度的感受）會影響學生是否停下腳步幫忙：沒有趕時間的學生停下來幫助路人的機率較高。

研究主導者約翰・達利（John Darley）和C・丹尼爾・巴森（C. Daniel Batson）在論文中寫道：

> 想著和善撒瑪利亞人的故事並未提高助人行為的機率，但匆忙的狀態會降低伸出援手的比例。這份研究獲得的結論是，在匆忙的日常生活中，道德變成行有餘力才會落實的行為，這樣的描述並沒有錯。

簡言之，是否處於匆忙的狀態，這項因素對參與者行為的影響，勝過其哲學或價值觀，即便參與

24 Darley, J. M., & Batson, C. D. (1973). From Jerusalem to Jericho: A study of situational and dispositional variables in helping behavior. *Journal of Personality and Social Psychology*, 27(1), 100–108.

者事前以和善的撒瑪利亞人為題草擬講稿，故事強調伸出援手的重要性，這對參與研究的神學院學生來說應該是非常有說服力的寓言，不過影響效果還是不如當下情境的急迫性。

我建議盡可能瞭解潛在選擇者接收廣告訊息或做決定當下的心理狀態。考量心理狀態是購物者行銷（shopper marketing）的中心思想之一。人們在零售環境中的行為各不相同（事實上，在各個零售環境中也不一樣），因此零售場所的行銷成了一門獨立的專業。傳統品牌行銷的觀點是，人們的心理變數（psychographics）及人口特徵會影響其行為；不過演化心理學及行為科學顯示，**人們選擇當下的心理狀態是更重要的影響因素**。

各式各樣宏觀及微觀情境，對人們的選擇有深遠影響。我們行銷人常執著於內容，將內容奉為帝王，因為內容似乎比較容易掌控。但這是只假象，因為情境可能消弭或增強內容的影響力。**如果情境不適當，再好的內容都沒有用**。國王萬歲，王后萬萬歲。

本章重點：

- 我必須再強調一次，人們做決定的方式和情境息息相關。這點太重要了！
- 選擇的情境會激發特定演化目標，情境的差異有時相當細微，卻能使同一人做出非常不同的決定。
- 人類根據基模和刻板印象快速做出判斷，不過這類推測通常準確度不高。行銷人也是人，也常倚賴基模和刻板印象，但我們必須瞭解，刻板印象常和實際行為存在出入。

- 我們通常對與自己有關係的事物較有好感。和某人／實體擁有同樣生日或名字首字，會因此感覺格外親切。如果你是募款單位，不要以單一人的名義寄出募款信，請招募一個團隊，請他們寄信給名字或首字母和自己一樣的收件人。

讀者回饋：

- 「重點不光在於表達合適的訊息，還要在適當的場合、以適當的方式表達。情境是洞察和內容的依歸。」
- 「思考內容時，若忽略了情境，那只是白費力氣。」

第十三章 先天與後天因素的多重影響：從年齡、文化到語言的差異

先天和後天因素都會影響人們的決定，行銷人應一併納入考量。

在《哈利波特：消失的密室》（*Harry Potter and the Chamber of Secrets*）中，校長鄧不利多向哈利說：「哈利，顯露真正自我的是我們的選擇，而不是能力」，藉此向哈利說明，儘管他在自己和湯姆．瑞斗（佛地魔）身上看到相似之處，但他絕對不同於瑞斗，因為哈利選擇運用自己的力量為善。**如果我們的選擇顯露真正的自我，那麼是什麼影響我們的選擇，進而決定自我的樣子？行為的普遍性？個體的生物差異？文化情境因素？個人經驗？**

當然，答案是以上皆是。

所以說，不必探究選擇究竟是先天還是後天決定，因為兩者皆有影響。前一章我們看到性別差異的社會情境對行為的影響，也討論過情境形塑選擇的方式，導致我們在不同情況中會做出不同決定。

但個體之間固有的差異，不也會影響我們的決定嗎？我剛接觸行為科學在行銷方面應用的時候，有一點讓我很驚訝，那就是各領域的眾多研究，都著重於某種效應對所有參與者的平均影響，而不會細究為什麼某項效應對某些人的影響特別明顯，對另一些人較無影響。老實說，你可能讀了幾本講述行為經濟學原則的優秀著作之後出現滿腹疑惑，搞不清楚自己和鄰居、日本東京的計程車司機或德國

漢堡的老師有什麼不一樣。當然，從許多方面來看，你和他們很相像，不過從另一些角度來看，你又和他們不一樣。

看見區隔研究的差異及相同處

行為經濟學早期研究的重點是證明認知偏誤的存在，而非探尋這些偏誤可能造成哪些影響。第八章討論過，展望理論的內涵是，損失帶來的負面心理影響約是等量收穫正面心理效應的兩倍。每次我舉辦研討會或向行銷專業人士演講時，幾乎都會被問到：「這個比例在每個人身上都一樣嗎？」這是一個好問題，答案是否定的[1]。行銷人很愛問這個問題，因為行銷思維首重人與人之間的差異，而非相似之處。不同產品有不同目標客群；我們把使用者分成不同群體；我們分析各種媒體所吸引觀眾的人口特徵及心理變數差異，據此投放合適廣告；我們替特定年代出生的族群貼上特定標籤，例如嬰兒潮世代、X世代、千禧世代，並放大各世代之間態度、信念、行為的差異，有時候簡直把各族群視為不同物種。

行銷人花費大量金錢尋找差異。我所合作過的每一家大型客戶，幾乎都投資巨額進行區隔研究，目的是將整體市場區分成數個內部性質相似的族群。接著分析這些族群（或區隔）對品牌的潛在價值、可觸及程度、是否應設定為優先目標。區隔市場的常見標準，包括該族群對某類別產品或品牌的需求、

1 第八章討論過，損失趨避的程度也和情境有關，年齡是影響因素之一。某份研究的研究對象為遍及各年齡層及社會經濟狀態總計六百六十位德國人，研究顯示年長參與者損失趨避的程度較高，而教育程度高的參與者較不受損失趨避效應影響。Gaechter, S., Johnson, E. J., & Herrmann, A. (2007, July). *Individual-level loss aversion in riskless and risky choices*. IZA Discussion Paper No. 2961.

自陳的行為、人口特徵及心理變數、媒體使用習慣、態度及情緒需求、對特定產品或訊息的接受度等。

區隔研究通常不便宜，根據範圍、規模及涵蓋國家數量不同，一套包含分析的詳盡研究，可能斥資三〇萬至一〇〇萬美元，甚至超過。這還只是初期花費，區隔研究通常直接影響行銷預算，金額是研究開支的數十至上百倍。

行銷人很重視個體差異（本章將說明幾個直接影響行為的個體差異），行為科學家則較不重視。我這麼說可能有點以偏概全，不過行銷人經常過於強調感知差異，而行為科學家傾向忽略（以行銷應用行為科學的角度來看）。**行為科學研究的目的，通常是探尋某種效應對整體人口的影響。另一方面，區隔研究雖然極具價值，卻也常放大差異，這對行銷不一定有利。**

我曾與一間著名服飾公司合作，該公司的消費者洞察負責人，會找出區隔研究中的重點族群，並為該族群中的個體製作迷你紀錄片，記錄其生活及品味，藉此降低區隔研究放大差異的副作用。該公司的消費者洞察團隊，甚至邀請不同族群中的個別消費者與行銷及產品團隊一同參與重點簡報會議。這種重視個人的策略能幫助公司看到區隔之間的差異，也隱約突顯出人類動機及欲望的普遍性，而區隔研究經常忽略這一點。

文化對人的潛在影響

許多判斷與決策研究，並沒有討論到文化對人們選擇的潛在影響，我對這一點也感到困惑。行銷人，尤其是廣告公司，簡直著迷於文化因素，而且本應如此。英格（Engel）、布萊克威爾（Blackwell）、米納德（Miniard）合著的《消費者行為》（*Consumer Behavior*）指出：「文化素養不足的行銷人注定失敗。」前一章我提到刻板印象可以創造認知協調（cognitive consonance），認知協調的事物能引發共鳴、使我們點頭稱讚。文化協調的想法與主題，應該也有相似的效果。**從接收者的觀點來看，如果廣告訊息與人們談論、觀賞、聆聽、互動、分享的事物相關，那應該很容易吸引注意力。**

行銷中切合文化的主題或迷因[2]（meme）通常無法直接觸發某種決定或行為，比較偏向吸引人們關注或參與互動的誘因。某個訊息營造的感受及人類先天行為模式之間的關聯，才是真正促使選擇者做出決定的原因，我在本書前幾章已提過許多例子。

比方說，回顧廣告歷史，二〇〇七年英國行銷雜誌《*Campaign*》稱讚四十多年前一則電視廣告是「電視史上最受喜愛、影響力最深遠的廣告」。廣告中召集一百多位年輕人，唱著：「我想請世界喝瓶可樂[3]」，充分掌握時代精神（Zeitgeist，這個德文字原意「時代的鬼魂或靈魂」）。廣告播映時，美國參與越戰已進入第六年，而冷戰將全球分為兩個對立世界。很多可口可樂員工都表示，這齣廣告遠不只是產品廣告，而是一則宣揚包容與希望的訊息。

當時（以及二〇一五年[4]）這齣可樂廣告對社會文化造成深遠影響，約有十萬人寫信給可口可樂

2 「meme」（迷因）這個字由理查・道金斯（Richard Dawkins）發明，其一九七六年著作《自私的基因》（*The Selfish Gene*）首次使用這個字，意指「在某一文化的人與人之間流傳的想法、行為、風格或用法」。

3 我相信你一定看過這齣廣告，這齣可口可樂廣告的標題其實是「山坡」（Hillside）。廣告結尾的字幕寫道：「在義大利一處山坡上，我們集合來自世界各地的年輕人，向您傳達這則訊息……」這是很多人心中最愛的一支電視廣告，我也是其中之一。文字不足以傳達這齣廣告帶來的感動，所以如果你還沒看過，快到 YouTube 找來看，如果你看過了，不妨再看一遍，當作犒賞自己。

4 二〇一五年，《廣告狂人》再度推高「山坡／我想請世界喝瓶可樂」廣告的聲望。影集最後一集以這齣廣告劃下句點，講述主角唐・德雷柏擺脫他複雜的生活，在北加州海岸的僻靜之處找到平靜，想像一個和諧、充滿希望的世界，據此構思這齣廣告。（影集編劇為藝術效果而更動事實，德雷柏是虛構人物，這齣廣告的創作者當然另有其人）。《廣告狂人》創作人馬修・溫納（Matthew Wiener）後來表示：「對我來說，那是有史以來最棒的廣告，當時的廣告環境良善。我之所以製作這部節目，是因為現在與廣告的關係混沌不明。」

公司，點播這首廣告歌的要求也使廣播電台應接不暇。隨後夢想家合唱團（New Seekers）重新錄製這首歌，但另外編寫歌詞，略去可樂的品牌名稱。於英、美排行榜分別獲得第一及第七名佳績。

包容的訊息及其文化影響力，當然是這齣廣告備受喜愛的一大原因，不過廣告之所以有效，不得不提到行為科學層面的因素，也就是以出眾而正面的手法運用社會認同策略。廣告以優美而深刻的方式呈現人手一瓶可樂的景象，不僅提醒觀眾可樂大受歡迎，是許多人購買、享用的飲料，更發揮社會認同強大的影響力，啟動人類天生模仿他人的能力，使選擇可樂成為自然而然、符合直覺的行為。

社會及流行文化脈動、個人價值觀及品味，都是影響選擇的重要因素。當然，人性普世皆同，也不受時間影響，但其他因人而異或受限時地的特徵呢？那些使我們不同於他人、前人的特質呢？

許多原因會造成個體之間的差異。有些以基因的形式傳承，使某些內部具同質性的團體在特定環境中茁壯。舉例來說，北歐原住民經過演化，適應北方高緯度地區的環境，利用稀有陽光合成維生素D3（骨骼成長、免疫反應、大腦運作的必要元素）的效率較佳。這些演化特徵包括有利大量吸收陽光的白皙肌膚，還包括日光浴的文化行為（前往斯德哥爾摩的遊客常對當地酒吧外及公共場所朝特定角度排列整齊的躺椅感到有趣，排列躺椅的目的，是充分把握一天當中短暫的陽光照射）。

用架構呈現影響選擇的因素

族群中特定個性及行為的組合比例，可能對整體族群有利，這也是造成個體差異的原因之一。二〇一三年一篇研究[5]發現所謂的「領袖基因」，引發大眾媒體熱烈報導。研究作者之一強—依曼紐·迪尼福（Jan-Emmanuel De Neve）表示：

我們發現rs4950的基因型，似乎與世代之間領導能力的遺傳有關。傳統認為領導能力是可以後天培養的技巧，這當然沒錯，但我們發現領導能力同時也是一種遺傳特徵。

如果領導等於擁有社會價值，那顯然不是每個人都能擁有這樣的地位。人們是否註定成為領袖或追隨者，這個倫理問題已經超出本書探討的範圍，族群中多元而互補的角色對社會整體有利，這個結論很有意思，也言之成理。這對行銷人的啟發是，雖然人性普世皆同，其中的細微特徵各異。

為了方便瞭解先天與後天、整體相似性與個體差異對選擇的影響，幾年前我繪製出以下圖表，雖然這張圖無法完全解答，人們的背景及環境對選擇到底有何影響，但至少可以具體標明影響人類選擇的多項因素。而比我更聰明的專家學者持續爭辯先天及後天因素對選擇的影響，不論如何，這個問題的解答比較是哲學家或科學家關心的事，與行銷人較無關聯。我認為圖13・1是一個實用架構，具象呈現各種影響選擇者行為的潛在因素。

左下象限：人性

人性象限位於「普世」及「先天」的交會區，同時也是本書許多章節的主題。人類所運用的認知捷徑及數千年來的演化直覺，都屬於人性的範疇。這些因素幾乎普世皆同，是人類決策的共同依據。

5 De Neve, J.-E., Mikhaylov, S., Dawes, C. T., Christakis, N. A., & Fowler, J. H. (2013). Born to lead? A twin design and genetic association study of leadership role occupancy. *The Leadership Quarterly*, 24(1), 45.

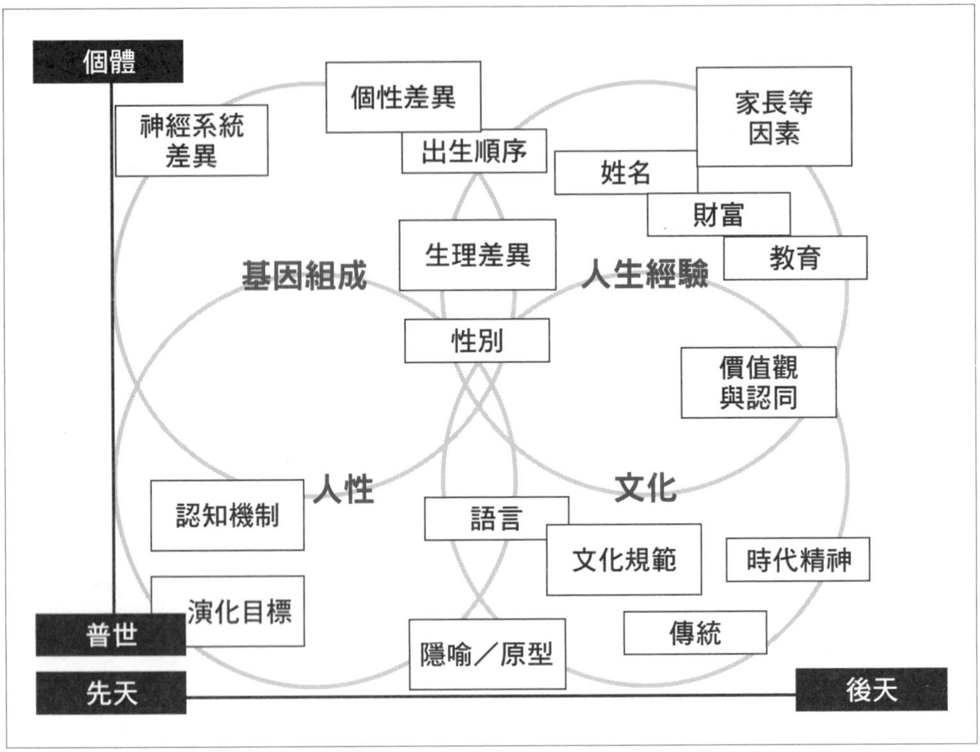

圖13.1 普世／個體及先天／後天（UIIA）圖。

之前討論過，本章也將進一步探討，情境、文化及個體人生經驗，都可能在大大小小的程度上影響人類天性。

左上象限：基因組成

往上移到「先天」與「個體」的交會區，基因組成決定各種生理差異，可想而知，我們的腦部結構及行為、選擇當然也受基因影響。二〇一〇年，賽門森和安納·塞拉（Aner Sela）發表一篇研究，檢視同卵及異卵雙胞胎決策行為的相似及相異之處[6]。論文開頭發表以下見解：

> 建構偏好[7]（construct preference）獲得大量關注，不過目前幾乎沒有研究是從遺傳的角度探討消費者的判斷與選擇。

他們認為，未來遺傳研究將引導我們進一步認識個體的決策差異，不過雖然此領域已取得諸多進展，可能還要數十年才能找出「哪些認知效應可以遺傳，進而影響風險規避、離婚、對爵士樂的喜好，以及這些效應與其背後機制的關聯[8]。」

毫無疑問，遺傳研究將帶領我們，從全新角度瞭解個體之間偏好及決策差異的背後原因（本章稍早提到的「領袖基因」就是一例）。與行銷相關的問題是，我們能如何運用這些洞察？根據人們的基因組成，鎖定目標客群不僅是技術上的一大挑戰，更存在倫理問題。〈天生領袖？領袖角色戰友的雙胞胎研究設計與遺傳關聯研究〉（研究「領袖基因」）的其中一位作者迪尼福，已點出透過基因檢測，挑選領袖與評估表現的倫理風險，這項應用可能導致勞動市場的基因歧視。

基因差異形成個體特徵，進而影響整體人口中具一定數量少數族群的行為，這種現象一個明顯可見的例子就是右撇子或左撇子（美國左撇子約佔總人口的九至一一%）。一個鮮為人知的小祕密是，不論學術或業界，幾乎所有研究都以右撇子為主要研究對象[9]，因為右撇子和左撇子的腦部結構，存在科學尚無法完全理解的顯著差異。要解讀左撇子的腦部活動，光是把右撇子的腦部成像反轉或利用

---

6 Simonson, I., & Sela, A. (2011, April). On the heritability of consumer decision making: An exploratory approach for studying genetic effects on judgment and choice. *Journal of Consumer Research*, 37(6), 951–966.

7 譯註：指受情境影響的偏好、選擇，相對於先天偏好。

8 雖然可能還要好一陣子之後，我們才能全面瞭解基因差異對選擇的影響，不過科學家已經開始研究這個問題。本書稍後會提到一篇研究（Doll, B. B., Hutchison, K. E., & Frank, M. J. (2011). Dopaminergic genes predict individual differences in susceptibility to confirmation bias. *Journal of Neuroscience*, 31, 6188–6198），這篇研究指出，擁有某種基因多型性的人，較易受確認偏誤左右。

9 Willems, R. M., Van der Haegen, L., Fisher, S. E., & Francks, C. (2014, February). On the other hand: Including left-handers in cognitive neuroscience and neurogenetics. *Nature Reviews Neuroscience*, 15, 193–201.

鏡像是沒用的。

運用到數位環境的實例

我們行銷人不必深入剖析神經科學的差異（雖然這是一門引人入勝的研究領域），只要思考這些差異在現實生活中的影響。以實體品牌及零售面向來說，就是盡可能確保左撇子的體驗和右撇子一樣流暢。不過真正的商機來自數位環境。

二〇一二年萊恩．艾德（Ryan Elder）和阿拉娜．克里希納（Aradhna Krishna）共同發表的論文[10]研究，廣告中視覺線索對行為的潛在影響。在某項實驗中，研究人員請參與者觀看三種廣告版本，第一種廣告呈現一碗優格，右側放著湯匙（湯匙就是食用或行動的線索），第二個版本的湯匙放在左側，第三版本沒有湯匙。其他實驗則提供兩種廣告，分別提供右撇子及左撇子的視覺線索（例如叉子、拿著漢堡或馬克杯握把的手）。

綜觀這些實驗發現，視覺線索與參與者慣用手一致時，購買意願上升（湯匙放在右側或馬克杯把手朝向右側時，以右手為慣用手的參與者反應較佳）。

這項研究有兩個啟發：首先是突顯視覺線索觸發行動的效果。如果某種線索有助人們採取特定行動，不論是餐具、螢幕上的按鈕、開罐器、數字鍵盤、撥號鍵盤、筆，不妨強調這些線索推力，促使廣告觀眾採取行動。

我在這項研究中看到的機會是，**我們可以透過數位媒體，向慣用手分別為左手或右手的使用者放送不同廣告。**

透過分析筆跡可以判斷某人的慣用手，假如行銷人能透過按鍵、滑鼠或觸控螢幕動作辨別使用者為左撇子或右撇子（並具有一定準確度），就可以針對其慣用手放送量身打造的廣告。之前提過，美國約有一一％人口為左撇子，除了非裔美國人（一三・六％）及拉丁裔（一七％）外，左撇子人數比其他少數族群還多。假如忽略左撇子天生的差異，我們就無法向這一一％人口投放最合適的廣告，在失之毫釐，差之千里的行銷界中，一一％能帶來很大的差異。

右下象限：文化

介於先天與後天的普世因素

看過架構圖的左半邊後，我們接著檢視左右下方交會處，觀察人類群體後天經驗對選擇的影響。此處不必爭論「集體無意識[11]」（collective unconscious）是否存在，有些因素似乎是介於「先天」與「後天」之間。原型（archetype）就是其一。有些人認為，榮格等人所提出的原型概念和認知偏誤一樣根深蒂固，屬於直覺的一部分；也有人認為原型是後天習得。許多行銷人對原型相當熟悉，這是塑造品牌的手法之一，瑪格麗特・馬克（Margaret Mark）和卡羅・皮爾森（Carol Pearson）的著作《很久很久以前……》（*The Hero and the Outlaw*）可說是這種風潮的背後推手。兩位作者以榮格及喬瑟

10 Elder, R. S., & Krishna, A. (2012, April). The 'Visual Depiction Effect' in advertising: facilitating embodied mental simulation through product orientation. *Journal of Consumer Research*, 38(6), 988–1003.

11 譯註：榮格提出的概念，為個人非意識中遺傳而來的層次，不受後天個人經驗影響。

夫・坎伯（Joseph Campbell）的原型為基礎，加以改編成品牌可以套用的角色。舉例來說，美國運通（American Express）和賓士符合「統治者」的原型，而耐吉和美國海軍陸戰隊體現「英雄」原型。雖然消費者心中是否存在品牌原型，科學仍無定論，不過原型的確是行銷人思考品牌角色的實用工具，並據此規劃相符的品牌活動與形象。

同樣的，有些專家學者認為隱喻也是在非意識層次運作。《為什麼顧客不掏錢》（*How Customers Think*）與《行銷隱喻學》（*Marketing Metaphoria*，暫譯）作者暨哈佛商學院（Harvard Business School, HBS）「喬瑟夫・C・威爾森榮譽退休教授」傑若德・查爾曼（Gerald Zaltman）指出，日常對話使用的表面隱喻（surface metaphor）背後存在我們每個人都熟悉的架構，且在深度層次與我們息息相關。

語言結構影響說話方式及行為

語言也位於同一區。《語言本能》（*The Language Instinct*）作者史迪芬・平克（Steven Pinker）提出具有說服力的論點，主張語言並不完全是後天習得，語言的概念其實是人類直覺。白話的解釋是，我們都有使用語言的直覺，不過各種語言的聽說讀寫的確是後天學習而來。平克的例子是，小孩說話時會出現錯誤，代表他們會自己造句，並不完全是複誦或模仿家長說過的話。小孩可能會說：「He teared the paper and then he sticked it.」，這句話不太可能是複誦大人說話學來的[12]，顯示他們有能力構詞造句。兒童在學會母語的規則之前就已經理解語言的概念。另外，**我們後天學到的母語細節與特點可能影響行為**。阿莫—高特菲萊是外送公司 Doordash 行銷負責人暨非政府組織國際人口服務組織董事會成員，他出生、成長於迦納（Ghana），曾經任職於一家國際廣告代理公司，擔任該公司在迦納首都阿克拉（Accra）辦公室的負責人。

阿莫—高特菲萊說，迦納人對守時的定義很寬鬆。他認為部分原因是阿善提語（Ashanti，多數迦納人所用的語言）中「遲到」的概念不帶貶意，其實也沒有一個字能直接表達「遲到」意思。阿莫—高特菲萊指出：「我們不會說『你遲到了』，而是說『你花了好些時間』，這句話並無譴責的意味。」

語言的結構不僅影響人們說話的方式，更會影響其行為。陳凱斯（Keith Chen）是加州大學洛杉磯分校安德森管理學院的經濟學副教授，同時擔任商業顧問，他所屬的團隊發想出Uber的浮動定價模式。陳凱斯進行一項有趣的分析[13]，觀察不同結構的語言和未來行為之間有何關聯。具體來說，有些語言表達預測時，文法上必須標記未來式，而他的論文就是檢視這些語言對行為的影響。需要明顯「標記」的語言稱為強未來時間表述（Future-Time Reference，簡稱FTR）語言；不需標記的語言稱為弱未來時間表述語言。陳凱斯寫道：

> 德語人士如要預測降雨，可以直接用現在式表達：「Morgen regnet es.」，意思是「明天下雨。」不過英文需要加上未來標記，例如「will」或「is going to」（將會），也就是「明天將會

12 譯註：此句兩個動詞過去式型態出錯，正確應為「tore」和「stuck」。

13 Chen, K. M. (2013). The effect of language on economic behavior: Evidence from savings rates, health behaviors, and retirement assets. *American Economic Review*, 103(2), 690–731.

下雨。」所以說，英文必須區分現在與未來事件，而德文不需要。

因此英文屬於強未來時間表述語言，而德文是弱未來時間表述語言。不過英語使用者不必高興得太早，英文並沒有比德文「強」，而且在有益健康的行為方面，強未來時間表述語言不一定是好事。打個比方，強未來時間表述語言就好像在高爾夫球比賽中獲得高分[14]。

陳凱斯分析經濟合作暨發展組織的資料，發現主要使用強未來時間表述語言的會員國，存款比弱未來時間表述語言會員國少了四．七五%。雖然我們無法斷定這種現象是語言所造成，可以確定的是，語言、文化、行為等因素皆密不可分。

表達所用的時態也可能影響我們的反應。阿姆斯特丹大學（Universiteit van Amsterdam）行銷及消費者心理學助理教授安卓莉亞．威勞赫（Andrea Weihrauch）研究廣告陳述及社交互動中時態所扮演的角色，她對現在進行式的影響力特別感興趣。威勞赫的研究[15]發現，現在進行式與現在式，會影響我們對產品使用期限的判斷（例如：電池電量可持續多久才需要再次充電），進而影響我們對產品及品牌的好感度。

從行為科學的觀點來看，現在進行式擁有諸多優勢。我常建議以現在進行式來表達品牌宗旨。現在進行式具有銜接現在及未來的功能，強調動作當下正在且持續進行的狀態，避免使未來顯得過於遙遠、容易忽略。威勞赫指出，行銷人翻譯文案時不一定會注意到兩種時態之間細微的差異。舉例來說，麥當勞的經典廣告詞「I'm Loving It.」使用現在進行式，不過在其他語言中常只翻譯為「I Love It.」（現在式）。原因可能包括該語言不存在現在進行式，或是口語不會使用這個時態。

「獨立」VS.「依賴」文化的差異思考策略

由「個體」往「普世」移動，圖表右下是文化的部分。文化對行為及選擇有深遠的影響，不過文化相關的詳細說明，已超出本書探討的範圍。這個主題龐大而複雜，因為世界上的文化種類為數眾多，而且持續變動[16]。《思維的疆域》（*The Geography of Thought*）作者理查・尼茲彼（Richard Nisbett）觀察文化在國內與國際層次上的影響。尼茲彼研究文化對行為的影響，發現成長於美國南方及北方的男性存在行為差異[17]；**東西方文化也會影響人們對於自我及他人認知的差異，進而左右其選擇。**幾年前我曾訪問尼茲彼，特別詢問到文化差異對於國際品牌行銷策略的影響，他表示，沒有一體適用的策略，至少要考慮兩個面向：

作者：關於不同文化的決策及思維差異，你的研究成果帶給國際品牌什麼啟發？

---

14 譯註：高爾夫球分數為與標準桿的差距，因此分數越低越好。

15 Weihrauch, A., & Dewitte, S. (2015). The present is not the present: How processing the present progressive brings future events and promotional deadlines closer. In K. Diehl & C. Yoon (Eds.), NA – *Advances in consumer research* (Vol. 43, pp. 734–735). Duluth, MN: Association for Consumer Research.

16 吉爾特・霍夫斯泰德（Geert Hofstede）的〈文化維度理論〉（Cultural Dimensions Theory）是受到廣泛引用的參考資源。霍夫斯泰德中心（The Hofstede Centre）提供與其研究相關的課程及工具。其中一項有趣工具可以比較全世界一百零二個國家文化的六大維度表現：權力距離、個人主義、男性化（顯示某文化強調競爭或合作）、不確定性規避、長期導向、放任（意指社會容忍尋求享樂、滿足基本人性的程度）。工具網址：https://www.hofstede-insights.com/models/national-culture/

17 Cohen, D., Nisbett, R. E., Bowdle, B. F., & Schwarz, N. (1996, May). Insult, aggression, and the southern culture of honor: An ‘experimental ethnography.’ *Journal of Personality and Social Psychology*, 70(5), 945–960.

尼茲彼：我的一項發現是，有些文化相互依賴，有些比較獨立。在相互依賴的文化中，人與人之間的聯繫比較緊密，尤其是同事、朋友、家人等有直接互動關係者。他們關係密切、關心彼此、對彼此的社會情緒線索也比較敏感。獨立文化的社交圈比較寬廣，其中成員通常來自各行各業。在相互依賴及獨立的文化中，人們對內團體或外團體成員的信任程度有很大的差異。相互依賴的文化，對於內團體可說是完全信任，他們信任熟人，瞭解這些人的行事原因；獨立文化的信任範圍則比較廣。

作者：品牌應該為相互依賴及獨立的社會擬定不同策略嗎？

尼茲彼：行銷當然應該因地制宜，有些廣告例子顯示某些要素在互相依賴的社會中更具效果，這類社會尤指東亞，大概也包含南亞。東歐也比西歐更依賴彼此，歐陸又比美洲更為依賴。基本上，越往西方，獨立程度就越高。

雖然不建議國際品牌設法處理每一種文化差異（這種策略所費不貲，而且也會使品牌概念過於破碎），但我認為分別從獨立及依賴的面向，思考國際品牌策略會一個很有趣的想法。

宗教是文化中相當重要的一部分。在許多西方國家，市場調查若詢問宗教信仰可說是觸犯禁忌，或遭到明文禁止（舉例來說，法國禁止在問卷中詢問宗教信仰，不允許藉此篩選焦點團體的參與者）。不過由於宗教深入生活，不同信仰當然也會導致不同選擇，而且影響不限於靈性精神層面。

我的前同事安比．派拉瑪斯瓦倫（Ambi Parameswaran）專研宗教、品牌與商業之間錯綜複雜的關係。他的著作《看在老天份上[18]》（*For God's Sake*，暫譯）講述印度宗教（及宗教之間的差異）如何影響人們的選擇及行為。他寫道：

> 探索宗教差異提供產品及服務創新的豐碩機會。在印度等篤信宗教的國家中，有眾多產品及服務透過宗教差異創造大量商機。

英屬哥倫比亞大學（University of British Columbia）副教授暨加拿大研究主席阿齊姆・謝利夫（Azim Shariff）發現宗教對神的看法不同，也會影響人們作弊的可能性。謝利夫的研究[19]指出，如果某宗教中的神祇喜報復、嚴厲、令人恐懼、易怒、好懲罰、善妒、可怕，教徒在考試中作弊的機率較低；而如果神祇寬容、慈愛、富同情心、溫榮、仁慈、使人寬慰、平靜，則較可能作弊。

除了宗教差異，研究也發現**虔誠程度可能影響消費者行為**。一份針對馬來西亞吉隆坡穆斯林、佛教徒、印度教徒及天主教徒的研究[20]發現，虔誠的消費者更在意價格及品質，較不容易衝動購物。

右上象限：人生經驗

沿著y軸往上，由「文化」移至「人生經驗」，觀察個體經驗對選擇的影響。格里斯克維西斯

18 Parameswaran, A. (2014). *For God's sake: An adman on the business of religion*. New Delhi: Penguin.
19 Shariff, A. F., & Norenzayan, A. (2011). Mean gods make good people: Different views of god predict cheating behavior. *The International Journal for the Psychology of Religion*, 21(2), 85–96. doi:10.1080/10508619.2011.556990.
20 Mokhlis, S. (2009). Relevancy and measurement of religiosity in consumer behavior research. *International Business Research*, 2(3), 75–84.

及肯瑞克在《誰說人類不理性？》中探討人類成長經驗對一生中大大小小選擇的影響。許多弱勢背景出身的人，後來即便積攢一筆財富，經常到頭來免不了破產（有時甚至不只一次），研究[21]還發現，生命歷程理論（Life History Theory，或稱生活史理論）的演化生物學觀點也許可以解釋其原因。

生命歷程理論指出，動物有兩種繁衍策略：快策略指的是儘早繁衍大量後代；慢策略則注重少量後代的生存品質。不同物種的繁衍策略不同，比方說，某些青蛙一次可以產下兩萬顆卵，不過不會花心力照顧後代，而人類則採取相反策略。不過有時在同一物種內，繁衍策略也略有差異。歷史中人類預期壽命較短的年代，環境變動程度較高、較不安全，那時人類就會採取快策略，繁衍較多後代（現今世界上某些地方仍是如此）。環境安定後，人們逐漸轉變為慢策略，繁衍後代的時間也會延後。兩、三代以前，愛爾蘭女性一生產下的子女數量經常接近兩位數，不過世界銀行資料顯示，二〇一七年時，愛爾蘭平均生育率已降至一．八。綜觀資料發現，一九九〇至二〇一七年間，除西歐以外，幾乎所有國家的生育率皆顯著且穩定下降。肯亞生育率由六．〇下降至三．六，伊朗由四．七降至二．一，巴拉圭由四．五降至二．五，寮國由六．二降至二．七[22]。

回到出身貧困、累積財富、失去所有的人身上，格里斯克維西斯等人欲檢驗的假設是，成長環境不安定的人，即便後來成功致富，是否還是會直覺選擇「快策略」？

研究檢視成長過程中，經歷環境不穩與資源短缺的人，長大成人之後某些方面的決策是否和其他人有異。結果發現，**社經地位背景較低的人，面對充滿壓力或不確定的情況時，傾向選擇立即獲得較小回報，而非等待未來獲得較高報酬。社經地位背景較高，或是社經地位背景低但沒有啟動壓力模式者，他們的選擇比較不衝動，更重視未來，而非當下的滿足。**

各式經驗影響的人生行為

你一定聽過著名的棉花糖實驗，這項實驗於一九七二年由史丹佛大學的沃爾特・米歇[23]（Walter Mischel）及研究同仁執行。米歇等人透過一系列實驗，測試幼兒園學生（年齡介於三歲半至五歲半之間）延遲享樂的能力，也就是測試哪些學生較不受時間折現影響。這項研究之所以廣為人知，並不是因為參與者在實驗中的選擇，而是他們之後的成就。研究人員在實驗之後數年持續追蹤參與者，發現能夠抵抗誘惑、獲得額外獎勵的學生，在其他數項指標中的表現也更好，包括學業性向測驗（ＳＡＴ）分數較高。這項研究的常見解讀是，延遲享樂的能力造就成功人生，不過米歇本人指出，參與者使用策略使自己分心的方式才是更重要的影響因素。延遲享用棉花糖，且多年後獲得學業性向測驗高分的孩子，他們的過人之處其實是運用創意解決問題的能力。

另一項與格里斯克維西斯及肯瑞克研究相關的追蹤實驗顯示，**不確定的環境會促使人們選擇盡快取得較小的好處，而非等待日後價值較高的報酬**。二〇一二年羅徹斯特大學一項研究[24]，採用與史丹佛大學棉花糖實驗類似的設計，研究對象同樣為小孩子。在這項實驗中，提供棉花糖之前，研究人員

21 Griskevicius, V., Tybur, J. M., Delton, A. W., & Robertson, T. E. (2014, December). The influence of mortality and socioeconomic status on risk and delayed rewards: A life history theory approach. *Journal of Personality and Social Psychology,* 100(6), 1015–1026.

22 World Bank. World development indicators: Reproductive health. Retrieved from https://data.worldbank.org/indicator/SP.DYN.TFRT.IN?end=2017& locations=KE-RO-IR-PY-LA&start=1990.

23 附帶一提，米歇很早就指出，在不同情境中，人格特徵不會永遠保持一致，這和第十二章的內容相符。

24 Kidd, C., Palmeri, H., & Aslin, R. N. (2013). Rational snacking: Young children's decision-making on the marshmallow task is moderated by beliefs about environmental reliability, *Cognition*, 126(1), 109–114. ISSN 0010-0277.

請參與者利用蠟筆進行創意練習。不過研究人員故意提供不易開啟的蠟筆盒，然後告訴參與者，之後會提供比較方便使用的盒子。後來研究人員對半數參與者信守承諾，更換成容易開啟的蠟筆盒；並告訴另外半數參與者，某個環節出了錯，沒有其他蠟筆盒了。實驗設計分別提供「可靠」與「不可靠」的環境，在第二種情境中，承諾不一定會實現。在蠟筆盒的經驗之後，所有參與者進入棉花糖實驗的部分。在可靠環境中的參與者平均可延遲十二分鐘再享用棉花糖；不可靠、不確定環境中的參與者只等待三分鐘，便急於領取較小的報酬。

這種現象不限於小孩子或棉花糖。華威大學（University of Warwick）喬凡尼．布羅（Giovanni Burro）分析二〇一五年蓋洛普年終調查及相關文獻，檢視收入、年齡與折現（傾向盡快拿到較小的好處，而非等待日後價值較高的報酬）之間的關係，他發現富有人士（特別是加拿大、瑞典、芬蘭、德國人民）年齡越長，越有耐心；而貧窮者的耐性則隨年齡增加而下降。

二〇一八年針對吉普賽人（居住於西班牙的羅姆人社群）的研究從族群層次檢視延遲折現反應[25]。吉普賽人預期壽命較短，健康狀況較差，歷史上曾遭受歧視與迫害的經驗。研究人員指出：

> 根據生命歷程理論，吉普賽人傾向選擇「快策略」（例如早婚、早育）以便適應環境，因此我們的假設是，吉普賽人的未來折現效應會比多數人明顯。研究結果與預測相符，且實驗已控制個別參與者目前社經地位（收入及學歷）相等。此外，多數個體層次差異都可透過族群層次差異解釋。我們的資料顯示，族群間歧視造成的惡劣環境及不可預測性，會影響族群成員的時間折現偏好。

人們的童年經驗對往後人生有很大的影響。除了吉普賽人嚴峻的現實生活以外，其他細微瑣碎的經驗，例如小時候認識的品牌，也常留下長遠的印象。多數人並不是在二、三十歲時才開始偏好可口可樂或百事可樂。舊金山特色雜貨店的策略很聰明，他們販售外國巧克力棒（包括 ToffeeCrisp、Aero、Double Decker、Twirl 等品牌）且定價不斐，對我這種在外國長大的異鄉人來說，想來點懷舊甜食時，非常願意付出高價。

介於先天與後天的個體因素

在架構圖上半部的「人生經驗」區，稍微往左移，來到先天與後天的交界處，這一區的因素也可能導致行為差異。前一章討論過性別，所以這裡就不再多提。

出生順序的影響是家長間常見的話題，他們注意到長子、長女和么子、么女，甚至是排行中間的孩子之間有些不同。

加州大學柏克萊分校人格與社會研究所（University of California, Berkeley Institute of Personality and Social Research）訪問學者法蘭克．薩洛威（Frank Sulloway）在著作《天生反骨》（*Born to Rebel*）中指出：

> 手足在同一家庭環境中成長，使同一環境有所差異單一最明顯的因素，就是出生順序。出生

25 Martin, J., Branas-Garza, P., Espín, A. M., Gamella, J. F., & Herrmann, B. (2018). The appropriate response of Spanish Gitanos: Short-run orientation beyond current socio-economic status. *Evolution and Human Behavior*, 40(1), 12–22.

順序導致其他數項差別，包括手足間年紀、體型、權力、特權的不同。

大衛・林克（David Rink）的研究[26]指出，**出生順序也可能影響往後人生的購買決定**。林克檢視過往研究（包括薩洛威的著作）並提出假設：長子、長女的決策、購買及購後行為，可能和其他排行的孩子不一樣。他分析並解讀文獻指出，在查找資料方面，長子、長女傾向參考以成人為主的權威資料來源，購買前也會蒐集較多資料；而其他排行的孩子，偏好同儕導向的資料來源，蒐集的資料較少。至於購後行為，林克認為長子、長女比其他子女更需要確認購買是正確決定。也提出假設，排行較小的子女比長子、長女更可能成為早期採用者[27]。《消費直覺》作者薩德引用薩洛威的其他研究指出，排行較小的子女打棒球時，盜壘機率較高[28]。不過更新的研究[29]顯示，出生順序的影響可能不如薩洛威所指那麼明顯。

毫無疑問，**年齡是影響選擇的因素之一。隨著年紀增加，我們越來越「一成不變」，越來越受過往經驗局限**。可以從智力的兩個面向——流體智力（fluid intelligence，在陌生情況中解決問題的能力，與習得知識無關）及晶體智力（crystalized intelligence，運用習得技巧與知識的能力）來解釋這個現象。隨著年歲漸長，流體智力逐漸下降，晶體智力漸漸增加。兩者高峰的交點約在四十五至五十五歲左右。

不過每一年對行為及決定的影響也有大有小，有幾個里程碑似乎能帶來特別的影響。奧特和賀斯菲爾德分析眾多資料來源[30]，檢視二十九、三十九、四十九、五十九歲等「九字尾」年紀的人，得到有趣又意外的發現。

兩人的分析顯示，人們到達「九字尾」歲數的里程碑時會有以下傾向：

- 不幸的是，這個年紀自殺的機率稍高。美國九字尾年紀者，每十萬人中有十五・〇五人自殺，對照二十五至六十四歲非九字尾年紀者，自殺人數為十四・七一人。
- 首次參加馬拉松（二十五至六十四歲首次參加馬拉松的人中，有四八％是九字尾年紀的人）。
- 跑馬拉松速度較快（二十九歲及三十九歲跑者的平均完賽時間是三小時十五分十八秒，二十九±二歲及三十九±二歲（不含二十九及三十九歲）跑者的平均完賽時間是三小時十八分三十二秒）。
- 九字尾年紀男性註冊婚外情網站的機率，比其他年紀高出一八％。

以上研究的啟發是，「九字尾」年紀者更可能對象徵「反叛」的產品或帶有特殊意義的經驗感興趣，這能幫助他們邁入下一個十年。

---

26 Rink, D. R. (2010). The impact of birth order upon consumers' decision-making, buying, and post-purchase processes: a conceptualization. *Innovative Marketing*, 6(4), 71–79.

27 譯註：對新產品抱持開放心胸，嘗試意願較高的人。

28 Sulloway, F. J., & Zweigenhaft, R. L. (2010). Birth order and risk taking in athletics: A meta-analysis and study of major league baseball. *Personality and Social Psychology Review*, 14(4), 402–416.

29 Lejarraga, T., Frey, R., Schnitzlein, D. D., & Hertwig, R. (2019, March). No effect of birth order on adult risk taking. *Proceedings of the National Academy of Sciences of the United States of America*, 116(13), 6019–6024. doi:10.1073/pnas.1814153116.

30 Alter, A. L., & Hershfield, H. E. (2014, October). People search for meaning when they approach a new decade in chronological age. *Proceedings of the National Academy of Sciences of the United States of America*, 111(48), 17066–17070.

奧特和賀斯菲爾德將跑車、冒險之旅（或某種網站？）歸類為「尋找意義或面臨意義危機」的商品，如果你要行銷這類產品或服務，建議你拋下傳統的年齡層區間（例如二十五至四十四歲），改以九字尾人士為目標對象。

選擇是自我的延伸。基因、環境、經驗等眾多因素，造就我們與他人的同與異。人們選擇背後的因素來自個體、普世、先天、後天等面向，知道這點後，不僅更瞭解人們的選擇，也能更具同理心。

本章重點：

- 影響選擇的原因眾多，包括根深蒂固、舉世皆知的人類直覺、個體的生理及認知差異，以及成長及個人經驗。
- 現有的區隔研究，通常只檢視受試者的自陳行為，加上出生順序、生命歷程等問題，有助於洞察非意識層次帶來的影響。
- 母語差異可能影響行為及選擇。對國際品牌行銷人來說，語言是洞悉文化差異的窗口，而文化差異會造成行為差異。
- 文化可能造成群體之間存在大量行為差異。檢視文化傾向互相依賴或獨立自主，是一個宏觀的區別方式，國際品牌行銷人應多加注意這一點。
- 隨著財富增加，安穩環境逐漸成為常態，開發中國家的中產階級，會越來越傾向採取「慢」

策略。

- 不要只透過籠統的年齡區間設想潛在使用者，細微的區分可能好處多多。行為科學及神經科學研究發現，行銷人一般不會注意的特徵，可能對選擇有所影響，例如出生順序、慣用手、年紀是否為「九字尾」。

讀者回饋：

- 「我發現，我平常不是糾結於『同』（思考觀眾的相似處），就是執著於『異』（過於注重族群之間的差異），往後思考目標族群時，我應該『求同存異』。」
- 「我明年就要四十九歲了，得格外注意自己某些選擇背後的原因！」

第十四章 怦然心動的力量：讓人能選其所愛，愛其所選

行銷目標不應只是促使人們購買你的產品，也該幫助他們對自己的選擇感到滿意。

我們是自己小宇宙的中心，行銷人也不例外。不過此處重點不全是你的品牌，而是選擇者的決定。

我不確定這到底是顯而易見的事實，還是深奧的洞察[1]，如果是後者，那就驗證我先前的主張：行銷不該以品牌為中心，甚至不該以消費者為中心，而應採取決策中心策略。

品牌健康監測問卷詢問人們對品牌的觀感。我建議在問卷中加上決策導向的問題，例如：「選擇某品牌的感覺如何？設想選擇及選擇過程有何感受？選擇之後呢？」

大約一年前，我買了幾副旅行用望遠鏡。當然，我做了不少功課，比較規格，讀了一大堆評論。最後我選擇施華洛世奇（Swarovski）的雙筒望遠鏡。我對這個選擇非常滿意。那為什麼購買之後，我還不停查看望遠鏡的評價呢？顯然，我不是唯一這麼做的人。喬治城消費者研究所[2]（Georgetown Institute for Consumer Research）發現，七八%消費者會在購物之後搜尋品牌或產品相關資訊（包括產品包裝及說明手冊提供的資訊）。而有四七%消費者會搜尋包裝及手冊以外的資訊，例如廣告、品牌官方及第三方網路資訊。

在搜尋資訊的消費者中，六七%承認其目的是確認自己做了正確的選擇。此外，八八%認為原因

包括進一步瞭解該產品，六五%想要深入瞭解品牌。

「確認偏誤」會強化自身選擇正確性

理性來看，查詢資訊的舉動沒什麼道理。都已經決定了，何必再多花力氣查找資訊？行銷人通常認定這種行為背後的原因，是消費者有意識地想要確認自己做了正確的購買決定。不過神經經濟學及行為心理學研究發現，這種行為可能出於某種威力強大的非意識直覺機制。

研究顯示，**大腦會選擇性注意已作成決定相符的資訊**。基本上，不論是剛買的新車，或是三十年來每天使用的牙膏，只要我們對這些購買決定感到滿意，我們也會對自己感到滿意。

做決定之後，時常出現確認偏誤的現象。確認偏誤是指，我們選擇性看到支持自己決定的資訊。除非有壓倒性的證據顯示我們做了錯誤決定，否則我們一概忽略，相反地，我們會放大支持自己決定的事蹟與記憶。

神經科學研究指出，至少在某種程度上，神經傳導介質多巴胺對確認偏誤有所影響[3]。多巴胺為人熟知的角色，包括擔任「大腦的快樂化學物質」，不過其功能不限於製造愉悅感。多巴胺會傳遞預期酬賞的相關資訊，比較預期與實際收穫的差異。多巴胺追蹤酬賞的功能相當重要，因為酬賞的累積

1 以諷刺的方式來解釋的話，洞察就是對一般人來說顯而易見的事實，卻令行銷人百思不解的真相。
2 Willcox, M., Hydock, C., Carlson, K., & Banerji, I. (2014, October). *A new model of consumer engagement.* Georgetown Institute for Consumer Research (GICR) Research Brief.
3 Doll, B. B., Hutchison, K. E., & Frank, M. J. (2011). Dopaminergic genes predict individual differences in susceptibility to confirmation bias. *Journal of Neuroscience*, 31(16), 6188–6198.

有助做出決定。第五章提過，神經科學家及心理學家認為，能最大化酬賞的決定就是「正確決定」。確認偏誤的缺點是使我們存有成見，有時這會造成阻礙。前額葉皮質透過多巴胺放出訊號，告訴大腦堅持己見，即便資訊明顯有誤。

我們不僅尋求肯定，也想保有做了正確決定的感覺。如果發現自己做了錯誤決定，我們會非常沮喪。「正確」的決定令人開心滿足，所以若覺得自己做了正確的決定，就不太願意改變想法。獲得肯定很有成就感，難怪我們想要確認自己做了正確決定。

我們尋求建議時，也會出現確認偏誤。這可能聽起來有點奇怪，因為理性來說，尋求建議就是為了瞭解不同於自己的見解，但我們其實並不希望聽到另一種觀點。

波蘭華沙社會人文大學樂斯拉夫分校（SWPS University, Wroclaw）近來一份研究[4]檢視財務顧問的建議在各種情境中獲得的評分。研究人員指出：

> 消費者對壽險抱持正面評價時，如果顧問建議購買壽險，消費者對顧問的認知權威（epistemic authority）評分較高。認知權威越高，就代表個人認為，某資訊來源可以用來驗證自己的判斷及決策，同意該來源屬於權威、不容質疑的證據。
>
> 另一方面，若客戶對壽險抱持負面評價，結果正好相反：建議「不要」購買的顧問獲得較高認知權威分數。

簡言之，如果財務顧問提供的建議符合客戶原先的看法，就能獲得較高評價。

確認偏誤相當重要，行銷人應協助消費者確認自己做了正確決定，因為理想上，行銷的重點不光是影響決策或促進品牌的正面觀感，行銷另一個重要功能，是協助選擇者「對選擇你家品牌的決定感到滿意」。

這個概念簡潔美妙，而且是以消費者（或選擇者）為中心。這裡強調的是他們的決定，而不是你的品牌。更進一步說，真正能讓人們心滿意足的並不是品牌，而是他們自己的選擇、決定。

對選擇有信心，更能促成分享和回購

覺得自己做錯決定時，那種心裡鬱悶的感覺大家都有過，不論是會議午餐中令人大失所望的三明治，或是租車時沒買車損險，還車時赫然發現車身有一道刮痕；另一方面，自己的決定獲得肯定時，我們也都體驗過那種近乎亢奮的心情。開心的感覺會進一步增進選擇的信心，不僅提振消費者情緒，也拉抬品牌銷售。

檢視選擇過程感受（而非對產品的感想）的研究顯示，人們如果對選擇有信心，重複選擇的機率就越高，也就是說，更可能回購該產品[5]。

史丹佛大學的希夫表示，人們對選擇越有自信，就覺得產品效用越高，品牌好感度也會上升。消

4 Zaleskiewicz, T., & Gasiorowska, A. (2018). Tell me what i wanted to hear: Confirmation effect in lay evaluations of financial expert authority. *Applied Psychology: An International Review*, 67, 686–722. doi:10.1111/apps.12145.

5 Muthukrishnan, M. V., & Wathieu, L. (2007). Superfluous choices and the persistence of preference. *Journal of Consumer Research*, 33, 454–460.

費者的自信選擇不只展現品牌權益，選擇者還可能因此自願擔任品牌大使。希夫認為，對自己的選擇深感自信的人，也會願意主動宣傳品牌，他人也願意相信同為消費者的觀點。

他的建議值得行銷人參考。**個人對產品或品牌的滿意度，不僅來自產品本身的表現或性能，購買者對於自己的選擇有無信心也是影響因素。**在多數情況下，如果選擇者感覺自己做了正確的決定，後續情緒及產品使用經驗，也會一致。例如選擇獲得肯定後，感覺穿新跑鞋跑步的速度變快了、自己挑選的紅酒也變得更順口了。

此外，**令人滿意的選擇傳千里**。我們迫不及待告訴別人自己的聰明選擇，這個舉動能提升自尊。宣傳正確決定也許也有演化方面的因素，這項舉動對自己（提高社會地位）和社群（他人可以效法類似選擇）都有利。Pinterest 和亞馬遜就充分運用分享自身選擇的欲望，推出新功能，讓選擇者在網路上分享自己購買的產品。

傳統行銷的重點，是直接影響初次選擇。不過在現今社會中，**「他人」的意見是極優秀的行銷利器**，行銷人不妨動點腦筋，讓已經選擇你品牌的消費者，對自身選擇感到滿意，同時也能刺激他們散布好消息的直覺。

倫敦大學學院的科學研究有一項有趣發現，**人們越常想著某個好決定，對該決定的滿意度就會越來越高**。在實驗中，研究人員請參與者想像假期，同時監測他們的腦部活動。研究人員向參與者展示八十個地名，並請他們想像明年前往這些地點度假，接著根據度假的快樂程度，以數字鍵盤為這八十個地點由一至五給分。在實驗的第二部分，研究人員舉出兩個獲得相同評分的地點（假設泰國和希臘都獲得五分），接著請參與者再次想像前往這兩個地點度假，同時持續監測其腦部活動。

最後，請參與者在這兩個地點中擇一。當參與者想像度假時，尾狀核較活躍的那個地點，正好就是他們的最終選擇（尾狀核是預期獎勵及學習的大腦重點部位）。事實上，即便數個地點獲得相同評分，研究人員可以透過觀察尾狀核活動，預測參與者的最終選擇。

做出選擇後，再請參與者為這兩個地點評分（前一回合這兩個地點獲得相同分數）。如果參與者捨棄希臘，選擇泰國，那麼第二回合泰國的分數就會高過希臘。監測腦部所觀察到的尾狀核活動，也會和第二回合評分一致——想像到泰國度假時尾狀核活動變得更活躍，而想像希臘時活躍度降低。

第七章提過倫敦大學學院專門研究樂觀偏誤的沙羅特教授是這項研究的主導者，她表示：

> 在做出選擇後調整評價，可能具有演化適應的意義，如果沒有隨著選擇調整評價，我們很可能會開始對決定與行動感到猶豫。

肯定自己的決定後，我們能從原本中性的選擇獲得更多愉快感受，以人類快樂程度淨值來說，這是好事一件。少了這個動作，我們的生活可能會充滿懷疑與猶豫：我們做了正確的決定嗎？該不該改變主意？我們會動彈不得，被優柔寡斷擊敗，畏縮不前，從演化角度來看，這不利人類發展。

強化消費者對選擇的好感，並放下不需要的選項

第八章說明近藤麻理惠找出一種方法，幫助自己（以及數百萬效法者）克服損失趨避的心態，清理雜亂衣櫥。她把「要丟掉什麼？」的問題變成「要留下什麼？」重新設定問題框架，從此清理不再

像是損失。

近藤憑直覺運用其他決策直覺，幫助我們克服心魔。她請我們觸摸所有物，只留下「令人怦然心動」的物品，這提醒我們思考當下，而不是模糊未來可能的用途。如果我們預想未來某時可能瘦下來，那就完全有理由留下那件太緊的襯衫；或是為了不知哪年的萬聖節裝扮，而留下十年前旅遊時買的古怪T恤。透過思考某物是否「令人怦然心動」，近藤請我們再次肯定當初購買這件物品的決定。

沙羅特的研究顯示，**多加思考喜歡的事物，對該事物的好感度就會進一步上升，並期待從中獲得更多情緒回饋**。也就是說，一旦下定決心，認定某物「令人怦然心動」，未來使用時就會更加開心、滿意。同樣的，被剔除淘汰的物品難以再令我們感到興奮、期待，我們也就更捨得丟棄這些物品。結果就是，衣櫥內的衣物變少了，不過開心程度上升了。

在捐贈或丟棄不再令人怦然心動的物品之前，近藤請客戶感謝這些物品的陪伴。她說，向這段關係致敬之後，我們更能永遠放手。

近藤再次掌握要領，揮別被淘汰的物品，下定決心「了結」，我們才能繼續過日子。使用得當的話，「了結」對行銷人和選擇者都很有幫助。第十章提過老海軍試衣間貼有標籤的掛鉤，這就是善用「了結」的例子。這項設計方便購物者剔除選項（把不要的衣物掛在「不適合」的掛鉤上），而把準備購買的衣物掛在「愛極了」的掛鉤上，可以強化購物者對選中衣物的好感。

席蒙娜．寶提（Simona Botti）、法羅、古楊潔（Yangjie Gu，音譯）研究尋求或逃避「放下」，會對人們選擇的感受造成何種差異。其中一項發現，對於協助人們了結選擇很有幫助。研究發現，**了結的行為必須由決策者自己執行，他人代勞是沒有用的。**

在其中一項實驗中[6]，研究人員準備二十四塊巧克力，放在蛋糕展示盤中（蓋著透明玻璃圓頂蓋），並請參與者挑一塊巧克力。一組參與者選好巧克力後，直接試吃；研究人員請另一組蓋回玻璃蓋後，再試吃巧克力。之後詢問參與者對巧克力的滿意度，蓋回蓋子組的滿意度高於直接試吃組，因為後者沒有「了結」的動作，尚未「放下」選擇。蓋回蓋子的參與者，也比較不會想到沒選中的巧克力，降低遺憾的感覺。

寶提接受艾蜜莉・克隆尼（Emily Cloney）訪問，訪談內容發表於《倫敦商學院評論[7]》（*London Business School Review*）中，寶提建議透過以下方式，協助選擇者「放下」沒有被選中的選項：

> 設計能完成「了結」的空間或流程，例如拉大收銀台與商品展示區的距離，或要求網路購物者取消原先考慮、但決定不購買的商品。

寶提的建議符合決策中心的行銷策略，她繼續說道：

> 培養強大品牌有兩個主要優勢：首先，頂尖品牌是決策捷徑，清楚為顧客指引選擇，省去在眾多產品中盲目挑選的心力。其次，頂尖品牌是品質保證，能夠說服顧客做了正確選擇，讓他們

6 Gu, Y., & Botti, S., & Faro, D. (2013, August 1).Turning the page: The impact of choice closure on satisfaction. *Journal of Consumer Research*, 40(2), 268–283.

7 Cloney, E., & Botti, S. (2016). Being choosy about choice. *London Business School Review*, 27, 10–13. doi:10.1111/2057-1615.12109.

對選擇感到安心。

本章重點：

- 重點不是你的品牌，而是選擇者的決定。我們可能對選擇感到滿意，也可能感到懊惱。人們選擇你的品牌後若感到開心，其實是對自己的選擇感到滿意，你的品牌不是重點。
- 確認偏誤和選擇肯定偏誤（choice affirmative bias）都會幫助我們，對自己的選擇感到滿意。大腦不希望對選項猶豫不決，它希望我們下定決心，不然就果斷更改選擇。決定之後，大腦會負責讓我們對自己的選擇感覺良好。
- 行銷的目的不只是影響選擇，還要協助人們對自己的選擇感到滿意。滿意的顧客使用產品時會更開心，也更願意回購、宣傳。不過要記得，他們宣傳的重點也不是你的品牌，而是自己的聰明選擇。

讀者回饋：

- 「我經營電子商務網站，之後要試試看，在人們購買產品之後傳送連結，讓他們閱讀大力稱讚該產品的文章。」
- 「本章強調我們和顧客的關係，如果對方並沒有讓你對自己和自身選擇感到滿意，你怎麼會繼續和對方當朋友或合作夥伴？」

第三部

市場行銷的相關應用

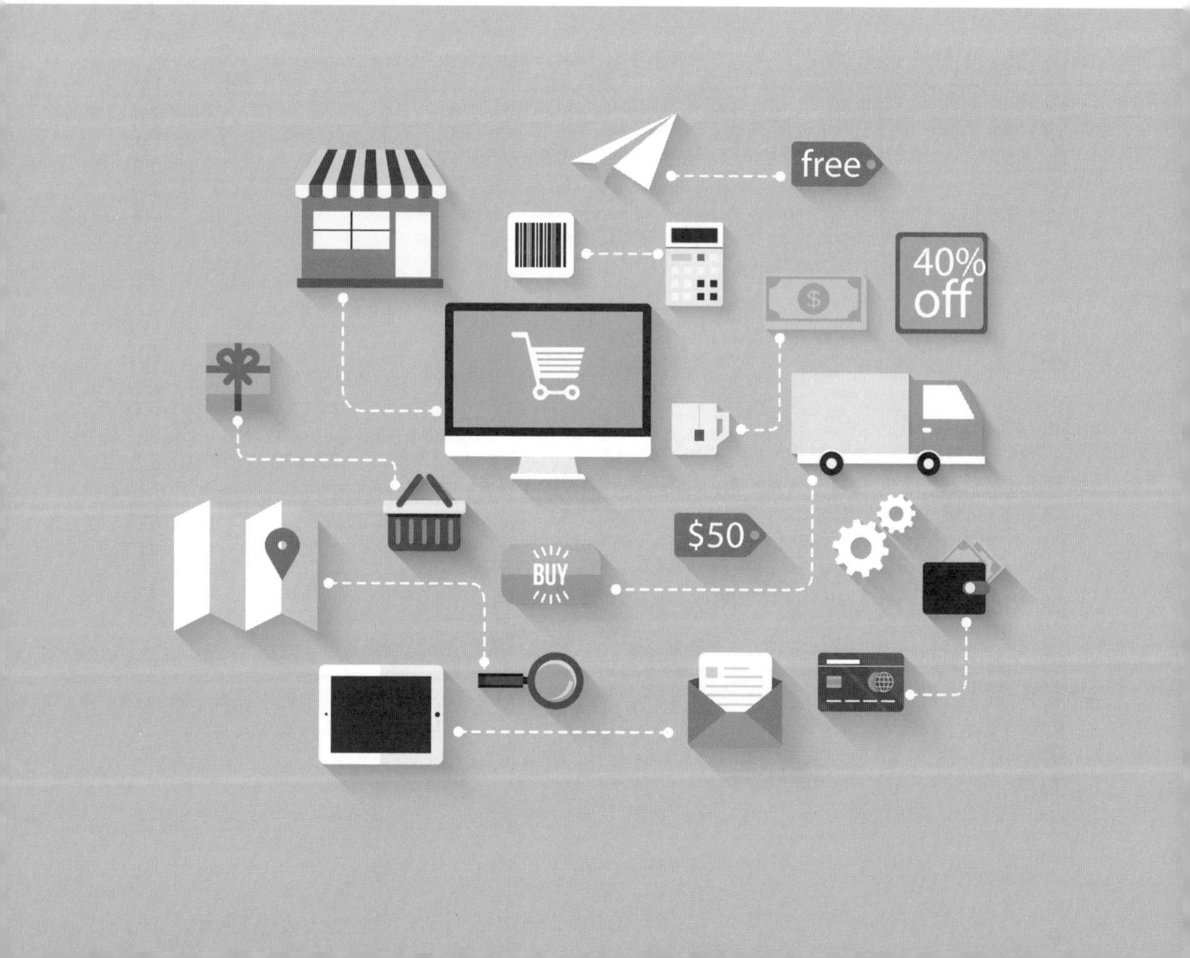

第十五章 改良市場研究：貼近直覺運作的研究方法與工具

人們的想法及說法常和實際行為有所出入。

史帝夫．賈伯斯（Steve Jobs）曾被問及，在 iPad 設計與發行的過程中，蘋果是否運用消費者研究，賈伯斯回答：「沒有」，對方追問原因，賈伯斯答道：「瞭解自己想要什麼不是消費者的責任。」

賈伯斯監督 iPad 和 iPhone 的設計時，極度仰賴自己的直覺，雖然我不建議一般人效仿賈伯斯，不過他認為消費者不清楚自己真正想要什麼，這種觀點值得我們學習。事實上，賈伯斯的回答更好的說法是：「消費者不擅於表達自己真正想要的東西。」

雖然有越來越多組織瞭解決策過程中，非意識因素的重要性，但還是有很多市場研究透過焦點團體或定量研究，直接詢問人們對產品、品牌、商業點子的看法。

二〇一八年，我和行為科學研究公司 BEESY 合作進行一項專案，為一家大型消費品公司研擬計畫，鼓勵人們採取減少對環境衝擊的行為。我們根據行為科學洞察制定訊息與體驗，接著進行隨機對照試驗（稍早已簡單說明過，本章後續將進一步探討）。研究觀察參與者在現實生活的選擇，檢視各種介入措施對行為的影響。試驗後，研究人員請參與者評估各種介入措施，對自己決策的影響程度，結果發現，**在現實情境中，影響參與者實際選擇效果最好的介入措施，並不是參與者評估最有影響力**

的措施；參與者以為，可能影響選擇的介入措施實際上沒有影響，反而是他們以為沒有影響的措施發揮效果。

熱門電視影集《怪醫豪斯》（*House*）主角格瑞利・豪斯（Gregory House）醫生說：「我不關心病患說謊的原因，我直接假設他們全都在說謊」。雖然行銷人不必像他一樣偏激，但也不該把對市場調查結果信以為真。潛在選擇者在現實情境中會直覺做決定，受訪時卻反常地審慎思考，不過現在有越來越多替代研究方法可避免這種問題。傳統研究方法不容易找出人們真正想要的或影響因素，這種現象的原因眾多。

傳統的市場研究未必貼合真實行為

首先，參與者接受傳統的質性或量化研究時，思考方式不同於現實情境。巴斯大學管理學院（The University of Bath Management School）教授暨《廣告的隱藏威力》（*The Hidden Power of Advertising*，暫譯）作者羅伯・希思（Robert Heath）詳加說明人類處理資訊的兩種模式：高涉入處理（high involvement processing）及低涉入處理（low involvement processing）。在第一種模式中，我們會刻意專注於某項事務，而在第二種模式中，意識則是在背景中執行。低涉入處理與高涉入處理類似康納曼提出的系統一和系統二。希思指出，這兩種模式的運作方式大相逕庭。高涉入處理模式可以記得合乎邏輯的細節，並精準回想細節片段，但通常只是短期記憶。高涉入處理模式可以主動回想特定記憶；低涉入處理模式則在心不在焉的情況下儲存記憶，之後如果碰到與其相關的外在事件，回憶可能被觸發。這類回憶的情緒成分較重、儲存時間更久、影響力更大，不過若我們處於高涉入處理模式中，就可能忽略這些也許相當重要的附帶事件或細節。

克里斯・查布利斯（Chris Chabris）和丹尼爾・西蒙斯（Daniel Simons）於哈佛大學進行著名的「隱形大猩猩」實驗[1]，之後更根據實驗結果出版著作《為什麼你沒看見大猩猩？》（*The Invisible Gorilla*），其內容巧妙佐證希思提出的兩種資訊處理模式（若讀者想要親自接受實驗，可輸入註腳的網址，做實驗前請先不要繼續讀下去）。他們的研究顯示，如果人們準備專心觀賞一部影片，然後接受記憶測驗，他們會記得記憶測驗中的細節，不過很可能會忽略沒有預期要接收的資訊，而這些資訊廣義來說，可能更為重要（例如忽視一群人之中的大型靈長類動物）或更飽含情緒。在沒有刻意專心的時候，似乎更容易接收情緒。

希思從涉入處理模式的兩個面向，來說明行銷手法及行銷研究。首先，多數消費者研究都使參與者進入高涉入處理模式，要求他們進行高涉入處理任務，例如回想細節或思索廣告意義。不過品牌所獲得的媒體曝光，大部分是在低涉入處理模式中發生。其次，**對眾多品牌來說，在低涉入處理模式中，形成記憶對行銷更為有利**。品牌可在低涉入處理模式中，建立情緒連結，等待日後外在相關事件觸發這些回憶。直接或間接要求參與者專注觀賞廣告的研究，過於強調高涉入模式所感知的訊息，未考量低涉入模式所接收的資訊。可惜的是，後者才是廣告是否有效的關鍵。

人對於許多選擇其實並未深思

研究直接向參與者提問的另一個缺點是，**人們不如我們所想的理性**。如果被問及某項決定或偏好的原因，我們想要覺得自己明確知悉做成決定的每一個步驟，也希望別人知道這一點。鮮少有人會大方承認：「我不知道自己為什麼喜歡這個產品」或是「我沒多想就選了」。我們的教育及文化相當強調理性智識，因此承認不假思索，簡直等於承認自己的愚昧。

讀到這裡大概都已經知道，**人類大部分的選擇其實都沒有經過審慎思考**。所謂大部分究竟是多少，讀者甚至可能聽過九〇%或九五%的實際數字。多數決策科學家都表示，明確判定非意識決策的比例近乎不可能，因此都只說是「大量」或「多數」。九五%的估計值是由查爾曼所提出，我們在第十三章提到他隱喻領域的研究。許多從業人員多少是在盲從的情況下，引用這個數字（直到三、四年前，我也是其中之一）。二〇一九年，艾蓮娜．哈洛寧（Elina Halonen）做了我們早該做的事，她詢問行為科學從業人員社群中，有沒有人知道九五%的數字是打哪來的。其中一位成員之前調查過這件事，這個數字來自查爾曼的著作，不過其中沒有提到引用來源，因此他寫電子郵件詢問查爾曼。他的回覆是：

> 這個數字有助於表明論點，不過無法實際測量。各種領域大概都有這種數字——方向大抵正確，不過到頭來沒辦法測量出來。

1 http://www.theinvisiblegorilla.com。查布利斯和共同作者西蒙斯因不注意視盲（inattentional blindness）領域的研究成果（包含隱形大猩猩實驗）榮獲二〇〇四年搞笑諾貝爾心理學獎（Ig Nobel prize）。搞笑諾貝爾獎的宗旨是「鼓勵乍看好笑，後又引人深思的研究」。其他心理學領域的獎項得主包括大衛．鄧寧（David Dunning）和賈斯汀．克魯格（Justin Kruger），他們最早描述出無知者無法意識到自己無知的現象，這種現象一般就稱作鄧寧—克魯格效應（Dunning-Kruger Effect）。

另一方面，九〇％這個數字來自蓋瑞・克萊恩（Gary Klein），他是自然決策（naturalistic decision making）的先驅，研究成果為軍事訓練帶來顯著變革。這個數字的問題是經常被斷章取義。九〇％是克萊恩根據觀察所提出的數字。他最著名的研究，是關於現場應急與軍事人員在面臨壓力的狀況下如何決策，他並沒有說九〇％的決策來自直覺，而是九〇％的決定是透過直覺運用「識別啟動模式」（recognition-primed model）做成。

人非理性，但善於合理化自身行為

總而言之，我們最好避免引用明確的數字。康納曼在《快思慢想》中說道：「雖然系統二（謹慎思考）認為自己是行動的出發點，但自動自發的系統一才是本書的英雄。」

棘手的問題是，要怎麼讓人們吐露自己決策的非意識因素？人們認為自己的選擇來自理性思考，也希望別人這麼以為。科幻小說作家羅伯特・海萊因（Robert Heinlein）名言指出：「人類不是理性動物，而是擅於合理化的動物。」不過就如本章稍早所說的，我們沒有自知之明。

艾瑞利在其精彩著作《誰說人是理性的！》（*Predictably Irrational*）與《不理性的力量》（*The Upside of Irrationality*）中，剖析人類理性在想像與實際之間的落差。他寫到，我們不情願承認自己的不理性，因此研究參與者常會選擇較合理的行銷方案或容易合理解釋的選項。我們自陳的理由，通常和決定毫無關聯。社會暨政治心理學家羅伯・艾伯森（Robert Abelsen）形容人類：「訓練有素，擅於為自己的行為尋找理由，卻不擅長根據理由行動。」

我們慣於事後合理化情緒或直覺所做的決定，使其成為理性選擇。五十年前，專家學者尚不瞭解決策的直覺歷程，不過現今行銷研究的設計與執行，已逐漸開始採用這個觀點。

雖然有了樂觀的進展，目前還是有不少研究，會請受訪者說明偏好某個選項的原因。這些市場研究以看似必要且無害的問題，深入探討受訪者的「理由」，不過這種方法得到的結果，很容易引導行銷人誤入歧途。不管是直接請參與者說明理由，或是間接讓他們覺得自己有必要解釋，**只要人們必須解釋自己的選擇，他們的選擇就會受到影響。**

維吉尼亞大學（The University of Virginia）提摩西．威爾森（Timothy Wilson）和道格拉斯．賴索（Douglas Lisle）的著名研究[2]，請兩組參與者根據自己的喜愛程度為五張海報評分。海報圖案包括藝術畫作，例如荷蘭後印象派畫家梵谷的《鳶尾花》（*Les Irises Saint Remy*），另外也有較易理解的圖片，例如一隻貓看著籬笆的照片，搭配圖說「一步一步來」。研究人員發給兩組參與者問卷，請他們由一至九為每張海報評分，不過其中一組須額外說明喜歡或不喜歡的原因。之後研究人員讓參與者挑一張海報帶回家，在挑選海報前，研究人員要求其中一組參與者，挑完之後說明喜歡那張海報的理由。兩組參與者所選擇的海報有明顯的差異。不必說明理由的參與者更傾向選擇藝術海報，例如梵谷的繪畫。事實上，有九五％參與者選擇藝術繪畫海報；而必須說明理由的組別只有六四％選擇藝術海報。

由於必須解釋自己的選擇，參與者改為選擇容易解釋的選項。選擇望著籬笆的貓咪圖片可以是因

2 Wilson, T., Lisle, D., Schooler, J., Hodges, S. D., Klaaren, K. J., LaFleur, S. J. (1993). Introspecting about reasons can reduce post-choice satisfaction. *Personality and Social Psychology Bulletin*, 19, 331–339.

為「我以前有一隻貓和牠很像」，但喜歡梵谷畫作的原因就比較難以言喻。

不過更有趣的發現是，研究人員在實驗兩、三週之後聯絡參與者，詢問他們對自己選擇的海報是否滿意。必須解釋理由的參與者，對於自己所選的海報顯著較不滿意。威爾森和賴索將研究結果摘要如下：

> 人們思考理由時，他們注重的是易於以言語表達的特徵及看似合理的理由，不過這些可能並不是最初評價（真正喜好）的重要影響因素。人們根據理性特徵做出新的評價，改變喜好與選擇。不過隨著時間過去，最初的評價似乎再度浮現，因此他們對改變偏好後的選擇感到後悔。

人們不僅不擅於說明特定選擇的原因，如果預期自己必須說明理由時，他們的選擇還會改變，最糟的是，到頭來很可能對這個選擇感到失望。

人們自陳的喜好可能改變

人們在研究場景中，表達的喜好會受當下身心狀態影響，不一定具有生態效度。之前提過，科學家以「生態效度」表示，研究環境所得結果可於現實生活環境應驗的程度。

多數市場研究進行的時間與實際選擇發生的時間存在差距。市場研究會詢問參與者「下一次」購物時購買的物品，或是「下次」前往速食餐廳時，健康餐點選項的吸引力如何。

不過就如第七章提到的解釋水平理論，時間範圍會影響我們對事物的認知及選擇，使得多數市場研究脫離現實。市場研究常詢問參與者，未來會採取什麼行動，而他們對未來行為的認知常與實際行為相悖。

荷蘭一份研究[3]請參與者選擇下週的會議點心，選項有蘋果、香蕉、巧克力棒、糖蜜糖漿鬆餅；四九％參與者選擇蘋果或香蕉。不過一週後，實際點心陳列在面前時，有二七％原本選擇健康點心（蘋果或香蕉）的參與者，改為選擇巧克力棒或鬆餅。

現今幾乎每個人都隨身攜帶行動裝置，因此行銷人有機會在接近實際選擇的時間地點進行市場調查。研究平台「Over the Shoulder」就是一個例子，試用小組（或社群）可透過手機，在平台上回報自己的感受及決策歷程，無論他們當時身處超市走道中、更衣室裡，或是電玩遊戲玩到一半。不過除了時間、地點以外，還有其他研究難以控制的情境因素。神經科學顯示，一如預料，人們飢餓或飽足時，對食物圖片的反應不同[4]。研究顯示（個人經驗也應證）壓力高低會影響人們對資訊的反應。擺放辦公桌椅的無趣研究室一定不如家中沙發令人放鬆（不過和帶著兩個尖叫不休的小孩逛超市相比，研究室簡直是平靜的天堂）。

此外，**人們可能表明偏好某一事物，一陣子之後又改變想法。**

《誰在操縱你的選擇》的作者艾恩嘉接受華頓線上知識訪問時，談到一項實驗，顯示意識對感知

3 Weijzen, P. L., de Graaf, C., Dijksterhuis, G. B. (2008). Discrepancy between snack choice intentions and behavior. *Journal of Nutrition Education and Behavior*, 40(5), 311–316.

4 LaBar, K. S., Gitelman, D. R., Parrish, T. B., Kim, Y.-H., Nobre, A. C., & Mesulam, M. M. (2001). Hunger selectively modulates corticolimbic activation to food stimuli in humans. *Behavioral Neuroscience*, 115, 493–500.

的影響。在實驗中，參與者觀看兩位美麗女性的照片，一位是金髮，一位是褐髮。

參與者觀看許多組女性照片，並選出心目中比較漂亮的那張。接著研究人員再擺出他們所選的照片並詢問原因。不過在部分組別中，研究人員會調換照片，假設參與者選的是褐髮女子，研究人員會拿出金髮女子的照片。八七%的參與者根本沒有注意到照片被調換。說明原因時，他們會說：「喔，我就比較喜歡金髮啊」，雖然他們原本選的其實是褐髮。

如何瞭解消費者的真實決策

研究以提問探詢參與者的看法，雖然人們的回答與實際行為存在一段差距，行銷人一般認定至少「看法」具有一定準確性。不過BEESY執行長暨創辦者艾歷斯・羅伯茲（Elys Roberts）表示：

我們不該繼續假定，只要詢問一大群人問題、蒐集回覆，就可以獲得正確的洞察。看法只會影響約三成行為，行為和意見不一定有關。

湯姆・尤因（Tom Ewing）和鮑伯・潘考斯卡斯（Bob Pankauskas）所撰的優秀論文〈不以提問做研究[5]〉（Research in A World without Questions）指出學界需要以提問以外的方法進行研究。該論文的結論，正好適合為本節作結並開啟後續討論：

以提問以外的方法做研究，並不是什麼新穎的替代研究方法。如果我們想要真切瞭解消費者的決策，這是必要手段。在多數情況下，這種方法也比直接研究法更令人振奮、創新、快速、可行。雖然短期內還無法完全拋棄提問，不過透過提問進行研究的時代已經告終，我們應該慶賀這一點。行銷業終於開始關注消費者的實際行為，而非他們的說法。

那有更好的市調方法嗎？

詢問人們的決策方式及影響因素，對行銷不一定有幫助，幸好，科學也提供一系列工具，幫助我們調整思維，降低對提問研究方式的依賴程度，避免得到經過慎思的答案。

進一步瞭解決策前意識的認知偏誤與捷思

我深信，所有市調工作者都應該積極瞭解人性，這代表定期吸收行為科學新知。新知識有助行銷人及研究者，設計更開明的研究及問卷，甚至能提供深入解讀的架構，從傳統研究中獲得更多啟發。

瞭解捷思與認知偏誤能拓展量化研究的觀點並梳理質性研究。優秀的質性研究者已經內化行為科學知識。亞尼・雅各布森（Arnie Jacobson）是質性研究中心（Qualitative Research Center）合夥創辦人之一，

5 Ewing, T., & Pankauskas, B. (2013). Research in a world without questions. *Journal of Direct, Data and Digital Marketing Practice*, 15. doi:10.1057/dddmp.2013.62.

他說他和別人談話時，除了口說的內容外，也會一併考量對方的肢體語言及臉部表情。因此，與其匆忙採購本章後續提到的各種最新研究工具，我對顧客／消費者／市場洞察部門（或負責委託、設計、分析研究的單位）的建議是，請先花些時間，瞭解非意識因素對人類行為的影響。有了這份認知後，即便運用傳統研究方法，研究所得的洞察也會更能反映人類行為與決策的真實樣態。

話說回來，實驗多多益善，以下介紹幾項過去十年來逐漸獲得廣泛應用的技術或方法。

一、內隱聯結

內隱聯結種類多樣，透過反應時間量測參與者心目中兩組字、詞、物品或圖案的匹配程度。最直截明瞭的內隱聯結測驗（Implicit Association Test，簡稱ＩＡＴ）測量人們對於兩組圖片、字詞、語句的反應速度，判斷他們心目中兩者之間的連結程度。測驗通常是透過敲擊指定按鍵進行，即便參與者是透過網頁瀏覽器遠端接受測驗，量測的準確度也能以毫秒計算。反應速度越快代表連結越強。

內隱聯結測驗廣受注目，提倡者相信測驗可以揭露影響決策的內隱偏見（你可能也曾應人資部門的要求接受過此測驗，因為內隱偏見是職場多元化的一項障礙）。透過內隱聯結測驗揭發內隱偏見的做法存在爭議，引發批評[6]，且由於涉及種族偏見等社會關注領域[7]，更加重批評聲浪。內隱聯結測驗兩位倡議者[8]架設「Project Implicit」網站，開放大眾免費於線上接受數種內隱聯結測驗，可用於量測種族、性、性別、障礙等面向的非意識偏見。但測驗最主要的缺點是，內隱聯結分析與現實行為並無因果關係，尤其是在個人或小型樣本層次。

話說回來，內隱聯結測驗最實際的應用是測量圖案（例如品牌標誌）、字詞、語句（例如標語）

的反應延遲（反應時間），藉此瞭解兩者之間的連結強度。許多行銷人大概都有這樣的經驗，目睹焦點團體成員花費大量時間鉅細靡遺地討論品牌標誌的意義，不過在現實生活中，人們對標誌形成定見，只是數毫秒之間的事。因此**在量測非意識連結方面，內隱聯結測驗確實有其價值。雖然無法在品牌標誌、廣告與期望行為之間建立直接因果關聯，但倒是可以用來評估非意識連結是否與品牌策略相符。**

雖然內隱聯結測驗能否用於揭露重大社會偏見仍無定論，我認為行銷人倒是能用來實驗測試。除了相對便宜之外，也可以線上進行，因此實驗執行與結果分析都能快速完成。

二、臉部表情辨識

與其請參與者以文字表達廣告帶來的感受，有幾間文案測試公司改請他們以表情符號表示情緒。我認為這種方法很有趣，還能避免參與者不自覺以文字調節情緒。同時證據也顯示，**表情符號可以跨越語言及文化的障礙。表情符號不屬於表情辨識技術，不過這種手法運用人類分辨簡化表情的直覺，而且和文字及數字相比，以表情來表示感受更直覺、不需思考。**

臉部情緒表情自動辨識是一種極具潛力的技術[9]。臉部自動辨識可在人們選擇或觀看行銷素材的

6 Bartlett, T. (2017). Can we really measure implicit bias? Maybe not. *The Chronicle of Higher Education*, January 5.

7 Payne, K., Niemi, L., & Doris, J. M. (2018). How to think about “implicit bias.” *Scientific American*, March 27.

8 華盛頓大學的安東尼．格林華德（Anthony Greenwald）及哈佛大學的瑪札琳．貝納基（Mahzarin Banaji）。

9 Kodra, E., Senechal, T., McDuff, D., & el Kaliouby, R. (2013). From dials to facial coding: Automated detection of spontaneous facial expressions for media research, *In 2013 10th IEEE international conference and workshops on automatic face and gesture recognition* (FG), Shanghai (pp. 1–6).

當下，捕捉其臉部表情的情緒反應並進行評估，政府、執法單位、亞馬遜智慧居家安全系統 Ring、Google 智慧喇叭 Nest 都運用類似的臉部辨識軟體。我對表情辨識技術相當著迷，不過這項技術尚未成熟，目前可能還無法應用於市場研究。不過隨著技術的可攜性及普及性提升，未來可望說服參與者在具有「生態效度」的時機啟用這項功能，例如在參與者身處零售環境觀看產品陳列，或是在家中坐在螢幕前的時候，捕捉他們的表情。攝影機捕捉臉部表情後，接著透過電腦分析「辨識」情緒反應，辨識依據主要是學界常用的標準化系統——臉部動作編碼系統（Facial Action Coding System）。雖然這種技術極具潛力，曾使用表情辨識技術評估廣告反應的專業人士指出，這種技術提供的分析結果過於籠統（只能粗略分辨正面或負面情緒），而無法提供細微表情的洞察。電腦不擅長製造臉部微表情，也不擅於分析。保羅．海爾曼（Pablo Helman）是馬丁．史柯西斯（Martin Scorsese）執導電影《愛爾蘭人》（*The Irishman*）的特效團隊主任，他二〇一九年十二月接受全美公共廣播電台（NPR）訪問時談到，對電腦來說，皺眉和微笑之間的差異微乎其微，不像一般人可以輕易辨識其間差異，再直覺調整相應的行為，而經過松本（第六章提到的臉部微表情專家暨柔道黑帶七段高手）訓練後，更能鉅細靡遺地分析微表情的細節，而電腦尚不具備這種能力。

三、眼動追蹤與瞳孔大小反應

眼動追蹤觀察個人的注視位置、瞳孔大小反應，顧名思義，則是測量瞳孔的大小。兩種資料都可以透過同一台設備量測、蒐集，眼動追蹤顯示注意力的焦點所在，而瞳孔尺寸則代表喚起（arousal）程度[10]。

綜合兩種資料，**眼動追蹤資料可繪製成熱點圖（Heat map），提供視覺顯著性的相關洞察，用以瞭解一段時間內人們分配注意力的方式，但不一定能夠得知注視特定位置的原因。**

加州理工學院（California Institute of Technology）神經科學家蒐集人們觀看零食（洋芋片）陳列的眼動追蹤資料，模擬客觀量度及主觀量度對注意力的影響[11]。客觀量度代表產品的視覺顯著性；主觀量度代表參與者觀看陳列品時，對各項產品的注重程度。比起僅納入視覺特性或主觀量度，考量視覺顯著性及主觀量度的模型，與眼動追蹤資料的相符程度更高。這類模型可根據陳列方式準確預測選擇，也能指引產品陳列設計。使用者經驗與廣告素材測試，皆廣泛運用眼動追蹤，其一優點是，結果呈現高度直覺、易於解讀。不過缺點是，眼動追蹤只能探查目光焦點，不能用於測量注意力高低。

四、膚電活動

膚電活動（Electrodermal Activity，簡稱EDA）舊稱膚電反應（Galvanic Skin Response，簡稱GSR），應用歷史可上溯至十九世紀晚期，是多頻道生理記錄儀（polygraph，也就是測謊儀）的組成設備之一。生理喚起活動會造成皮膚電子信號變動，而膚電活動可偵測皮膚汗腺上的電子信號變化。**膚電活動可用於測量人們的投入程度。一般來說，喚起程度越高就代表越投入。但其中一大缺陷**

10 Gilzenrat, M. S., Nieuwenhuis, S., Jepma, M., & Cohen, J. D. (2010). Pupil diameter tracks changes in control state predicted by the adaptive gain theory of locus coeruleus function. *Cognitive, Affective, & Behavioral Neuroscience*, 10, 252–269.

11 Towal, R. B., Mormann, M., & Koch, C. (2013). Simultaneous modeling of visual saliency and value computation improves predictions of economic choice. *Proceedings of the National Academy of Sciences of the United States of America*, 110, E3858–E3867.

是，無法判斷喚起信號屬於正面或負面。

膚電活動裝備可攜，價格相對低廉，缺點是時間解析度低。因此如果研究只讓參與者觀看兩、三秒的廣告內容，膚電活動無法提供可靠結果。

五、神經成像及分析

神經科學原本屬於醫學學科，不過神經成像的應用「已從辨識異常及功能不全的醫學分析，擴大至測謊與分析決策[12]。」

神經科學在市場研究領域的應用，有時稱為神經行銷（neuromarketing），不過我非常不喜歡這種稱呼，因為會聯想到在腦中植入推銷訊息，或用神經探針啟動「購買按鈕」（沒有這種東西）等令人反感的意象。有幾間公司過去曾使用「神經行銷」的說法，現在已改稱為神經行銷研究或消費者神經科學（consumer neuroscience）。

利用神經成像瞭解決策的學科，稱為神經經濟學。神經經濟學應用神經科學研究方法，試圖解答經濟與選擇問題，例如以生物計量法（如神經成像）瞭解認知負荷及個人，對刺激物或選擇的喚起程度。

神經科學的一項優勢是，我們可以暫時擱置語言，因此不必爭論某種行為屬於理性或直覺，只要觀察腦部活動——哪些部位被啟動、建立哪些連結。佛洛伊德在其標誌性論著《超越快樂原則》（*Beyond the Pleasure Principle*）中預示這種技術的出現：

如果我們可以捨棄心理學術語，以生理或化學指標取而代之，那就可以克服描述心靈時語言的缺陷。數十年來的疑問，我們猜測不出會獲得什麼樣的答案，但可以預期生理學及化學提供出人意料的資訊，這些答案可能推翻人為建構的所有假設。

神經科學已對行銷產生影響，一如佛洛伊德的預測，大腦成像的確可以顯示個人對刺激物產生生理及化學反應。

雖然神經行銷可說是已獲得市場研究的主流地位，其應用目前大抵不離評估訊息及產品。

在廣義的理論層次，神經經濟學深具潛力，因為這個領域結合數個學科，包括神經科學和行為經濟學。神經經濟學帶領我們認識決策各個面向所牽涉的大腦部位與神經歷程，探討人們如何決策等基礎問題。**從廣告及行銷策略師的角度來看，神經科學比較接近探索性研究，用於發掘洞察，再據此進行創意發想，而非測試文案的工具**（不過許多行銷人直接把神經行銷當作文案測試的同義詞）。

神經科學領域學者的研究成果，包含他們辛苦獲得的「神經洞察」，其中我很喜歡賀斯菲爾德所做的研究，在第七章稍微提過，他發現想著未來的自己，會抑制為未來儲蓄的意願，因為大腦把未來的自己當成陌生人。

他的研究運用ｆＭＲＩ（偵測血氧濃度變化，藉此追蹤腦部活動），學界一般認為喙前扣帶迴（rostral Anterior Cingulate Cortex，簡稱ｒＡＣＣ）是大腦中涉及自我概念的部位，而賀斯菲爾德發現，思考未來的自己時，此部位活動相對貧乏。事實上，思考未來自己時，這個部位的活動更像在想

12 Strutin, K. (2008, December). Neurolaw and criminal justice. Retrieved from llrx.com.

著別人（而不是現在的自己）。因此可想而知，我們寧願現在就把錢花掉，也不願為退休生活進行投資，因為大腦根本把未來的自己當作陌生人。這則洞察值得廣告公司策略師深思、運用。

另一個「神經洞察」的例子來自希爾克・普拉斯曼（Hilke Plassmann）及希夫等人所做的有趣研究[13]。在此研究中，參與者品嘗「據說」是不同價位的葡萄酒（但其實當中有多款試飲品，都是同一瓶葡萄酒）。研究者發現，參與者試喝同一款葡萄酒，但以為售價分別是九〇美元和一〇美元時，在品嘗昂貴葡萄酒當下，腦中與愉悅體驗相關的部位顯著較為活躍。研究證據顯示，在神經層面，人們以為葡萄酒較昂貴時，體驗也更為美好。這項發現也能解釋奢侈品牌的定價策略，價格資訊不只在決策當下具有重要性，人們後續使用、消費該品牌產品時，高價常能帶來更令人愉悅的體驗。普拉斯曼發表研究幾年前，比利時淡啤酒品牌時代啤酒（Stella Artois）長年來在英國的廣告標語是「令人安心的高價」，在美國的行銷標語是「完美有價」，意義類似，不過創意稍嫌不足。這個例子顯示，廣告創意人員不只在無意中洞察人類心理，也深諳神經經濟學。

以下接著介紹與行銷業息息相關的大腦成像技術。

六、功能性磁振造影掃描儀

磁振造影（MRI）掃描儀透過磁場變化產生影像，顯示體內構造。醫療環境廣泛運用其生成全身成像。由於MRI屬於非侵入性技術，尤其適合用於研究人類腦部，世界各地大學的神經科學、心理學、甚至行銷學系都備有MRI掃描儀。

大腦灰質（神經元細胞體）與白質（軸突，也就是連接神經元的「線路」）在磁場中呈現的影像不同，因此我們能從ＭＲＩ成像分辨這兩個部位。以ＭＲＩ研究腦部運作時，這種技術稱為功能性磁振造影（ｆＭＲＩ）。ｆＭＲＩ測量大腦消耗氧氣的方式、時間與位置，藉此以影像呈現腦部活動。腦部活躍時，氧氣消耗量提高，進而使血液產生磁性（化學及物理愛好者大概會想要知道原因，但行銷人應該興趣缺缺，故不在此贅述），血液的磁化會干擾ＭＲＩ產生的磁場，因此磁共振信號降低的區域，就是活躍的大腦部位。ｆＭＲＩ實驗結果以彩色圖片顯示，不過大腦真實的顏色其實是桃粉色，而且活躍的腦區也不會「亮起來」，圖片只是以各種顏色進行編碼，以便顯示數值高於某個門檻的大腦部位。

ｆＭＲＩ**技術功能強大，但在多數情況下用於市場研究時，問題大過效益。其優勢在於非侵入性的特質，且能讓我們一窺人類大腦的運作方式，過往技術都無法辦到這點。然而缺點是極其昂貴。**另外一個小問題是，ｆＭＲＩ可說是一種醫療措施，研究參與者得一動也不動地躺在震耳欲聾且容易引發幽閉恐懼症的儀器中，這種測量方式當然不具生態效度！而另一種可攜性較高、價格較低的設備是功能性近紅外線光譜（functional Near-Infrared Spectroscopy，簡稱ｆＮＩＲＳ），同樣用於測量血氧濃度，雖然這種儀器的時間解析度較高，但空間解析度及穿透深度皆較差（無法穿透皮質，因此無法偵測大腦皮質下的活動）。

13 Plassmann, H., O'Doherty, J., Shiv, B., & Rangel, A. (2008). Marketing actions can modulate neural representations of experienced pleasantness. *Proceedings of the National Academy of Sciences of the United States of America*, 105(3), 1050–1054.

14 Liu, T., Pelowski, M., Pang, C., Zhou, Y., & Cai, J. (2015). Near-infrared spectroscopy as a tool for driving research. *Ergonomics*, 59, 1–25. doi:10.1080/00140139.2015.1076057.

雖然早期研究顯示這種技術大有可期[14]，不過功能性近紅外線光譜對學界來說，都還算是極為尖端的科技，應用於市場研究尚需一段時日，但未來確實可望成為研究方法之一。

腦部反應是最真實的

德州休士頓貝勒醫學院（Baylor College of Medicine）的一篇fMRI研究正是催生神經經濟學的推手，這篇研究首次揭開人類大腦感知品牌的方式[15]。

研究方式類似「百事可樂盲測挑戰」。參與者躺在MRI掃描儀中，研究人員提供線索或圖片，告知參與者即將喝到可口可樂或百事可樂。在第一項實驗中，參與者看到紅圈後會喝到可口可樂，看到黃圈後會喝到百事可樂。大腦中紋狀體與前額葉皮質等處理酬賞的部位，會密切注意預測獎賞的線索。以色圈表示線索時，大腦內側前額葉皮質對色圈的反應符合參與者事前表明的飲料偏好（也就是說，偏好可口可樂的參與者看到紅圈後，內側前額葉皮質會變得活躍；偏好百事可樂的參與者看到黃圈後也有同樣反應）。研究人員將色圈線索改為可口可樂或百事可樂罐子的圖片時，大腦的反應令人訝異。大腦反應不再符合參與者表示的飲料偏好。事實上，看到百事可樂罐時，大腦毫無反應；不過出現可口可樂罐時，前額葉皮質與海馬迴都會出現強烈而穩定的反應。

亞利桑那州立大學教授，也是這篇研究的主要作者山繆．麥克盧爾（Samuel McClure）表示：「我們知道，海馬迴和背外側前額葉兩者和直接回憶提取有關，因此理所當然，這兩個部位會影響我們對品牌的想法。」麥克盧爾過去十年來在我撰寫本書過程中提供諸多協助，他擅長以通俗易懂的方式解釋高深科學。

另一篇研究顯示，小群體的腦部反應可用於預測整體人口的行為[16]，再次展現將ｆＭＲＩ應用於行銷的威力。加州大學洛杉磯分校的研究人員請吸菸人士觀看多種戒菸廣告，並蒐集其ｆＭＲＩ資料。研究人員詢問參與者覺得哪一種廣告最有效。

先前研究顯示，內側前額葉皮質與行為改變有關，因此研究人員觀察這個部位的反應。而內側前額葉皮質的反應（而非參與者的感想）正確預測哪一種戒菸廣告在全國播放後獲得最好成效。

艾默利大學（Emory University）的格雷戈里．柏恩斯（Gregory Berns，向狗進行ｆＭＲＩ研究的先驅）和莎拉．摩爾（Sara Moore）以ｆＭＲＩ測量小群體的腦部活動，檢驗其結果能否預測整體人口的購買行為[17]。研究召集二十七位青少年參與者，請他們聆聽十五秒的歌曲（演唱者不明），同時接受ｆＭＲＩ掃描。聆聽完畢後，參與者根據喜好程度進行評分。

實驗三年後，伯恩斯和摩爾查閱尼爾森（Nielsen）音樂銷售資料庫，檢視實驗所用歌曲的銷量，接著比對參與者的評分與腦部活動發現，參與者的主觀評分與歌曲銷量無關，不過紋狀體腹側核區的神經活動量與歌曲銷售呈正相關。這個例子顯示，人們自陳的偏好與大腦及實際行為的喜好有所出入。

15 McClure, S. M., Li, J., Tomlin, D., Cypert, K. S., Montague, L. M., & Montague, P. R. (2004). Neural correlates of behavioral preference for culturally familiar drinks. *Neuron*, 44, 379–387.

16 Falk, E. B., Berkman, E. T., & Lieberman, M. D. (2012). From neural responses to population behavior: Neural focus group predicts population-level media effects. *Psychological Science*, 23, 439–445.

17 Berns, G., & Moore, S. (2012). A neural predictor of cultural popularity. *Journal of Consumer Psychology*, 22, 154–160.

現階段來說，行銷人及洞察專業人士若要直接將ｆＭＲＩ技術用於市調專案尚不實際。我建議隨時追蹤最新學界研究，大致瞭解這些論文為廣泛選擇問題提供的解答，認識關於選擇及行為的新興思維，作為規劃行銷策略及解決方案的依據。

七、腦電波法（腦電波圖）

腦電波法（ＥＥＧ）是另一種用於觀察腦部活動的非侵入性技術。顧名思義，腦電波法可以測量腦電活動，不過只限於表層（顱骨附近）及鄰近表層的腦部活動。雖然ｆＭＲＩ可以提供更精準的空間資訊（明確指出活躍的大腦部位，不限於表層），不過與腦電波法相比，ｆＭＲＩ的時間解析度低，測量單位為秒，新興的功能性近紅外線光譜技術測量單位可小至十分之一秒，不過腦電波法的時間精準度遠高於前兩項技術，量測腦部活動的時間單位小至毫秒，每秒可產出一百至五百張腦電波圖。

腦電波法技術不具侵入性、便宜、可攜，對行銷人來說相當實用。可以精準測量喚起程度、認知負荷或認知精力及引導式注意力。在刺激後約三百毫秒，測得的電波表示出現引導式注意；這個電波稱為「P 300」，「P」代表腦電正（positive）成分，而「300」表示時間。電極一般黏貼於頭顱中線位置，喚起程度的差異會以電波頻率高低顯現。

用於行銷研究時，相較於ｆＭＲＩ，腦電波法的獨特優勢，是可在具生態效度的情境下蒐集資料。參與者可以坐在自家客廳的沙發上，觀賞超級盃足球賽，同時蒐集其腦電波法資料，其他神經成像技術辦不到這一點（如要蒐集ｆＭＲＩ資料，參與者就必須平躺在ＭＲＩ掃描儀中）。而且腦電波法技術日新月異，舉例來說，機器學習演算法可以辨識出事件相關電位（Event-Related Potential，簡稱ERP）這種微小電子信號[18]，因此未來也許可以分析更細微的資料。

儀器所量測到的神經（或情緒）投入程度不能直接與業績畫上等號，但也不是說神經行銷學完全無法預測業績（有幾間公司宣稱可以，但我還沒仔細檢視過支持這項說法的資料，因此無法妄下定論）。要提醒讀者的是，應用神經科學進行行銷研究仍屬於初期階段，神經經濟學也是剛起步的領域。神經科學本身有數百年歷史，但我們仍無法完全瞭解大腦，近期未來也不可能全盤通透。

現今許多頂尖大學院校，皆設有專門的神經經濟學實驗室，將有越來越多研究帶領我們深入瞭解人們的決策方式。當然並非每篇研究都有實用意義，不過每年總有一些精彩佳作。但別把研究結果當成確鑿的證據，**我認為行銷人及廣告公司必須設法將研究結果轉化為有力的洞察，才能掌握真正的商機。換句話說，觀察其他人大腦的運作方式，據此發想創意點子。**

八、行為測試／隨機對照試驗

隨機對照試驗（RCT）的概念相當簡單明瞭。其歷史比本章介紹的其他「新興」技術長了幾百年（之前提到的膚電活動，最早也只上溯至十九世紀中期）。一七四七年，蘇格蘭醫生詹姆斯・林德（James Lind）進行最早有紀錄的隨機對照試驗，測試如何預防壞血病。數百年來，長期待在海上的船員深受其擾。巡航法國西側比斯坎灣（Bay of Biscay）的英國皇家船艦索茲斯柏立號（HMS

18 Luck, S. J., & Kappenman, E. S. (2016). Electroencephalography and event-related brain potentials. In J. T. Cacioppo, L. G. Tassinary, & G. G. Berntson (Eds.), *Handbook of psychophysiology* (4th ed., pp. 74–100). New York, NY: Cambridge University Press.

Salisbury）在啟程兩個月後，數名水手感染壞血病，林德針對其中十二名患者進行隨機對照試驗。他將十二名水手分成六組，除了一般飲食外，每組額外攝取一種食物／飲料／調味料。比方說，其中一組在日常三餐外，額外攝取三顆柑橘類水果；一組飲用約一公升蘋果酒；另一組每三天攝取兩湯匙醋。還有一組每天喝約半公升海水，相當於安慰劑組。結果攝取柑橘類水果的組別在一週內康復[19]。雖然以現代標準來說，當時的樣本尺寸稍小，不過試驗的執行方式兩百七十年來沒有太大改變。

隨機對照試驗是測試新藥的標準手法，本書提到的多項心理學實驗，也都有使用到。**隨機對照試驗可以在實驗室、實地或線上進行。組織可以架設網站執行大規模隨機對照試驗，隨機向網站訪客顯示不同優惠訊息或體驗。**第六章提過，行為洞察團隊向開啟英國駕駛及車輛局網站的數十萬名訪客，隨機顯示八種網頁之一，測試哪一種訊息招募器官捐贈者的效果最好。這項隨機對照試驗測試人們在現實生活情境的反應，可說是一種實境測試。D2C（Direct-to-Consumer，直接面對消費者）的網路零售商或業務模式，經常採用這種測試手法。如果業務機構透過中介單位與選擇者接觸來進行市調，則須多花點心思。

我曾使用的一種做法是，從線上小組招募參與者，隨機向他們顯示你想要測試的各種情境（及對照情境）。通常必須先隱藏研究的真正目的，然後在實驗最後，提供情境所要影響的選項。舉例來說，我曾與BEESY公司合作規劃一項研究，隨機向參與者顯示各種介入訊息，目的是降低塑膠瓶的使用量，我們的做法是以社群媒體貼文的形式呈現訊息，並混雜在其他不相干的貼文中，接著詢問參與者社群媒體相關的一般性問題。研究最後，作為參與研究的獎勵，我們請參與者選擇任一種抽獎活動，獎品分別是附濾心的水瓶（可重複使用）或同等價值的瓶裝水。

雖然隨機對照試驗是實證研究的基礎，但這種研究方法存在一項陷阱，那就是行銷人常忘了探討某種措施有效的原因，澳洲顧問公司 Behavioural Architects[20] 創辦人麥克・丹尼爾斯（Mike Daniels）清楚說明這一點：

> 我們深信測試與證據的價值（敝公司也執行眾多隨機對照試驗），不過還有更簡便的方式來運用行為洞察，進行改善。
>
> 我認為可行與否是關鍵，推力必須有效才能真正發揮影響力。同時，除了確認有效以外，敝公司也相當強調瞭解背後原因的重要性。我們相信，對合作客戶來說，瞭解某種措施有效的原因，他們才能充分運用這項洞察。

用新方法提供傳統市場研究的成功率

娜歐蜜・史巴克斯・格沃爾（Naomi Sparks Grewal）是神經行銷領域中經驗與知識兼具深度與廣度的罕見人才，我最近和她談到應用本章所提到技術的相關話題。格沃爾曾研究催產素對決策的影響，研究成果替她贏得二〇一三年神經行銷商務與科學協會（Neuromarketing Business and Science Association，簡稱ＮＭＢＳＡ）年度神經人才（Neurotalent of the Year）獎。除了學界經歷外，她也

19 每日飲用一公升蘋果酒的組別也出現些許療效。

20 Behavioural Architects 是一間跨國顧問公司，在英國、中國、澳洲及美國都設有據點。

和眾多研究公司合作，曾擔任市場研究公司益普索（IPSOS）的行為及神經研究暨發展主任及眾多創新公司的資深洞察與研究領導職位，包括Pinterest、Uber等，目前任職於臉書。格沃爾見識過理論與實務、新興及傳統研究方法，我向她請教見解與建議：

> 行為科學研究方法漸漸成為主流，主要來自整合、擷取公司向使用者／消費者「被動」蒐集的行為資料。由於內部壓力（法律部門大概不樂見公司向使用者使用神經科學技術並據此發布研究結果）及成本考量，神經科學仍屬於新興、少見的研究方法。許多業界研究團隊擁有大量人才，具備亮眼的研究資歷，對於由公司內部進行研究躍躍欲試，至少在科技業是如此。業界人才越來越多，可動用的預算卻減少。
>
> 行為洞察與消費者神經科學等技術，的確是解答業務問題的管道。請針對業務問題，並在公司預算、時間等資源有限的情況下，找出最有效的解答方法。行為科學及神經科學方法是解決方案之一，不是唯一[21]。

市場調查由來已久，而新方法也許能提高成功機率：觀察別人的行為、原因及方式，思考這些洞察能如何協助我們達成自己的目標。

本章重點：

- 人類決策有大半源自非意識因素，因此我們必須重新思考市場研究的方法。與其請受試者有意識地思考自己會怎麼做，我們必須探尋其他可以檢視決策非意識層面的研究方法，以利瞭解如何用行銷措施影響這些非意識因素。
- 人們不一定知道自己想要什麼，如果請他們說明某個偏好的原因，他們會改而選擇易於解釋的選項。
- 人們的選擇極易受情境影響，但研究經常剔除情境。
- 腦部成像等各種新興技術，將為研究方法帶來變革，不過這都還屬於實驗階段。內隱意識、內隱測驗、眼動追蹤、臉部表情分析技術的發展，提供另一扇窗，讓我們一窺「理性」選擇之下潛藏的動機。儘管如此，最好的做法還是綜合運用新舊工具，結合新技術及歷經長久驗證的研究方法。
- 熟悉新技術最好的方法是，撥出一小筆洞察預算，實際試用新興研究方法。與傳統措施或

21 天普大學（Temple University）的維諾德．文卡川曼（Vinod Venkatraman）比較神經生理學及傳統研究方法，預測行銷效果的準確度。研究結果印證史格沃爾的見解：結合新興及傳統研究方法可以提供最全面的洞察。根據文卡川曼的研究結果，新興的技術之中，fMRI似乎是傳統研究方法之外，獲得額外洞察最有利的投資。Venkatraman, V., Dimoka, A., Pavlou, P. A., Vo, K., Hampton, W., Bollinger, B., …, Winer, R. S. (2015). Predicting advertising success beyond traditional measures: New insights from neurophysiological methods and market response modeling. *Journal of Marketing Research*, 52(4), 436–452.

市場成效相比，新技術所得到的結果有何不同？

- 如果無法取得新技術，至少可以從行為科學家的觀點檢視傳統研究方法。你設計的問題能否真實反映人們的決策方式？光是在研究設計與解讀中，加入人性洞察就能獲得豐富收穫。

讀者回饋：

- 「很有意思，人類決策歷程大半屬於前意識，不過眾多市場研究都在探討有意識的決策過程。這些研究多數只是浪費錢嗎？這裡是否發生德州神槍手謬誤的情況？因為人們只能透露自己有意識的部分，如果據此資料進行決策，是不是等於只靠五％的資料就做出一〇〇％的決定？」
- 「本章印證舊有的研究習慣有多麼根深蒂固。其內容彷彿一記醒鐘，對於習慣使用的傳統研究方法提出挑戰，提醒我們注意研究設計，以利洞悉無意識心靈深處種種出人意料之外、新穎、可能帶來變革的洞察。」

第十六章 行銷觀念革新：運用決策知識激發創意、解決問題

行銷人進行行銷決策時，更該運用決策知識。

目前為止，本書反覆強調，行銷人若要影響人們的決定，就得瞭解他們選擇背後的非意識機制。不過，本章會把討論重點從選擇者轉到你我的身上。

每個人日常都在使用本書所介紹的認知機制，主要是為了快速、有效做出決定，而在大部分情況下，結果也都還算不錯。但不論是在商場或戰場上，我們的選擇有時未能達到自身或組織的目標。

與生俱來的習慣，不只影響人們選擇特定品牌或方案，某些具有深遠後果的人類決策，也受認知機制影響。有學者從認知偏誤的角度回顧軍事及外交政策決定，指出第一次世界大戰前的世界強權，可能因為偏誤而不自覺邁向戰爭[1]。其中當然包括樂觀偏誤，因為當時強國都宣稱戰事「在聖誕節前就會結束」，並設想自己是最後的贏家。

美國南北戰爭時，北方聯邦軍（Union Army）將軍喬治・麥克萊倫（George McClellan）之所以未能拿下維吉尼亞州里奇蒙（Richmond, Virginia），損失趨避的心態可能是原因之一。歷史學家羅伯

1 二〇〇七年六月強納生・蘭森（Jonathan Renshon）接受《哈佛雜誌》（*Harvard Magazine*）訪問時談到他的著作內容《為什麼領袖選擇戰爭》（*Why Leaders Choose War*，暫譯）。

特・波伊斯（Robert Pois）與教育心理學家羅伯特・蘭格（Robert Langer）寫道，麥克萊倫「一心想著不要戰敗，而未能著眼於得勝[2]。」也有證據顯示，二次大戰時，德國取得克里特島（Crete）後，不入侵賽普勒斯（Cyprus I.）的決定是受定錨效應影響[3]。英國詐唬在賽普勒斯島部署兩萬英軍，實際上只有四千兵力，儘管德國報告及分析顯示英國宣稱的數字太高，但戰後文件揭示，德軍已將較高的軍力設定為錨點並「毫不置疑」。

也有其他學者寫到，近期國際衝突的相關決策，也受認知偏誤影響，例如一九五六年的蘇伊士運河（Suez Canal）危機與二〇〇三年美伊戰爭。

這些行動決策可能改變成千上萬人的生命與國家、文化走向，涉及縝密規劃與龐大責任，如果就連這些決定都會受到天生偏誤的影響，那行銷人所做的專業決定當然也無法倖免。

這點尤其諷刺，因為行銷人的目標，就是要善用認知偏誤，影響他人決定，但我們自己也會因此做出有瑕疵的決策。

直覺，或說本能，是所有決定的重要影響因素，因此行銷決策當然難逃其影響。如果沒有直覺的指引，我們可能會變得非常優柔寡斷。當直覺浮現時，我們應該盡量設法釐清是哪一種偏誤正試圖左右我們的決定。

「直覺」替人類帶來的優缺點

不過要提醒讀者的是，意識到認知偏誤的存在，不代表我們能就此免疫，因為就連康納曼也沒辦法做到這一點。他曾說：「並不是說讀了《快思慢想》這本書，你就能改變思維模式。我寫了這本書，但思考方式還是一樣。」

我幾年前訪問艾瑞利時，他對直覺提出精闢的見解：非意識思考有時意外地周到。我們累積的行銷經驗，有時能引導直覺做出適當的決定及行動，就像消防隊員或機師在緊急情況下，會自動啟動應變模式一樣。

大多數情況下，依循直覺都能獲得不錯的結果。不過行銷人也是人，有時也不免受本書第二部介紹的認知捷徑左右。比方說，有時市場情況出現變化，既有的廣告活動需要有所調整，但「稟賦效應」會令我們在情感上高估現有廣告活動的價值，因此不願做出改變；「損失趨避」會使我們和麥克萊倫將軍一樣過於擔心失敗；「新近偏誤」會使競爭者的最新舉止措施看似具有重要意義，導致我們偏離長期計畫。也可能如古維爾所言，身陷「創新的詛咒」中，對於新產品能為消費者帶來的好處欣喜不已，卻沒想到他們可能的損失並設法安撫他們。在以上四個情境中，應該盡量忽略內心直覺擾人的聲音。人類天生偏好可以短期見效（即便效果次佳）的解決方案，因而捨棄長期效益更高的選項，而企業環境與公司所提供的經理人誘因，經常強化這種偏誤。那該如何鼓勵團隊選擇日後價值較高的報酬，而非追求當下較小的好處？保羅．波曼（Paul Polman）曾於二〇〇九至二〇一九年間擔任聯合利華執行長，他設法辦到這一點：取消每季發布營運報告，因為這是上市公司追求短期成效的推力之一。波曼擔任執行長的第一天，就大膽地把盈餘報告揉爛。三年後接受《哈佛

2 Lieutenant Colonel Michael J. Janser, "Cognitive Biases in Military Decision Making," US Army War College, 2007.
3 Major Blair S. Williams, "Heuristics and Biases in Military Decision Making," U.S. Army Military Review, September-October 2010.

商業評論[4]》（*Harvard Business Review*）時，表明自己是在「到職第一天就宣布這個決定，我心想，他們總不會第一天就開除我吧。」

二〇一八年七月《金融時報[5]》（*Financial Times*）報導指出，在觀念開明的公司中，波曼撤銷季度報告的做法已經成為常態，報導文章寫道：「比起公司倒閉，仍埋首於季度報告的英國老闆更令投資人火大」。二〇一八年六月，投資大亨暨慈善家華倫．巴菲特（Warren Buffet）與摩根大通（JPMorgan Chase）董事長兼執行長傑米．戴蒙（Jamie Dimon）共同撰寫一篇《華爾街日報[6]》文章，呼籲上市公司減少或撤銷評估季度盈餘的做法：

> 季度盈餘報告常導致公司以不健康的心態過於注重短期利潤，犧牲了長期策略、成長和永續性。

組織可以採納建議，找出內部有哪些根深蒂固的做法、誘因或價值觀是在追求短期酬賞。

練習設定有效可達成的長遠目標

之前討論過，設想未來有其難度，通常需要運用一些心理訣竅才能辦到。在研討會中，我會運用一項練習幫助人們思考長期目標，也就是第七章所談到的預期性思考練習——行為時光機。人性不擅長判斷未來，我們的思考以短期模式為主，這並不是個人的缺陷，只是大腦及決策系統演化的結果。**只要設定適當的情境，還是可以跳脫當下，有效地構想未來。其中一種方**

法是暫時拋下一般從現在預想未來的模式，改由未來回顧現在。我常用的一種技巧是：

假設現在是二〇二五年十二月（可自行替換成預計實現長期目標的其他時間點），《時代》週刊（*Time*）／《高速企業》（*Fast Company*）／其他合適的雜誌或期刊專題報導你的公司／你的計畫為業務／某產品類別／社會所帶來的非凡正面影響。報導內容包括：

- 封面故事的標題、圖片及副標
- 報導的主旨
- 你領會什麼道理，進而促成組織改變，帶來成功？
- 報導訪問原本抗拒或不相信新想法或措施的人，不過他們現在改觀了，訪談包括那些重點？他們何時被說服？什麼事件說服了他們？
- 有沒有什麼環節差點出錯？有沒有預防的方法？[7]
- 報導訪問哪些組織外專家的意見？為什麼選擇訪問他們？他們表示什麼意見？

4 Captain Planet from *Harvard Business Review*, June 2012 issue.

5 Walker, O. (2018). The long and short of the quarterly reports controversy. Financial Times, July 1.

6 Dimon, J., & Buffett, W. E. (2018). Short-termism is harming the economy: Public companies should reduce or eliminate the practice of estimating quarterly earnings. *Wall Street Journal*, June 6.

7 這部分練習就像一場簡單的「事前驗屍」（pre-mortem）。顧名思義，事前驗屍法就是設想專案可能出錯的地方。克萊於二〇〇七年九月《哈佛商業評論》刊登一篇精彩文章，題為〈預設失敗求成功〉（Performing a Project Premortem），說明這種方法的流程。

- 組織文化有什麼改變？組織內人員的思考與行為有什麼改變？
- 文章統整「複製某組織成功的五大要領」，這五件事會是什麼？
- 反向時間表：文章歸納一張時間表，標示由現在到二〇二五年十二月的逐步進程，上面會有哪些重大里程碑？

反向時間表和其中的里程碑對參與者來說相當實用，他們可以藉此構想從現在邁向未來成功的途徑。

透過這項練習，你可以說服直覺配合（而非妨礙）長遠規劃與決策。真正的行銷天才（例如賈伯斯）大概不需要這類練習，他們的直覺似乎天生就能幫助公司或品牌達到目標，但對你我來說，必須時常停下來檢視直覺或其反應的動機來源。

適當的意識思考可校準直覺認知

實驗心理學家諾曼．邁爾（Norman Maier）設計著名的雙繩問題（two rope problem）實驗[8]，提出一種擱置直覺的方法：「在徹底討論問題以前，不要提出任何解決方法」。或如德國詩人萊納．瑪利亞．里爾克（Rainer Maria Rilke）給門徒的迂迴建議：

不要馬上尋求答案，你現在不能獲得答案，因為你還無法體會。我建議體會一切，體會問題。也許你就能逐漸在不知不覺中，在未來遙遠的某一天，體會到答案。

我常常等不及提出答案、妄下結論，總忍不住在充分討論問題之前就提出解決方案。我給自己的藉口是：這是人性。直覺不擅於沉思，他的職責就是提供快速的解決方法，催促我們採取行動（或在現狀偏誤的情況下不行動）。**直覺催趕我們做出結論，但如果要找到最佳選項，有時必須停下來想一想。**

廣告公司博達華商全球策略長奈吉爾．瓊斯（Nigel Jones）七歲時開始參加半職業棋賽（他和兩個兄弟都曾是半職業棋手）。我們在葡萄牙里斯本一場會議後聊到直覺與決策，瓊斯告訴我，下棋的時候，他幾乎可以馬上知道接下來該走哪一步，而他相信其他有點程度的棋手也都具備這種能力。比較弱的棋手會直接下那一步棋；而比較強的人則會在出手前，先思考十分鐘。瓊斯說，這十分鐘的審慎思考很重要，因為：

> 思考過後，我十之八九還是會下一開始想到的那步棋。這步棋幾乎都會是正確的選擇，不過偶爾，仔細檢視棋局之後，會發現那步棋有缺點，或是有更好的下法。我最初的想法（直覺）正確率有九成，但多花一些時間思考後，正確率可以提升到將近九九%。而在頂尖賽事中，這就是

8 在此測驗中，實驗場所的天花板垂下兩條繩子，研究人員請參與者將兩條繩子綁起來，不過參與者很快就發現，繩子彼此距離太遠，他們無法同時抓住兩條繩子。如果參與者過了十分鐘還想不出解決方法，研究人員就會走進實驗房間，然後「不小心」碰到繩子，讓繩子開始擺盪。看到這個線索後，參與者幾乎都想到可以讓繩子擺盪，乘機抓住兩條繩子，但沒有人認為自己是看到研究人員的動作才想到這個方法。

輸贏的差別。

這個例子顯示我們快速的直覺認知歷程，能在多數情況下做出正確判斷，不過透過意識思考稍微校準，就能進一步提升正確率。

神經科學家大衛．伊葛門（David Eagleman）在其精彩著作《躲在我腦中的陌生人》（*Incognito*）中寫道：「人類發展出意識，因為少量意識對我們有利。」意識負責審查直覺，但不能取而代之（比較類似沙賓法案[9]（Sarbanes-Oxley Act）通過以前的審查者，不太會仔細審查，傾向直接批准）。康納曼將慎思系統（deliberative system）比做「背書者，不會事事躬親」。

激發創意與解決問題的好方式

雖然無法完全擺脫認知偏誤（這對我們也未必有利），**但瞭解偏誤有助減輕其影響**，讓我們不那麼容易被廣告打動，也對處理辦公室政治有幫助，至少這份認知能讓心裡舒坦一些，不會對自己的「不理性」過於懊惱。

本書反覆強調，瞭解行為科學有助影響他人的選擇，也能幫助行銷人做出更正確的決定。另一項好處是，關注行為科學的同時，你也會接觸到創意相關的研究成果；**行銷人應該多向研究選擇的學者請教，創意產業也該研讀探究創意思維與問題解決的相關研究。**

有些道理顯而易見，但仍然非常實用。**如果你的工作包括向創意團隊和設計師報告，盡量選在週五或假日前開會。如果要解決問題，不妨試試把問題丟到背景模式中，然後去做別的事情，這常常**

比全新思考解決方法更為有效。據說阿基米德就是在洗澡時靈光乍現；**睡眠也有幫助，請團隊成員隔天再報告提案，成果會比當天回報更好**。加州大學河濱分校心理系助理教授莎拉・梅德尼克（Sara Mednick）著有《你今天小睡了嗎？》（*Take a Nap! Change Your Life*），她的研究[10]指出，睡覺時如果有做夢，醒來之後想出解決方法的機率更高。她的理論是，快速動眼期（Rapid Eye Movement，簡稱 REM）睡眠能啟動聯想網路，因此睡夢中的聯想能力會比清醒時更好。

還有其他技巧能激發團隊創意。我相信你也參與過腦力激盪活動，主持人會在活動前對大家說：「所有想法都是好點子」，然後請學員不要批評別人的提案，只能表示正面意見。因為據說如果參與者不用擔心遭到批評，安全感有助靈感源源而來。不過查蘭・內米斯（Charlan Nemeth）二〇一八年出版的《異見的力量》（*In Defense of Troublemakers*）認為這可能不是激發原創想法最好的環境。內米斯在文章〈衝突在集體創意中的解放力量〉（The Liberating Role of Conflict in Group Creativity）中指出，比起要求參與者不要批評，指示小組成員彼此爭辯、批評時，他們反而提出更多想法。

我的做法是將創意發想活動分成兩部分。前半是典型的腦力激盪，這時「所有想法都是好點子」，後半則統整各組的提案，然後請各組互相批評、提出改善方式。由於稟賦效應和宜家效應，發想人容易對自己的提案過於自滿，此時他人的批評指教就很有幫助。小組調整、改進提案後，我會請他們提

9 譯註：二〇〇一、二〇〇二年間，美國大型上市公司接連爆發財務弊端，美國國會遂於二〇〇二年通過沙賓法案，旨在加強對企業會計流程及財務透明的監管。

10 Cai, D. J., Sarnoff, A. M., Harrison, E. M., Kanady, J. C., & Mednick, S. C. (2009). REM, not incubation, improves creativity by priming associative networks. *Proceedings of the National Academy of Sciences of the United States of America*, 106, 10130–10134.

出執行計畫。我稱之為「五─五─五計畫」，這種練習有助於銜接紙上談兵、不必擔心後果的腦力激盪活動與講求實效的現實世界。

就和本章稍早提到的預期性思考練習一樣，我請學員假設他們已經準備好要實行剛才提出的想法，接著請他們設想以下時間點的計畫：

- **五分鐘：**這場會議結束後五分鐘內，你會採取哪些行動，展開計畫？你的第一步會是什麼？就算只是小事也沒關係，例如打電話給某人、安排會議召集其他計畫成員、與法務部門確認提案可行性等。
- **五天：**五天後，你完成什麼事？下一步準備做些什麼？
- **五週：**距離今天這場會議已經過了五星期，說明你的進度，接下來幾個月還需要完成什麼事？

「五─五─五計畫」的實用之處在於，**學員可以練習用實際角度檢視研討會所提出的想法。思考提案的實際層面及描述實際行動，也能加強貫徹提案的決心。**某方面而言，這很像本書稍早提到的通道因素或執行意向（implementation intention）。

更多刺激創意的方式

另一種刺激創意的有趣方式，是模仿小孩的思考模式。達雅．札柏林納（Darya Zabelina）和麥可．羅賓森（Michael Robinson）進行實驗[11]，將參與者分為兩組，主要是北達科他州立大學（North

Dakota State University）的大一、大二生，請他們想像今天學校放假。研究者請學生寫下今天要做的事以及想法、感受，不過其中一組要假設「自己是七歲小孩」。想像練習之後，參與者接受陶倫斯創造思考測驗（Torrance Test for Creative Thinking），評量創意程度。測驗之前想像自己是七歲小孩的組別分數高得多。

我曾在世界三大洲居住、工作，太太又是義大利人，我對以下這種激發創意的方式深有體會。新加坡管理大學（Singapore Management University）教授安琪拉・梁（Angela Leung）專門研究多文化觀點對創意的影響。二〇〇八年，梁和共同作者於《美國心理學家》（*American Psychologist*）期刊刊登論文[12]，報告實驗結果：向參與者播放多文化投影片，促使參與者思考、比較不同文化情境，在後續的寫作活動中，比起觀看單文化投影片，多文化組別的個人創意程度較高。

梁和共同作者的實驗，讓參與者觀看並列美、中文化形象的投影片，但參與者創意的展現，不只是將這兩種文化融合在一起。其中一項用於評量創意程度的寫作活動〔為土耳其孩童改寫《仙履奇緣》（*Cinderella*）的故事〕與以上兩種文化並無關聯，而觀看過多文化投影片的參與者，所寫的故事獲得更具創意的評價。

這種現象的背後機制可能是，文化並陳會帶來些許衝突與不安，而就像之前討論過，在腦力激盪

---

11 Zabelina, D. L., & Robinson, M. D. (2010). Child’s play: Facilitating the originality of creative output by a priming manipulation. *Psychology of Aesthetics, Creativity, and the Arts*, 4(1), 57–65.

12 Leung, A. K., Maddux, W. W., Galinsky, A. D., & Chiu, C. (2008). Multicultural experience enhances creativity – The when and how. *American Psychologist*, 63(3), 169–181.

活動中，引入一些異議有助激發更多想法，因此多文化觀點可能也有激發創意的效果。

許多公司千方百計設法促進組織內部的文化多樣性。梁的研究顯示，**多元文化的效益之一是提升個人創意。據點遍及不同文化的創意組織可以利用這一點，打造多元環境，培養創造力。**不過此處的重點是文化「多元並陳」而非「融合」。梁在電話訪談中表示，企業如要獲得多文化經驗的效益，就應該採納世界主義（cosmopolitan），而非全球化（globalizing）觀點。世界主義的宗旨是兼容多元文化，而非凌駕眾文化之上使其同質化一。此外，世界主義聽起來要比全球化酷炫多了。

避免低估工作完成時間的方法

最後，如果你和我一樣，也常過度承接太多事務，使自己分身不暇，以下提供一個實用建議，幫助你避免繁忙的壓力。

你多常低估工作所需花費的時間，因而在期限之前手忙腳亂？或發現合作人員沒有給予自己充足時間完成份內工作？

這種現象是由規劃謬誤（planning fallacy）導致，這種認知偏誤使我們經常低估完成工作所需花費的時間[13]。舉例來說，研究人員請大學生估計自己完成論文所需的時間。學生估計時間的平均值是三十三．九天。此外，研究者也請他們估計「一切順利」及「事事出錯」的情況下，分別要花多少時間（分別是二十七．四天和四十八．六天）。實際上，學生平均花了五十五．五天完成論文，只有約三成學生在自己預估的時間內完成作業。

預估與實際情況之間存在不小落差，樂觀偏誤很可能也是背後原因之一。評估時間時，暫時忽略

自己的超能力有助於做出較精準的估算。與其思考「我要花多少時間完成？」，改成「別人會花多少時間完成？」請同事評估交期時，也不要問「『你』會花多少時間完成？」，而是問「『一般人』會花多少時間完成？」

瞭解人性是影響選擇及行為的關鍵，我們因此成為更優秀的行銷人，同時也能意識到直覺對自己選擇的影響，據此做出更有利的行銷決策。

本章重點：

- 行銷人也是人！我們要影響選擇者時，自己所用的決策捷徑也和他們一樣。倚靠直覺有時無法獲得最好的行銷決定。
- 人類易受短期目標吸引，因此忽略長期目標，這對自家品牌不利。現狀偏誤導致我們在應該改變時不願採取行動。
- 瞭解行為科學及相關領域內涵有助激發創造力。

13 Buehler, R., Griffin, D., & Ross, M. (1994). Exploring the 'planning fallacy': Why people underestimate their task completion times. *Journal of Personality and Social Psychology*, 67, 366–381.

讀者回饋：

- 「本書提供眾多技巧與訣竅，我尤其喜歡本章提到的午睡和週五簡報建議。另外，記錄自己直覺的想法，然後再以願意改變的心態研究可行性，這也是很棒的建議，不過前提是我們要能察覺自己的偏誤。」
- 「前置準備和參考架構是啟發創意的神奇工具，為自己和團隊設定合適的參考架構，能帶來令人驚異的差別。」

第十七章 人工智慧對選擇的影響：運用人工智慧來設計行銷介入措施

人工智慧出現後，我們不再握有選擇，這對行銷人和選擇者來說，意味著什麼？

特沃斯基和康納曼合作進行研究，為行為經濟學奠定重要基礎，這位學者也和馬克．吐溫（Mark Twain）或溫斯頓．邱吉爾（Winston Churchill）一樣妙語橫生。麥可．路易士（Michael Lewis）在著作《橡皮擦計畫》（*The Undoing Project*）中提到幾個例子，特沃斯基聽聞諾貝爾物理學獎得主莫瑞．蓋曼（Murray Gell-Mann）正經八百地談論一系列主題後，說道：

> 你也知道蓋曼認為，在自己心目中，世界上沒有人比自己更聰明。

特沃斯基說，只要是不感興趣的電子郵件，他都不會開信閱讀，他這麼解釋自己的生活哲學：

> 緊急事務的一項優點是，再過一陣子就不緊急了。

據說他曾以詼諧風趣的方式描述自己的研究領域：

我的同事研究人工智慧，而我則研究天生的愚蠢。

現今大概是行為科學洞察與人工智慧首次產生交集的階段，從學科建立到今天，這一步花了三十多年。

結合人工智慧與行為洞察的行銷

我要強調的是，**人工智慧領域內涵極為寬廣，任何行銷人或顧客洞察專業人員的工作都可能應用人工智慧**。本章只會探討其中一小部分，**著重於如何結合人工智慧及行為洞察，據此研擬更有效的介入措施及行銷手法**。

首先，人工智慧意指為何？在此引用安德烈亞斯．卡普蘭（Andreas Kaplan）和麥可．海恩萊因（Michael Haenlein）對人工智慧的定義：「系統正確解讀外部資料、從中學習並運用這份知識，加以靈活調整，完成特定任務、達成特定目標的能力。」

我們一再談到，行為效應會受情境與時機改變、影響。不論是文化脈絡不同、個體差異，即便是同一人在不同時間地點，同一個刺激事件對行為產生的影響可能天南地北。時機通常可以解釋意圖及行動之間的落差，就如第七章提到的，心臟科醫生在你背上拍了一下，對你維持健康生活表示嘉許，但如果可以在你即將出現不健康行為的前一秒發出提醒，或是做出健康選擇之後立即給予鼓勵，效果絕對更好。

因此，「完美」的行為洞察介入措施，應該要能根據決策環境（情境）的變化靈活調整，瞭解並允許個體差異，並適時發出提醒、重新設定框架或提供誘因（懲罰或獎勵）。這似乎相當符合卡普蘭和海恩萊因對人工智慧下的定義。

當然，人工智慧早就已經開始影響我們的選擇。早在二〇一五年，傑夫・貝佐斯（Jeff Bezos）寫給投資人的公開信中，就透露亞馬遜「數位推力」計畫的應用廣度：

> 透過銷售教練（Selling Coach）計畫，我們穩定生產自動化機器學習推力（一週通常可發出七千萬個推力），提醒賣家避免缺貨、增加販售品項、調整價格以維持競爭力。這些推力轉化為數十億美元的銷售額。

當時是二〇一五年，銷售教練還只是亞馬遜的一項小型計畫，實施推力的對象是賣家，每週有一・九七億人在亞馬遜網站購物，相較之下，賣家人數相對少得多。

不過信中提到的數字可能稍有誤導之嫌，因為其中許多「推力」只是機器學習發出的適時提醒，銷售教練計畫當然算是推力，但我認為大部分不是運用心理學洞察的介入措施。

瞭解人工智慧相關重要概念和運作方式

我並非人工智慧專家，無法為讀者解釋背後的科學原理及方法。不過其中一個重要概念——決策樹（decision trees）還算容易理解。決策樹是一種分類方式，舉例來說，洗衣服的時候，可能就會用到決策樹的概念。首先，你區分細緻衣物和一般衣物，接下來可能再把一般衣物細分為白色與深色兩類，但細緻衣物就不做此區分。在多數情況下，人類大腦同時只能處理少量決策樹（不過洗衣服時，你大概可以同時執行兩個決策樹，也就是直接將衣物分成三類：細緻衣物、一般深色、一般白色，而不是先區分細緻與一般，再區分顏色），不過電腦可以同時執行眾多決策樹，將各個類別與結果視作集合（ensemble），通常也稱為隨機森林（random forest）。決策樹會針對類別進行投票，以分類洗衣服的例子來說，你可能會得到「含棉量少於八〇％等於細緻衣物」的陳述。以隨機森林來說，「只見樹木，不見森林」的諺語並不正確，因為決策樹讓你見樹又見林。

以色列理工學院（Technion – Israel Institute of Technology）的一群資料科學家將決策樹集合的概念發揚光大。他們發展出「整合心理學理論與資料科學的協同方法，目的是預測人類行為[1]」，並透過選擇預測競賽發表成果。這種方法又名「心理學森林」，將行為習性整合至決策樹森林中，因此並不完全隨機。比起單獨使用人工智慧演算法或心理學評量，這樣的系統更能精準預測人類行為。以我資料科學外行人的方式來理解，心理學森林並不是由隨機的樹組成，而是由精心挑選、能夠適應特定環境、蓬勃生長的樹構成。

歐里．龐斯基（Ori Plonsky）是以色列理工學院研發出心理學森林的其中一位資料科學家，他說明這種研究方法：「由行為科學家制定具有理論基礎的特徵，並由資料科學家提供適當的整合工具。」

在這自動化越來越普遍的年代，我很高興有某種技術還需要用到行為洞察專業人員的知識，此外，這種方法也符合資料科學當前的思維：結合人類與人工智慧可以發揮強大威力。

目前行銷人員多半只將人工智慧用於最佳化（optimization，透過試誤持續減少錯誤，進而提升成效）。人工智慧可以高速、低成本執行多變量測試，取代傳統且可靠，但相當耗費時間的A／B測試。也就是說，與其只比較A標題和B標題，人工智慧可以同時測試更多變量，例如三種標題與數張圖片、各種行動呼籲（calls to action，簡稱CTA）的排列組合。接著人工智慧就能選出效果最好的組合，而行銷人只需隨時加入其他變量，例如更多標題、文案、價格、圖片、圖說，人工智慧就能持續進行最佳化。行銷人可將決策的任務交給科技，行銷計畫效率還能自動提升，方便至此，夫復何求？

利用人工智慧，行銷人可以輕而易舉測試各種選項組合，也因此，我們幾乎不需費心篩選輸入人工智慧系統的變量品質。有句話叫做「垃圾進、垃圾出」（garbage in, garbage out，簡稱GIGO），意思是，如果輸入有瑕疵或不合理的資料，則輸出的結果也必然無用，如同廢物。不過就算將垃圾輸入人工智慧系統，某種程度上，人工智慧不一定會產出垃圾。我的意思是，就算行銷人輸入的資料並未經過周全把關，機器還是可以持續改善成果，只是基線起點較低[2]。不過要是能事先稍微篩選變量的品質呢？就像比起隨機森林，心理學森林預測人類行為的精準度更高，先從行為洞察

1 Plonsky, O., Erev, I., Hazan, T., & Tennenholtz, M. (2016). Psychological forest: Predicting human behavior. *AAAI*.

2 《資料科學的九個缺陷》（*The 9 Pitfalls of Data Science*，暫譯）作者蓋瑞・史密斯（Gary Smith）二〇一九年七月刊登於《高速企業》的一篇文章提到相關例子：「一位網路行銷人在一百多個國家，測試三種登錄頁面顏色（黃、紅、深藍綠）與原本顏色（藍色）哪一種效果比較好，希望能在這些國家中找出最適合的顏色，藉此提高收益。結果顯示英國最愛深藍綠色，但其實根本沒這回事。」

的角度篩選行銷變量，那麼比起標準的最佳化流程，人工智慧成效很可能可以往上提升一個層次。

以行為洞察強化行銷機器學習引擎的最佳化流程，如此便能掌握大好商機。人工智慧直接告訴我們結果，而行為洞察則能揭露背後的原因。

發揮人工智慧影響力的應用

湯姆．格里菲斯（Tom Griffiths）與龐斯基等人合著論文[3]，格里菲斯在二〇一九年判斷與決策研討會的主題演說中摘要報告論文內容，首先他提了一個問題：「行為科學理論的目標是解釋人類行為，那這些理論可以預測人類行為嗎？」我覺得問句的前半段很有意思。行為洞察可以用來解釋某種經驗的原因，或是說明為何某種介入措施，會在最佳化過程中獲選或被淘汰。單憑最佳化歷程，就只能逐步改進，而瞭解原因就彷彿打通任督二脈，是取得突破的關鍵。瞭解有效的原因後，我們就能進一步思考強化效果的方法，而非只是盲目微調。瞭解圓木如何滾動，才可能進而發明輪子；瞭解輪子的原理，才有後來的滑輪、齒輪。

顧問公司 Behavioural Architects 創辦人丹尼爾斯贊同這個觀點：

> 人工智慧可以更精細地回答「哪裡、何時、什麼、誰」的疑問，使我們進一步瞭解人類行為。而人工智慧、機器學習與行為洞察的完美交會，則能說明原委，回答關於「為什麼及如何」等充滿想像力的疑問。

我詢問過格沃爾，往後業界會期望洞察專業人員具備什麼樣的能力組合，她的回答同樣強調行為科學與資料科學相得益彰的特性：

> 行為科學家若具備撰寫程式／電腦科學相關技能，且有能力報告各層面的結果，這是非常誘人的能力組合，我會想要雇用這樣的人才！

人工智慧負責執行最佳化程序，人類則負責說明原因、注入想像力，這種做法結合雙方各自的優勢，徹底發揮人類智慧與人工智慧的影響力。之後也會提到，這也是人們對人工智慧應用接受度最高的做法。

我研擬出以下流程，醫學與科技聯營組織可用於爭取公共衛生大型補助款，簡化版流程如下：

第一步：定義期望行為，並設想目標對象採納行為的可能阻力與推力。

第二步：舉辦行為科學觀點的研討會，請使用者經驗設計師等人員參與，商討期望行為的相關洞察。

第三步：統整、研擬研討會上提出的介入措施相關提案。

---

3 Plonsky, O., Apel, R., Ert, E., Tennenholtz, M., Bourgin, D., Peterson, J. C.,⋯, Erev, I. (2019). Predicting human decisions with behavioral theories and machine learning. ArXiv:abs/1904.06866.

第四步：試行提案，檢視成果。

（同時進行：透過人工智慧引擎進行最佳化與個人化調整。）

第五步：每三個月檢視表現最佳／最差的二〇％介入措施，並請行為洞察專家針對有效／無效可能的原因提出假設。向設計師報告行為洞察分析，以利改善介入措施。

（同時進行：透過人工智慧引擎進行最佳化與個人化調整。）

第六步：每年舉辦行為科學觀點的創意研討會，討論新的成效基線並修訂假設。

（同時進行：透過人工智慧引擎進行最佳化與個人化調整。）

企業運用人工智慧的實例及反思

約翰．羅威爾（John Lowell）曾任大型廣告公司李奧貝納（Leo Burnett）情報長，現為顧問公司 Field Collective 執行長，擁有人工智慧實際應用的豐富經驗與知識。他建議建構一種神經網路——生成對抗網路（generative adversarial network，簡稱 GAN），進一步推展以上「提出假設——最佳化」驗證的流程。業界形容生成對抗網路是「近二十年來，機器學習領域最酷炫的新想法[4]」，其定位是人工智慧領域的創意思想家。生成對抗網路運用兩種神經網路：生成網路（generative network）和鑑別網路（discriminative network），前者負責輸入新的「創意」資料，可能不符合鑑別網路的部分規則，不過仍滿足必要的分類架構。生成網路的目標是盡可能矇騙鑑別網路，這樣的「競爭」能催生新穎的解決方案——發掘鑑別網路一開始無法判別的「黑天鵝」。

一般認為，結合人工智慧與人類智慧是人工智慧的「最佳做法」。結合兩種智慧後，行銷人就能

應用人性深入洞察，同時在適當時機提供為個人量身打造的體驗。Uber 運用這項技術發揮極大效益，不過也招致一些批評。

一九九七年一份著名研究[5]調查紐約的計程車司機，顯示他們的工時安排，無法以最有效率的方式賺取最多收入，此即為第三章提到的，倫敦計程車司機的海馬迴因嚴峻的訓練過程而變大，不過紐約司機的海馬迴是否也比常人更大，就不得而知了。在需求量較高的日子（例如雨天，或是市中心有大型會議），司機會提早收工下班；而生意比較冷清的日子，他們的工時反而拉長[6]。研究者提出的解釋是，司機會以每日收入目標來決定自己當天的工時（例如：今天賺到二五〇美元就下班）。因此在繁忙的日子，司機工時較短，冷清的日子，工時就會拉長。展望理論對此的解釋是，計程車司機會把不足二五〇美元的部分看作損失，因此願意拉長工時來避免損失的感受。不過研究分析顯示，如果司機在需求量高的日子多工作幾個小時，冷清的日子則提早下班，總工時不變的情況下，收入反而能提升一成。

二十年後，在二〇一七年時，人性依然未變，不過乘客叫車的方法有了巨大變動。一九九七年研究中自營計程車司機缺乏效率的工時安排，只影響個人的收入，不過 Lyft 和 Uber 等共乘應用程

4 RI Seminar: Yann LeCun: The Next Frontier in AI: Unsupervised Learning. However, the reputation of GANs has been somewhat tarnished recently by their use to produce “deep fake” images and videos. Retrieved from https://www.youtube.com/watch?v=IbjF5VjniVE.

5 Camerer, C., Babcock, L., Loewenstein, G., & Thaler, R. (1997). Labor supply of New York City cabdrivers: One day at a time. *The Quarterly Journal of Economics*, 112(2), 407–441.

6 新加坡的計程車司機研究發現類似的行為模式。

式，期望司機盡可能提高收入，這樣共乘公司才有利可圖。《紐約時報》記者諾姆・謝伯（Noam Scheiber）的報導顯示 Uber 運用行為科學洞察，搭配人工智慧技術，促使司機延長工時。

謝伯簡潔明瞭地說明 Uber 面臨的問題，因為司機並非 Uber 雇員[7]，而是自營業主，因此無法命令司機在特定時間於特定地點值勤。不過對使用者來說，Uber 的品牌效用在於隨時隨地提供載客服務。謝伯指出：「Uber 的目標是隨時隨地提供順暢的載客服務，然而缺乏對司機的管控可能破壞品牌宗旨。」

這篇《紐約時報》報導清楚說明 Uber 如何結合行為洞察與人工智慧，促使司機繼續工作。Uber 系統會根據個別司機過去的駕駛行為，在該司機即將達到當天收入目標時發送通知，告訴司機即將達成「另一個更高的收入目標」。謝伯報導 Uber 實驗過：

> 電玩遊戲技巧、圖案、沒什麼價值的非現金獎勵，目的都是敦促司機更加辛勤工作，有時甚至誘使他們在利潤較低的時間地點載客。

Uber 運用這些推力（應該說是「暗推」，這個詞由塞勒發明，指稱運用行為洞察，使人們做出對自己無益行為的介入措施），操弄人性的損失趨避心態、喜好追求目標的心理，根據司機的行為記錄及當下環境進行個人化調整，並透過 Uber 應用程式，在最有可能影響司機行為的時機發出通知。

和人工智慧相關的道德疑慮

這些量身打造的推力，能在意識開始思考之前達成效果，雖然這是結合行為洞察與人工智慧的實例，但這個例子也顯示，組織設計推力有時並非為了幫助接收者，而是為了提高自己的利益。法蘭西絲卡・吉諾（Francesca Gino）題為〈Uber 示範行為經濟學應用的負面教材〉（Uber Shows How Not to Apply Behavioral Economics）的文章[8]就在提醒這類情況的存在，指出行為洞察的得利者可能是企業，而非選擇者或使用者。

可疑的人工智慧推力還有很多，在最糟糕的情況下，甚至還可能鼓勵非法活動。專精網路法律的米哈・拉維（Michal Lavi）博士在〈邪惡推力[9]〉（Evil Nudges）一文中提出提醒：

> 有些中介機構利用資料探勘與人工智慧，根據每位使用者的特徵設計個人化推力，專門引誘使用者前往非法論壇，或從事非法活動。

原本大眾還算可以接受的推力，如果加上人工智慧，由於威力過於強大，很可能就會蒙上道德疑慮。假如某種機制，能吸引手機遊戲的遊戲內購買行為，若演算法沒有設定限制，人工智慧就會更頻繁向較容易受影響的使用者放送個人化訊息。鎖定玩家中最容易受影響的族群後，不用太久，這群人

6 新加坡的計程車司機研究發現類似的行為模式。
7 在部分司法管轄區，Uber 司機的雇用狀態仍是受爭論的議題。
8 https://hbr.org/2017/04/uber-shows-how-not-to-apply-behavioral-economics.
9 Lavi, M. (2018). Evil nudges. *Vanderbilt Journal of Entertainment and Technology Law*, 21(1), 1+.

就會累積高額的遊戲課金帳單。遊戲新聞及評論網站Kotaku[10]於二〇一九年十月報導，有一位玩家在《變形金剛：地球戰爭》（*Transformers: Earth Wars*）遊戲中消費超過十五萬美元，而人工智慧機制越來越擅於辨識出潛在的「肥羊」玩家。先前提到的行銷資料專家羅威爾表示：

> 公司企業可能做出聰明、最佳化、合法、甚至（微觀來看）符合道德原則的決定，卻造就不道德的剝削系統。

人類監督人工智慧的重要性

我之前討論過，在人工智慧中納入人類洞察的重要性。在這類情況中，最好能以人類監督人工智慧的運作。賓州大學華頓商學院教授卡蒂克．霍桑納加[11]（Kartik Hosanagar）強調人類監督的重要性。接受華頓線上知識訪問時，他表示：

> 企業部署演算法之前，應該進行正式的人工稽查，特別是運用在招募等可能影響社會的情境下。執行稽查的團隊必須獨立於演算法研發團隊。
>
> 並不是懷疑演算法的能力，其實我是演算法的信徒。我想要傳達的訊息不是「要小心」，而是「積極參與、主動影響技術演進的過程」。

如果以負責的方式使用，人工智慧與機器學習會是行銷人的助手，也對使用者及選擇者有益。亞馬遜或Google的推薦廣告通常相當實用，把選擇過程變得簡單又有成就感。人工智慧機器人多次為我提供支援服務或解決問題，省去我打電話到客服中心的麻煩。不過人們心中人工智慧應用的界限在哪？如何影響我們對選擇、甚至自我的感受？

人類與人工智慧的互動

露西・法瑞—瓊斯（Lucy Farey-Jones）對人性與科技的互動有深度瞭解。她是舊金山顧問公司 Register Ventures 創辦人，也曾共同創立廣告公司 Venables Bell and Partners 並擔任策略長。多數人工智慧議題圍繞在「人工智慧對商業的貢獻」，不過法瑞—瓊斯開始關注另一個問題：人工智慧對人類有何意義，人類對於生活中的人工智慧有何想像？她調查一千兩百名美國人的意見[12]，詢問他們在各種情況中接納人工智慧的程度。研究結果顯示，人們歡迎人工智慧協助處理清潔、包裹運送等事務；還算可以接受人工智慧輔助的律師、教師、財務顧問，不過「目前堅決反對」人工智慧／機器人育兒的想法。法瑞—瓊斯點出一個矛盾情況：許多對人工智慧表示不信任的受訪者，其實生活早已開始使用人工智慧：

10 Walker, A. Retrieved from kotaku.com. Accessed on October 14, 2019; Someone spent over $150,000 in microtransactions on a transformers game. Retrieved from https://kotaku.com/someone-spent-over-150-000-in-microtransactions-on-a-t-1839040151.

11 他是賓州大學華頓商學院科技與數位商務學系的「約翰・C・豪爾」（John C. Hower）教授暨行銷學教授，著有《人類的機器智慧指南》（*A Human's Guide to Machine Intelligence*，暫譯）。可輸入以下網址，觀看訪談：「做決定的是誰：你還是演算法？」https://knowledge.wharton.upenn.edu/article/algorithms-decision-making/

12 可輸入網址，參閱法瑞—瓊斯的研究結果：https://medium.com/@lucy_94635/artificial-intelligence-real-fear-3caa790abb24。以該研究為主題的 Ted 演說：https://www.ted.com/talks/lucy_farey_jones_a_fascinating_time_capsule_of_human_feelings_toward_ai。

排斥人工智慧媒人的受訪者中，有二〇%使用過線上約會軟體，而其中其實都配備人工智慧演算法；對於人工智慧助理感到不安的受訪者中，四五%其實擁有配備Alexa、Google Home或Siri功能的裝置；無法接受人工智慧飛機搭配人類機師的受訪者中，有八〇%搭乘過商用客機。一項意料之內的發現是，使用過語音人工智慧機器人的受訪者，對於調查中各種應用情境的接納程度皆較高，畢竟熟悉能帶來好感。

我們對人工智慧的想法是一回事，與人工智慧互動的感受是另一回事。如果Alexa、Siri或Google助理聽不懂我說的話，我會忍不住提高嗓門，但聽完智慧助理的天氣預報後，我也會向他們道謝[13]，很多人和我一樣，都有將人工智慧「對話介面」擬人化的傾向。還記得嗎？第九章提過，參與者與電腦互動接受測驗時，如果電腦表達恭維，參與者的測驗分數較高，回報的情緒更為正面，對於人機互動的滿意度較高，對電腦也更有好感。

擬人化的習慣由來已久，有人認為擬人化也是人類開始馴化動物的因素之一。操縱拆彈機器人的士兵，會為機器人取名字，如果機器人被炸傷至無法修復，他們也會為機器人舉辦葬禮。**當機器扮演助手，協助人類活動，而非扮演競爭者時，此時的人機關係最為融洽，**其實也類似人類與馴化動物之間的關係。

人工智慧無關緊要的小缺點，反而可提升好感

不論是阿基里斯的腳跟還是氪星石[14]，每位英雄都有其缺陷與弱點，如果人工智慧機器人能表現不完美之處，人類也會更願意接納機器人。五十多年前，社會科學家艾略特．亞隆森（Elliot Aronson）指出，成功人士如果犯下錯誤，民眾可能對他更有好感。研究顯示，這種犯錯效果[15]（Pratfall Effect）不僅適用於人際互動（human-human interaction，簡稱ＨＨＩ），人機互動（human-robot interaction，簡稱ＨＲＩ）也有類似現象。研究人員透過使用者調查[16]證實犯錯效果的存在。首先刻意在機器人程式中，放入有瑕疵的行為程式碼，接著觀察並評量人類參與者與有小故障的機器人及正常機器人互動時的反應。就和人際相處一樣，比較完美機器人與偶爾出現小瑕疵的稱職機器人，參與者對後者的好感度顯著較高。《超級名模生死鬥》（*America's Next Top Model*）監製泰拉．班克斯（Tyra Banks）結合「flaw」（缺陷）與「awesome」（棒極了）兩個相反的概念，創造出新字「flawsome」，鼓勵大家接納缺點，因為缺陷正是自己的迷人之處。設計人工智慧體驗時，也別忘了「flawsome」的效果。

人工智慧展現不嚴重的小缺點時，人們的好感度可能提升，但速度應該是人工智慧不容妥協的特點吧？人工智慧不用一眨眼的功夫就能完成高速運算，提供最棒的解答，人類使用人工智慧不就是為

13 亞馬遜研發一種功能，可用於訓練小孩說「請」。小孩子向 Alexa 問問題時，如果有說到「請」，Alexa 回覆問題後會說：「對了，謝謝你這麼有禮貌。」另外，我最近也發現 Alexa 的一個小彩蛋，只要你小聲對 Alexa 說話，就能啟用「耳語模式」，她也會小聲回覆你。

14 譯註：少數能傷害超人的物質。

15 Aronson, E., Willerman, B., & Floyd, J. (1966). The effect of a pratfall on increasing interpersonal attractiveness. *Psychonomic Science*, 4, 227–228. doi:10.3758/BF03342263.

16 Mirnig, N., Stollnberger, G., Miksch, M., Stadler, S., Giuliani, M., & Tscheligi, M. (2017). To err is robot: How humans assess and act toward an erroneous social robot. *Frontiers in Robotics and AI*, 4, 21.

了追求速度嗎？在這事事緊迫的年代，理論上，速度越快的人工智慧應該越受歡迎。

但哈佛商學院的麥克・諾頓（Mike Norton）和萊恩・布爾（Ryan Buell）說，其實不一定。他們進行數項實驗，研究營運透明度（operational transparency）的概念與勞力的假象。營運透明度指的是，消費者選擇或使用產品及服務時，希望看到廠商供應的過程。我們興味濃厚地觀看站在吧檯後方的壽司師傅，精準俐落地處理河豚生魚片；也時不時打開優比速（UPS）網站追蹤包裹；或是透過達美樂披薩追蹤應用程式查看披薩料理、外送的進度。雖然這麼做無法加快流程，我們還是喜歡時時注意產品或服務動態。

在其中一項實驗[17]中，諾頓與布爾建立一個模擬的旅遊訂票網站，界面和功能就和真實訂票網站無異。接著他們請研究參與者，透過網站查詢並訂購從波士頓飛往洛杉磯的機票，網站向部分參與者立刻顯示合適的班機，另一部分參與者則需等待一小陣子，同時網站會在螢幕上顯示進度說明，例如：「目前找到五十二個結果」和「我們正搜尋約一百個網站，包括捷藍航空官網」。諾頓和布爾刊登於《哈佛商業評論》的文章[18]寫道：

> 一個網站立即顯示結果，但沒有透露背後流程，另一個網站延遲三十或六十秒，但有顯示搜尋的勞動過程。即便速度較慢，多數參與者還是比較喜歡流程透明的網站。

當然，等待過程完全是不必要的，研究者加上延遲時間，只是為了創造付出勞力的假象。雖然我們都知道，演算法能在彈指之間完成運算，不過若能感受到運算所耗的力氣或時間，我們會更有好感。

別忘了讓人自覺擁有選擇權

雖然本書一再呼籲簡化選擇，不過行銷人也要注意，人工智慧有時候會讓選擇變得太簡單，從而剝奪了人們選擇過程中的情感經驗。博格曾說，選擇就像昭示自身價值的小徽章，選擇可以讓我們覺得自己很聰明。希夫也說過，對選擇越滿意，我們就會覺得產品／服務效用越高。但如果人工智慧機器人替我們攬下部分決策，以致我們覺得選擇並非自己的決定，那會發生什麼事？我還沒讀到針對這個問題的研究，不過〈人工智慧與大數據時代的消費者選擇與自主[19]〉（Consumer Choice and Autonomy in the Age of Artificial Intelligence and Big Data）這篇文章論述相當周全，指引了幾個有趣的研究方向。這篇論文值得完整閱讀（去掉參考資料，內文只有七頁），但我不會在此報告全部內容。研究作者提到正面自我歸因（self-attributions）的效用，也就是說，人們越覺得是自己做出選擇時，也會更相信選擇帶來的正面收穫，是自己努力的成果。另外，來自能動性（agency）的效用也能提高我們對自己選擇的滿意度，因為：

> 自由選擇的經驗，使消費者更加重視獲選選項的特色，並降低其他選項的吸引力。

---

17 Buell, R. W., & Norton, M. I. (2011, September). The labor illusion: How operational transparency increases perceived value. *Management Science*, 57(9), 1564–1579.

18 Buell, R. W., & Norton, M. I. (2011, May). Think customers hate waiting? Not so fast … *Harvard Business Review*, 89(5).

19 André, Q., Carmon, Z., Wertenbroch, K., Crum A., Frank, D., Goldstein, W.,…, Yang, H. (2018). Consumer choice and autonomy in the age of artificial intelligence and big data. *Customer Needs and Solutions*, 5, 28–37. https://doi.org/10.1007/s40547-017-0085-8.

人工智慧可能削弱這類心理學效益，行銷人應多加注意。移除選擇所帶來的自主性感受，可能降低選擇者的開心程度、選擇帶來的成就感與品牌無形價值。在選擇品牌的過程中，大腦非意識從記憶中提取品牌聯想（還記得麥克盧爾使用fMRI，觀察參與者對可口可樂品牌的反應嗎？）越常聯想品牌，連結就越強烈、持久。可以想見，如果人工智慧替我們完成選擇，品牌相關的情緒、感受、線索就會慢慢淡化。

但我不是要行銷人排拒人工智慧，科技無法回頭，而且人工智慧就和其他技術一樣，可以提供實用協助及良善的功能。我的建議是，**運用人工智慧時，從業人員應加入一些線索及經驗，維護選擇者的能動性，協助他們培養決策自我效能。參考提示做出決定，要比直接知道答案更有成就感。**

荷蘭伊拉斯姆斯大學鹿特丹管理學院的研究者發現[20]，如果某活動與個人某部分自我認同相關，自動化可能提升或減損該自我認同，進而影響該活動相關的決策。研究顯示，如果某種活動的目的不僅在於效能（從甲地騎自行車到乙地），還包括個人的身分認同（身為一名自行車騎士）時，自動化可能減損該認同感。失去某部分自我認同的預期心理，使我們更不可能採取行動，而是裹足不前、維持現狀。

在本書多次提到，行銷人的品牌不是重點，選擇者的決定才是關鍵。在演算法隨處可見的年代，行銷人的職責是，**讓人們感覺仍然是自己在選擇——發自內心、根據自己的偏好及需求所做的選擇。同時透過選擇展現自我，也傳達他們希望別人看待自己的方式。**

人工智慧可能帶來的啟發

本章的最後，我想要向發掘行為洞察，並據此設計解決方案的人表示嘉許。第七章提到著名心臟學家彼得斯教授，他也在世界各地推展數位健康計畫。二〇一八年十月，彼得斯在世界經濟論壇網站刊登一篇文章，標題是〈醫生如何善用人工智慧，提出創新[21]〉（How AI Can Inspire Doctors to Be More Inventive），傳達深刻見解。他在文章中提到的諸多論點不限於醫療照護層面。其實，也大可把標題的「醫生」改成「行銷人」或「行為設計師」。

二〇一七年，人工智慧公司 DeepMind 所研發的 AlphaGo 軟體打敗圍棋世界冠軍。電腦只知道圍棋規則，而圍棋可能的下法比可觀測宇宙中的原子數還多。有人認為這是分水嶺——機器智慧正式超越人類的轉捩點。

不過一個比較少人知道（沒有受到廣泛報導）的影響是，AlphaGo突破許多長久既定的圍棋走法。許多圍棋大師透露觀察AlphaGo棋局後，突破過往觀念，開始敢於發想新走法及策略，因此創下非凡的連勝紀錄。

我們目前處於科技革新的動盪期，機器有能力學習並自行尋求解決方法。機器開始挑戰人類的想像，這是原本沒有預料到的情況，不過反而引導人類突破目前的限制、勇敢想像，激發創意革新。

20 Leung, E., Paolacci, G., & Puntoni, S. (2018). Man Versus machine: Resisting automation in identity-based consumer behavior. *Journal of Marketing Research*, 55, 818–831. doi:10.1177/0022243718818423.

21 https://www.weforum.org/agenda/2018/10/how-ai-can-inspire-doctors-to-be- more-inventive/.

運用人工智慧改變行為或設計行銷介入措施有其挑戰性，不過我們非常期待人工智慧可能帶來的啟發，協助我們成為思想開明、更具想像力的策略人士及從業人員。

本章重點：

- 結合行為洞察及人工智慧／機器學習能發揮強大威力，若只將人工智慧用於最佳化過程等於大材小用。
- 雖然人工智慧可以找出「哪一種」介入措施效果最好，但如果人類能從旁提供行為洞察分析，則能進一步瞭解「原因」，而原因是創意躍進的推手。
- 只要持續輸入人類資料，人工智慧就能找出更加有效的介入措施，不過在此過程中，人類的角色不只在於提升效果。人類參與及稽核的目的，是辨識演算法的偏誤，避免演算法走火入魔，發展出不道德、甚至違法的措施。
- 偉人的小缺點使他們更為可親，機器也是一樣。比起完美的程式，如果演算法有小缺陷或速度稍慢一些，人們的好感度及評價可能更高。
- 擁有資料科學與行為科學知識的人才非常搶手。
- 務必讓人們自覺擁有選擇權，沒有人喜歡別人替我們做決定，絕對不能忘了！

結語　行銷，就是協助人們做出最有利的選擇

我們一般都認為，行銷是行銷人達成目標的手段。但過去幾年來，隨著逐漸瞭解人們選擇的方式，我認為行銷的意義不僅如此。**行銷的目標是影響人們，而行銷未來的演化，也應該把這些人的利益視為核心。**

行銷可以在一些顯而易見的領域中發揮影響力。比方說，Ideas42[1]這類組織就利用行為科學洞察設計和規劃行銷方案，目標為鼓勵健康行為、優良財務習慣，以及對社會及環境有益的行動。

好處不只如此。前述領域所欲影響的選擇深遠而重要，但還有更多選擇並不會拯救生命或地球環境：比如說下次去超市時該買佳潔士（Crest）還是高露潔（Colgate）牙膏？該一次付清十二堂皮拉提斯（Pilates）運動課程，還是上一堂買一堂？下班後和朋友小聚，要喝美國舊金山鐵錨（Anchor Steam）牌還是內華達山脊（Sierra Nevada）牌的啤酒？就算只是這些細微瑣碎的選擇，行銷都有幫得上忙的地方。

第一種方法已經在第十章詳細討論過，行銷可以把選擇變簡單。前面說過，大腦喜歡簡單、「容易評估」的選項，我認為行銷人就該提供這樣的選項給選擇者，因為這不僅對業務有利，而且選擇者的時間寶貴，注意力也有限，簡化選項就是為他們節省時間心力。

主流品牌龍頭是大家自然而然的選擇，但如果你的品牌並非大品牌，有時故布疑陣也許是有利業務的策略。不過與其加重選擇者的認知負擔，設法讓自家品牌變成比龍頭品牌更簡單、自然的選擇，絕對是更健康、正當的經營之道。如果企業在無意之中，設計出不符合大腦運作方式的行銷手法，違背人類直覺選擇的方式，這對品牌或企業無益；但若是刻意把選擇變得複雜、困難或是令人困惑，簡直等於濫用行銷手法。塞勒就大力譴責複雜的取消訂閱流程。他認為，訂閱有多簡單，取消訂閱就該一樣容易，這才是訂閱服務應該遵循的經驗法則。

困難的選擇在人們身上加諸不必要的壓力，讓我們感覺自己能力不足，無法專注於對自己的安康快樂更重要的事務。人生苦短，日常選擇不該出現選擇障礙，消耗我們大量時間。簡單選擇就是好選擇，選擇者滿意，行銷人也開心。

不過在某些情況下，把選擇變困難反而對人們有益，甚至能拯救性命。降低購買香菸的認知流暢度並使流程變複雜，顯然就是好事一件。法規限制止痛藥泰諾（Tylenol，或其他含有止痛藥成分乙醯胺酚的藥物）的單次購買上限，並要求製造商採用泡殼包裝[2]，如此一來，使用者必須戳破鋁箔才能取出藥丸，若以塑膠罐盛裝，使用者可輕易將藥丸全數倒出。光是提高過量服用這類藥物的難度，英國成功在十一年間使過量服用乙醯胺酚的自殺率降低四三%[3]。

我們虛構的夥伴路易．李維教授和鄧不利多校長都說明過，選擇在人生中扮演的重要角色，這是善用行銷的另個好處。與選擇相關的感受，對我們的心情有深遠的影響。比方說，失去自動感測擋風玻璃雨刷，這種微不足道的功能居然短暫使我的新車體驗蒙上一層烏雲，這是很神奇的一件事。同樣的，有人稱讚我的小布牌（Brompton）折疊腳踏車很方便時，展開腳踏車騎乘而去時，感覺格外輕快雀躍。最好的稱讚莫過於讚美對方所做的選擇，這不只是優秀的行銷策略，應用在人生當中也無往不利。

不過各位讀者擁有充沛的好奇心，因此買了這本書，而且選擇讀到最後，我想你們應該早就熟知這個道理。

1 譯註：一間運用行為科學洞察處理社會問題的非營利顧問公司。

2 譯註：以塑膠材質製成一格一格的小空間用以填充藥丸，上層再覆蓋鋁箔材質封口，這類包裝稱為泡殼包裝。

3 Emanuel, E. J. (2013). A simple way to reduce suicides. *New York Times*, June 2.

致謝

首先，我要感謝 Kimberlee D'Ardenne，Kim是一位神經科學家，恰好也是非常優秀的作家兼編輯，她協助我透過文字說明複雜的道理，確認我沒有誤解科學原理，在本書原版及新版的寫作過程中都鼎力相助，她的名字也應該列在封面上。感謝 Peter Comber 想出修訂版的書名副標題。我也要感謝 Emerald Publishing 的團隊，尤其是 Charlotte Maiorana，她在二〇一四年就提出建議，認為讀者或許會對這樣的一本書感興趣，五年之後，更大力支持出版修訂版的想法，謝謝妳對這本書那麼有信心！

如果沒有數千位人類行為研究者深入探討人類決策的原因及方式，就不會有這本書，所以我要感謝你們所有人。我和科學社群的多次談話都令我深受啟發，不論對方是幕後人員，還是站在海報前發表研究成果的學生。特別要感謝親切抽空為我提供建議與鼓勵的學者，他們花費極大耐心向我這個外行人解釋自己的研究：Sam McClure、Baba Shiv、Ming Hsu、Adam Alter、Vlad Griskevicius、Robert Cial- dini、Dan Ariely、Richard Nisbett、David Gal、Carrie Armel、Barry Schwartz、Jonathan Baron、Andrea Weihrauch、Simona Botti、David Faro、Jonathan Zinman、Ben Hilbig、Sam Bond、Ishani Banerji、Christopher Hydock、Maya Shankar、Angela Leung、Chris Chabris、Neil Bendle、Justin Pomerance、Nick Light、David Comerford、Tomasz Zaleskiewicz、Giovanni Burro、Renato Frey、

Rachel Rosenberg、Gizem Yalcin，我向你們親自致謝。有些人可能不記得幫助過我，但你們都曾助我一臂之力。

過去與現在眾多曾經給我啟發、支持，或以某種方式為這本書貢獻一己之力的朋友、從業者、同事包括Michael Fassnacht、Mark Barden、James Hallatt、Ralph Kugler、Yumi Prentice、Andrew Levy、Nick Peters、David Thomason、John Kenny、Simon White、Kofi Amoo-Gottfried、Dominic Whittles、Mike Guarino、Auro Trini Castelli、Neil Adler、Ryan Riley、Lucy Farey Jones、Kim Lundgren、Barb Murrer、Elina Halonen、Leigh Caldwell、Elys Roberts、Mike Daniels、John Lowell、Curt Munk、Curt Detweiler、Pam Scott、Di Tompkins、Rebecca Caldwell、Vikki Garrod、Tom O'Keefe、James Coghlan、Jenn Munsie、Cynthia Flowers、Bernadette Miller、Bob Mason、John Eichberger、Brooke Sadowsky Tully、Maria van Lieshout、Tom de Blasis、Yuko Furuichi、Ari Nave、Mimi Cook、Ramona Lyons、Franco Ricchuiti、Emanuela Calderoni、Naomi Sparks Grewal、Julieta Collart，謝謝你們大家！

國家圖書館出版品預行編目資料

直覺行銷：運用11種人性直覺,讓人不用多想就掏錢的商業巧思/馬修.威爾克斯（Matthew Willcox）著；林怡婷譯. -- 初版. -- 臺北市：商周出版：英屬蓋曼群島商家庭傳媒股份有限公司城邦分公司發行, 民110.05
面；　公分. --（新商業周刊叢書；BW0770）
譯自：The business of choice : how human instinct influences everybody's decisions
ISBN 978-986-5482-95-4（平裝）
1.行銷管理
496　110005142

新商業周刊叢書 BW0770

直覺行銷：運用11種人性直覺，讓人不用多想就掏錢的商業巧思

原著書名／The Business of Choice: How Human Instinct Influences Everybody's Decisions
原作者／馬修．威爾克斯（Matthew Willcox）
譯者／林怡婷
企劃選書／陳美靜
責任編輯／周汶嫺
版權／吳亭儀、顏慧儀、林易萱、江欣瑜
行銷業務／周佑潔、林秀津、黃崇華、賴正祐、郭盈均

總編輯／陳美靜
總經理／彭之琬
事業群總經理／黃淑貞
發行人／何飛鵬
法律顧問／台英國際商務法律事務所　羅明通律師
出版／商周出版
台北市中山區民生東路二段141號9樓
電話：(02) 2500-7008 傳真：(02) 2500-7759
E-mail：bwp.service@cite.com.tw
Blog：http://bwp25007008.pixnet.net/blog
發行／英屬蓋曼群島商家庭傳媒股份有限公司城邦分公司
台北市中山區民生東路二段141號2樓
臺北市104民生東路二段141號2樓
讀者服務專線：0800-020-299　24小時傳真服務：(02) 2517-0999
讀者服務信箱E-mail: cs@cite.com.tw　劃撥帳號：19833503
戶名：英屬蓋曼群島商家庭傳媒股份有限公司城邦分公司
訂購服務／書虫股份有限公司客服專線：(02) 2500-7718；2500-7719
服務時間：週一至週五上午09:30-12:00；下午13:30-17:00
24小時傳真專線：(02) 2500-1990；2500-1991
劃撥帳號：19863813　戶名：書虫股份有限公司
E-mail: service@readingclub.com.tw
香港發行所／城邦（香港）出版集團有限公司
香港灣仔駱克道193號東超商業中心1樓
Email：hkcite@biznetvigator.com
電話：(852)2508-6231　傳真：(852)2578-9337
馬新發行所／城邦（馬新）出版集團【Cite (M) Sdn. Bhd.】
41, Jalan Radin Anum, Bandar Baru Sri Petaling,
57000 Kuala Lumpur, Malaysia
電話：(603)90578822　傳真：(603)90576622
Email：cite@cite.com.my

封面設計／萬勝安　內文設計排版／唯翔工作室
印刷／鴻霖印刷傳媒股份有限公司
總經銷／聯合發行股份有限公司　電話：(02) 2917-8022　傳真：(02) 2911-0053
地址：新北市新店區寶橋路235巷6弄6號2樓

■ 2021年（民110年）5月初版1刷
■ 2022年（民111年）12月初版2.3刷
Printed in Taiwan

This translation of The Business of Choice by Matthew Willcox is published under licence from Emerald Publishing Limited of Howard House, Wagon Lane, Bingley, West Yorkshire, BD16 1WA, United Kingdom
Complex Chinese translation copyright © 2021 Business Weekly Publications, A Division Of Cite Publishing Ltd. arranged through BIG APPLE AGENCY, INC., LABUAN, MALAYSIA.
All rights reserved.

城邦讀書花園
www.cite.com.tw

定價／400元
ISBN：978-986-5482-95-4

版權所有．翻印必究